중학 수학까지 연결되는 혼합 계산 끝내기

징검다리 교육연구소, 호사라 지음

바쁜 초등학생을 위한 빠른 자연수의 혼합 계산

한 권으로 총정리!

- 혼합 계산의 기초
- 괄호가 있는 계산
- 혼합 계산의 응용

이지스에듀

지은이 징검다리 교육연구소, 호사라

징검다리 교육연구소는 바쁜 친구들을 위한 빠른 학습법을 연구하는 이지스에듀의 공부 연구소입니다. 아이들이 기계적으로 공부하지 않도록, 두뇌가 활성화되는 과학적 학습 설계가 적용된 책을 만듭니다.

호사라 선생님은 서울대학교 교육학과에서 학사와 석사 학위를, 버지니아 대학교(University of Virginia)에서 영재 교육학 박사 학위를 취득한 영재 교육 전문가입니다. 미국 연방영재센터에서 영재 교사 연수 프로그램과 영재 교육 프로그램을 개발한 다음 귀국 후에는 한국교육개발원에서 '창의성 교육 프로그램'을 개발했습니다. 분당에 영재사랑 교육연구소(031-717-0341)를 설립하여 유년기(6~13세) 영재들을 위한 논술, 수리, 탐구 프로그램을 직접 개발하여 수업을 진행하고 있습니다.

분당 영재사랑연구소 블로그 blog.naver.com/ilovethegifted

바빠 연산법 - 10일에 완성하는 영역별 연산 시리즈

바쁜 초등학생을 위한 빠른 자연수의 혼합 계산

초판 발행 2022년 5월 25일
초판 4쇄 2025년 1월 10일
지은이 징검다리 교육연구소, 호사라
발행인 이지연
펴낸곳 이지스퍼블리싱(주)
출판사 등록번호 제313-2010-123호
주소 서울시 마포구 잔다리로 109 이지스빌딩 5층(우편번호 04003)
대표전화 02-325-1722 팩스 02-326-1723
이지스퍼블리싱 홈페이지 www.easyspub.com 이지스에듀 카페 www.easysedu.co.kr
바빠 아지트 블로그 bolg.naver.com/easyspub 인스타그램 @easys_edu
페이스북 www.facebook.com/easyspub2014 이메일 service@easyspub.co.kr

본부장 조은미 기획 및 책임 편집 박지연 | 김현주, 정지연, 이지혜 교정 교열 방지현 문제 검수 김해경
표지 및 내지 디자인 정우영 그림 김학수, 이츠북스 전산편집 이츠북스 인쇄 보광문화사
영업 및 문의 이주동, 김요한(support@easyspub.co.kr) 마케팅 박정현, 한송이, 이나리 독자 지원 오경신, 박애림

잘못된 책은 구입한 서점에서 바꿔 드립니다.
이 책에 실린 모든 내용, 디자인, 편집 구성의 저작권은 이지스퍼블리싱(주)과 지은이에게 있습니다.
허락 없이 복제할 수 없습니다.

ISBN 979-11-6303-352-3 64410
ISBN 979-11-6303-253-3(세트)
가격 11,000원

알찬 교육 정보도 만나고 출판사 이벤트에도 참여하세요!

1. 바빠 공부단 카페 cafe.naver.com/easyispub
2. 인스타그램 @easys_edu
3. 카카오 플러스 친구 이지스에듀 검색!

• **이지스에듀**는 이지스퍼블리싱의 교육 브랜드입니다.
(이지스에듀는 아이들을 탈락시키지 않고 모두 목적지까지 데려가는 책을 만듭니다!)

"펑펑 쏟아져야 눈이 쌓이듯, 공부도 집중해야 실력이 쌓인다."

교과서 집필 교수, 영재교육 연구소, 수학 전문학원, 명강사들이 적극 추천하는 '바빠 연산법'

'바빠 연산법' 시리즈는 학생들이 수학적 개념의 이해를 통해 수학적 절차를 터득하도록 체계적으로 구성한 책입니다.

김진호 교수(초등 수학 교과서 집필진)

한 영역의 계산을 체계적으로 배치해 놓아 학생들이 '끝을 보려고 달려들기'에 좋은 구조입니다. 계산 속도와 정확성을 완벽한 경지로 올려 줄 것입니다.

김종명 원장(분당 GTG수학 본원)

친절한 개념 설명과 문제 풀이 비법까지 담겨 있어 연산 실력을 단기간에 끌어올릴 수 있는 최고의 교재입니다. 수학의 기초가 부족한 고학년 학생에게 '강추'합니다.

정경이 원장(하늘교육 문래학원)

자연수의 혼합 계산은 아이들의 계산 실수가 많이 나오는 정확성이 요구되는 단원입니다. 이 책으로 공부한 모든 학생들은 이제 혼합 계산을 실수할 일이 없을 것입니다. 수학의 흥미와 자신감을 갖게 해 줄 '바빠 연산법' 강추합니다!

박지현 원장(대치동 현수학학원)

혼합 계산은 학원에서 한 달 이상 따로 수업을 진행할 만큼 중요한 내용입니다. 이 책은 아이들에게 적당한 문제 수로 구성되어 있어 원리도 익히고, 연산의 재미도 알 수 있도록 도와줍니다. 이 책을 마치고 나면 혼합 계산 박사가 되어 있을 것입니다.

한정우 원장(일산 잇츠수학)

혼합 계산은 고학년 수학의 핵심이자, 중학 수학의 기초가 되는 중요한 개념입니다. 하지만 충분히 다루는 책이 없어서, 그동안 문제 은행에서 혼합 계산만 뽑아 직접 자료를 만드는 선생님들을 많이 보았습니다. 이제 이 책이 그 수고를 덜어 주겠네요!

김승태(수학자가 들려주는 수학 이야기 저자)

혼합 계산이 어려운 이유는 전체적인 큰 그림을 보지 못해서인 경우가 많습니다. 이 책은 연산부터 응용까지의 흐름을 이해하고 답을 찾을 수 있도록 아이들 머릿속에 교통정리를 해 주는 똑똑한 교재입니다.

김민경 원장(동탄 더원수학)

초등 연산 교재의 완성형이네요! 활용 문제를 잘 풀기 위해서는 혼합 계산 실력이 필수입니다. 지금까지 식이 길어지면 힘들었던 친구들에게 정말 필요한 교재입니다. 이 책을 마치고 나면 이제 식이 길어도 겁나지 않을 거예요!

남신혜 선생(서울 아카데미 학원)

고학년 수학의 자신감 '자연수의 혼합 계산'을 탄탄하게!

잘 가르치기로 소문난 수학학원의 비결, 혼합 계산만 모아 집중 훈련해요!

혼합 계산만 따로 모아 집중 훈련해야 하는 이유는?

5학년 1학기 수학 교과서에 나오는 '자연수의 혼합 계산'은 '구구단'처럼 집중 연습이 필요한 단원입니다. 앞에서부터 계산하는 것이 익숙한 친구들에게 '연산 기호가 여러 가지 섞인 혼합 계산'은 계산 순서 암기와 충분한 연습을 통해 숙련되는 과정이 꼭 필요하기 때문입니다. 그래서 대치동 수학학원들에서는 방학 중 혼합 계산 문제만 추린 문제집을 따로 만들어 집중 훈련한다고 합니다.

이 책은 고학년 수학의 핵심인 '자연수의 혼합 계산'을 한 권으로 모아 집중 훈련하는 책입니다. 문제를 풀기 전 친절한 설명으로 개념을 쉽게 이해하고, 충분한 연산 훈련으로 조금씩 어려워지는 문제에 도전합니다. 또한, 응용 문제부터 시험에 꼭 나오는 대표 문장제까지 다뤄 학교 시험에도 대비할 수 있습니다. '바쁜 초등학생을 위한 빠른 자연수의 혼합 계산' 한 권으로 자연수의 혼합 계산의 연산 개념부터 활용 문제까지 끝내 보세요!

혼합 계산 실수를 꽉 잡는 '바빠 연산법'만의 '덩어리 계산법'

'자연수의 혼합 계산'은 계산 순서를 알아도 머릿속으로만 생각하면, 문제를 풀 때 암산이 쉬운 부분을 먼저 계산하는 실수를 범하기 쉽습니다.

이 책에서는 혼합 계산의 실수를 잡는 비법으로 먼저 푸는 부분을 덩어리로 묶는 방법을 제시하고 집중 훈련합니다. 예를 들어, 덧셈과 뺄셈이 곱셈과 섞인 식에서 곱셈 부분을 덩어리로 묶은 다음 계산하는 것입니다.

이 비법은 분당 영재사랑 교육연구소에서 17년째 영재 아이들을 지도하고 있는 호사라 박사님의 지도 꿀팁입니다. 덩어리로 묶고 나면 긴 식이 간단하게 '덧셈과 뺄셈이 섞여 있는 식'으로 바뀌므로, 긴 식도 겁나지 않게 되고 계산 순서 실수도 꽉 잡을 수 있습니다!

먼저 푸는 계산을
덩어리로 묶어요!

혼합 계산이 아무리 복잡해도
덩어리로 묶는 연습이
손에 익으면 문제없어요!

중학 수학도 잘하는 비결, '자연수의 혼합 계산'

중학교에 들어가 공부하는 '정수와 유리수' 단원에는 초등학교 5학년 때 배우는 '자연수의 혼합 계산'의 내용에서 수의 범위가 넓어진 혼합 계산을 다룹니다. 또한 이어서 배우는 '일차방정식' 역시 사칙 연산이 기본인 개념입니다.

따라서 선행보다 더 중요한 부분이 바로 이 부분을 초등학교 고학년 때 확실히 알고 넘어가는 것입니다. 초등학생 때 '자연수의 혼합 계산' 단원을 탄탄하게 다지고 넘어간다면 중학 수학 역시 쉬워질 수밖에 없겠지요?

초등 수학에서 배운 내용이 중학 수학에 그대로 이어져요!

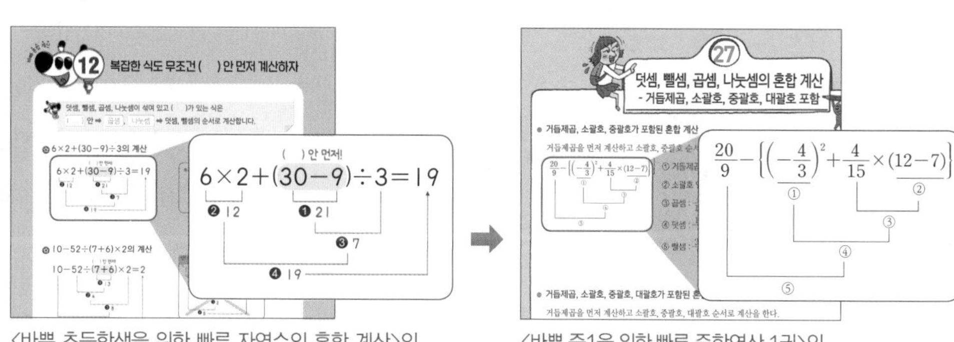

<바쁜 초등학생을 위한 빠른 자연수의 혼합 계산>의 '자연수의 혼합 계산' 개념

<바쁜 중1을 위한 빠른 중학연산 1권>의 '정수와 유리수의 혼합 계산' 개념

탄력적 훈련으로 진짜 실력을 쌓는 효율적인 학습법!

'바쁜 초등학생을 위한 빠른 자연수의 혼합 계산'은 단기간 탄력적 훈련으로 '자연수의 혼합 계산'을 그냥 풀 줄 아는 정도가 아니라 아주 숙달될 수 있도록 구성하여 같은 시간을 들여도 더 효율적인 진짜 실력을 쌓는 학습법을 제시합니다.

간단한 연습만으로 충분한 단계는 빠르게 확인하고 넘어가고, 더 많은 학습량이 필요한 단계는 충분한 훈련이 가능하도록 확대하여 구성했습니다. 또한, 하루에 2~3단계씩 10~20일 안에 풀 수 있도록 구성하여 단기간 집중적으로 학습할 수 있습니다. 집중해서 공부하면 전체 맥락을 쉽게 이해할 수 있어서 한 권을 모두 푸는 데 드는 시간도 줄어들고, 펑펑 쏟아져야 눈이 쌓이듯, 실력도 차곡차곡 쌓입니다.

이 책으로 '자연수의 혼합 계산' 단원을 집중해서 연습하면 초등 고학년 수학을 슬기롭게 마무리하고 중1 수학도 잘하는 계기가 될 것입니다.

왜
'바빠 연산법'
일까?

선생님이 바로 옆에 계신 듯한 설명

01 덧셈과 뺄셈이 섞인 식은 앞에서부터!
덧셈과 뺄셈이 섞여 있는 식은 앞에서부터 차례로 계산합니다.
15+9−10의 계산
15+9−10=14
30−3+18의 계산
30−3+18=45

무조건 풀지 않는다!
개념을 보고 '느낌 알면서~.'

개념을 바르게 이해하지 못한 채 생각 없이 문제만 풀다 보면 어느 순간 벽에 부딪힐 수 있어요. 기초 체력을 키우려면 영양소를 골고루 섭취해야 하듯, 연산도 훈련 과정에서 개념과 원리를 함께 접해야 기초를 건강하게 다질 수 있답니다.

오호! 제목만 읽어도
개념이 쏙쏙~.

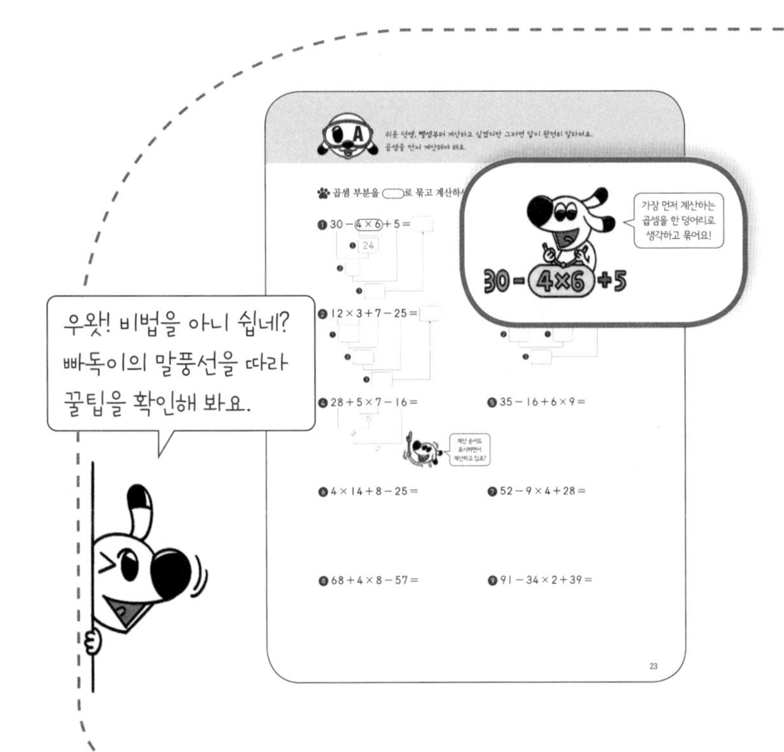
가장 먼저 계산하는 곱셈을 한 덩어리로 생각하고 묶어요!
30−4×6+5

우와! 비법을 아니 쉽네?
빠독이의 말풍선을 따라
꿀팁을 확인해 봐요.

책 속의 선생님!
빠독이의 '꿀팁'과 '잠깐! 퀴즈'로 선생님과 함께 푼다!

문제를 풀 때 알아두면 좋은 꿀팁부터 실수를 줄여주는 꿀팁까지! 책 곳곳에서 빠독이가 알려줘 쉽게 이해하고 풀 수 있어요. 개념을 배운 다음엔 '잠깐! 퀴즈'로 개념을 한 번 더 정리할 수 있어 혼자 푸는데도 선생님이 옆에 있는 것 같아요!

종합 선물 같은 훈련 문제

실력을 쌓아 주는 바빠의 '작은 발걸음' 방식!

쉬운 내용은 빠르게 학습하고, 어려운 부분은 더 많이 훈련하도록 구성해 학습 효율을 높였어요. 또한 조금씩 수준을 높여 도전하는 바빠의 '작은 발걸음 방식(small step)'으로 몰입도를 높였어요.

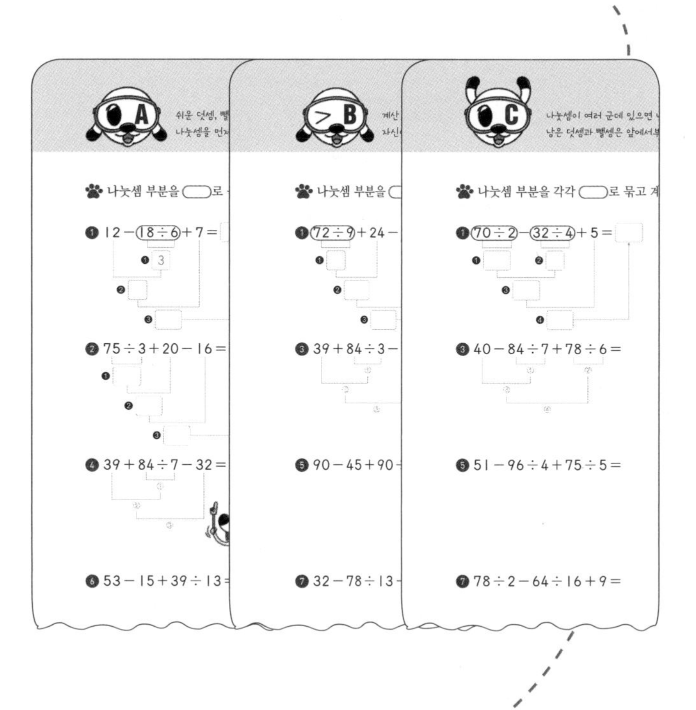

느닷없이 어려워지지 않으니 끝까지 풀 수 있어요~.

생활 속 언어로 이해하고, 내 것으로 만드니 자신감이 저절로!

단순 계산력 문제만 연습하고 끝나지 않아요. 개념을 한 번 더 정리해 최종 점검할 수 있는 쉬운 문장제와 게임처럼 즐거운 연산 놀이터 문제로 완벽하게 자신의 것으로 만들면 자신감이 저절로!

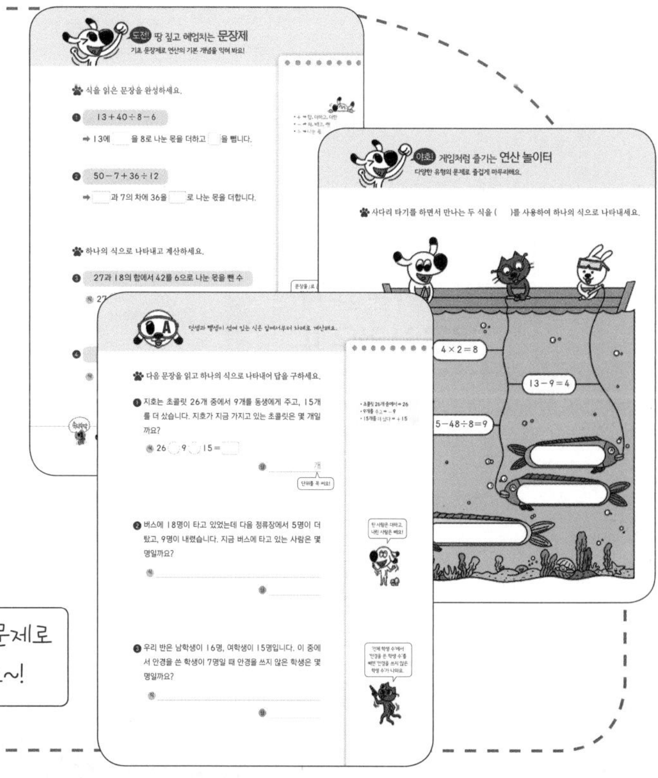

다양한 유형의 문제로 즐겁게 학습해요~!

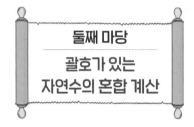

* '바빠 자연수의 혼합 계산'으로 공부한 후 '바빠 분수와 소수의 혼합 계산'에 도전하세요!

바쁜 초등학생을 위한 빠른 자연수의 혼합 계산

고학년을 위한 10분 진단 평가

이 책은 4학년 겨울방학이나 5학년 때 푸는 것이 좋습니다.
혼합 계산이 헷갈리는 6학년 또는 중학생에게도 권장합니다.

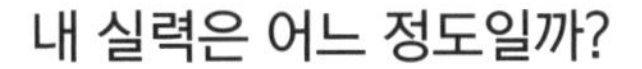
내 실력은 어느 정도일까?

10분 진단

평가 문항: **20문항**

아직 **5학년 1학기** '자연수의 혼합 계산'을 배우지 않은 학생은 풀지 않아도 됩니다.
➔ 바로 20일 진도로 진행!

진단할 시간이 부족할 때

5분 진단

짝수 문항만
풀어 보세요~.

평가 문항: **10문항**

학원이나 공부방 등에서
진단 시간이 부족할 때 사용!

시계가 준비됐나요?
자! 이제 제시된 시간 안에 진단 평가를 풀어 본 후
12쪽의 '권장 진도표'를 참고하여 공부 계획을 세워 보세요.

자연수의 혼합 계산 진단 평가 5학년 과정

계산하세요.

① $16+9-7=$

❷ $53-24+8=$

③ $12\times6\div3=$

❹ $60\div15\times2=$

⑤ $34+7\times4=$

❻ $25-8+5\times11=$

⑦ $42-28\div4=$

❽ $37+70\div14-16=$

⑨ $9\times3+18-56\div7=$

❿ $24-6+84\div12\times4=$

약점을 찾은 다음
공부 계획을 세우는 거야~.

바빠

계산하세요.

⑪ $41-(27+6)=$

⑫ $25+9-(32-14)=$

⑬ $80\div(2\times8)=$

⑭ $72\div(4\times6)\times13=$

⑮ $3\times(25-7)+6=$

⑯ $26\times2-(14+9)=$

⑰ $96\div8-(2+4)=$

⑱ $68\div(21-17)+25=$

⑲ $(8+4)\times5-54\div6=$

⑳ $54\div18+(36-8)\times3=$

나만의 공부 계획을 세워 보자

다 맞았어요! → 예 → **10일 진도표로** 공부하면서 푸는 속도를 높여 보자!

아니요 ↓

1~4번을 못 풀었어요. → 예 → **'바쁜 5학년을 위한 빠른 교과서 연산'**을 먼저 풀고 다시 도전!

아니요 ↓

5~16번에 틀린 문제가 있어요. → 예 → 첫째 마당부터 차근차근 풀어 보자! **20일 진도표로** 공부 계획을 세워 보자!

아니요 ↓

17~20번에 틀린 문제가 있어요. → 예 → 단기간에 끝내는 **10일 진도표로** 공부 계획을 세워 보자!

권장 진도표

★	20일 진도	10일 진도
1일	01~02	01~03
2일	03	04~06
3일	04	07
4일	05	08~10
5일	06	11~12
6일	07	13~14
7일	08	15
8일	09	16~17
9일	10	18~19
10일	11	20~21
11일	12	
12일	13	
13일	14	
14일	15	
15일	16	
16일	17	
17일	18	
18일	19	
19일	20	
20일	21	

진단 평가 정답

① 18 ❷ 37 ③ 24 ❹ 8 ⑤ 62 ❻ 72
⑦ 35 ❽ 26 ⑨ 37 ❿ 46 ⑪ 8 ⓬ 16
⑬ 5 ⓮ 39 ⑮ 60 ⓰ 29 ⑰ 6 ⓲ 42
⑲ 51 ⓴ 87

첫째 마당

괄호가 없는 자연수의 혼합 계산

첫째 마당에서는 괄호가 없는 자연수의 혼합 계산을 배워요. 혼합 계산은 계산 순서가 바뀌면 틀린 답이 나오기 때문에 계산 순서를 정확히 아는 것이 중요해요. 실수를 줄이기 위해 계산 순서를 먼저 표시한 다음 푸는 연습도 함께 해 볼 거예요.

공부할 내용!	완료	10일 진도	20일 진도
01 덧셈과 뺄셈이 섞인 식은 앞에서부터!	☑	1일차	1일차
02 곱셈과 나눗셈이 섞인 식도 앞에서부터!	☐		
03 덧셈, 뺄셈, 곱셈이 섞인 식은 곱셈 먼저!	☐		2일차
04 덧셈, 뺄셈, 나눗셈이 섞인 식은 나눗셈 먼저!	☐	2일차	3일차
05 곱셈과 나눗셈은 덧셈과 뺄셈보다 먼저!	☐		4일차
06 괄호가 없는 자연수의 혼합 계산 종합 문제	☐		5일차
07 괄호가 없는 자연수의 혼합 계산 문장제	☐	3일차	6일차

바빠 혼합 계산

01 덧셈과 뺄셈이 섞인 식은 앞에서부터!

덧셈과 뺄셈이 섞여 있는 식은 앞에서부터 차례로 계산합니다.

☆ 15+9−10의 계산

앞에서부터 차례로!

15+9−10=14

❶ 24

❷ 14

앞에서부터
차례로 계산!
❶ 15 + 9 = 24
❷ 24 − 10 = 14

☆ 30−3+18의 계산

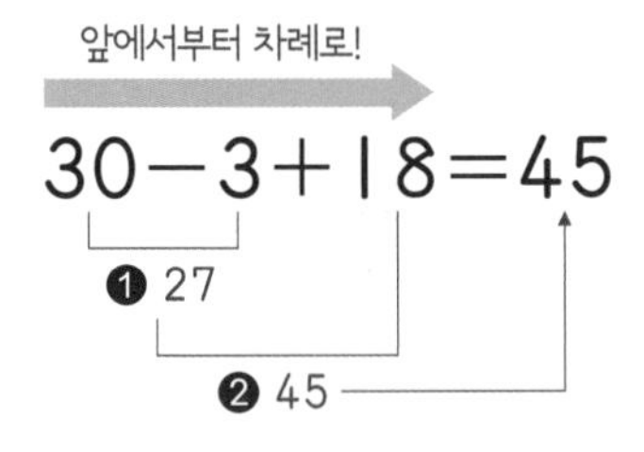
앞에서부터 차례로!
30−3+18=45
❶ 27
❷ 45

앗! 실수
30−3+18=9(×)
❶ 21
❷ 9
계산 순서가 바뀌면
틀린 답이 나오니
주의해요!

내가 앞에 있으니
내가 먼저야!
30 − 3 + 18

잠깐! 퀴즈

• 먼저 계산해야 할 부분에 ◯표 하세요.

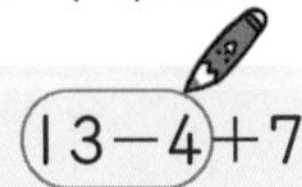
13−4+7

정답 13−4에 ◯표

A

덧셈과 뺄셈이 섞여 있는 식은
묻지도 따지지도 말고 앞에서부터 차례로 계산하면 돼요.

🐾 계산 순서를 표시하며 계산하세요.

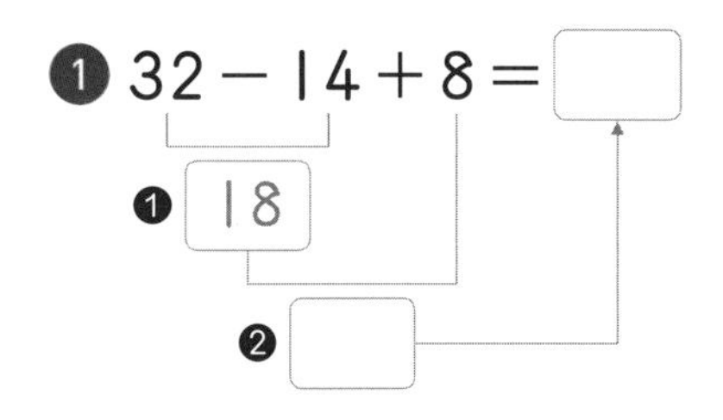

❶ $32-14+8=\square$

① 18

②

계산 순서를 표시하는 게
혼합 계산을 잘하는
첫 번째 비결이에요!

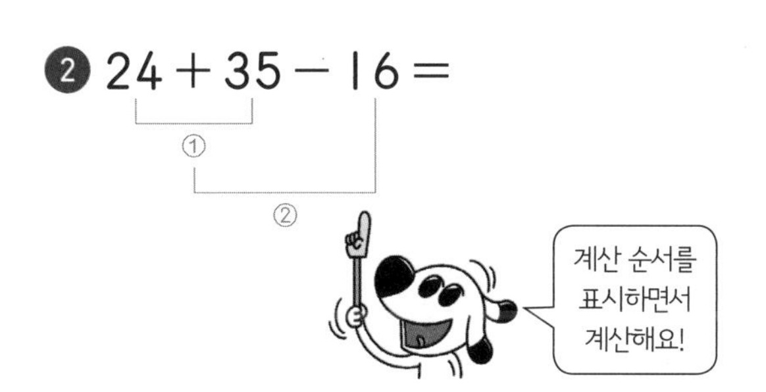

❷ $24+35-16=$

①

②

계산 순서를
표시하면서
계산해요!

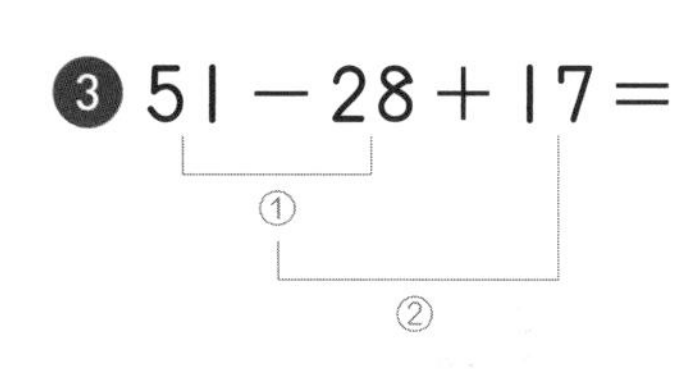

❸ $51-28+17=$

①

②

❹ $38+26-45=$

①

②

❺ $73-19+35=$

①

②

❻ $25+86-10=$

❼ $92-37+26=$

❽ $72+28-62=$

❾ $110-75+38=$

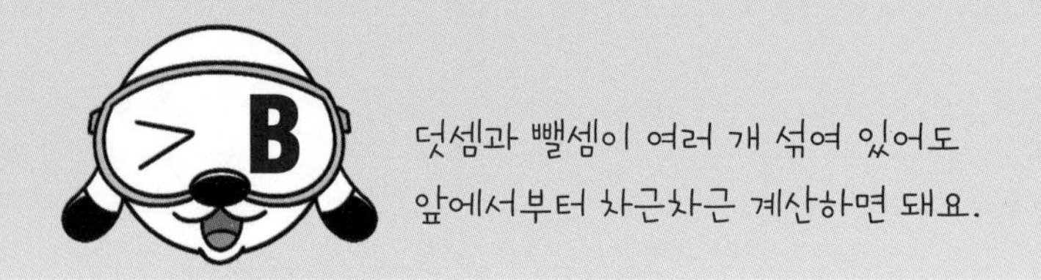

B
덧셈과 뺄셈이 여러 개 섞여 있어도
앞에서부터 차근차근 계산하면 돼요.

계산 순서를 표시하며 계산하세요.

❶ $7+20-8+23=\square$

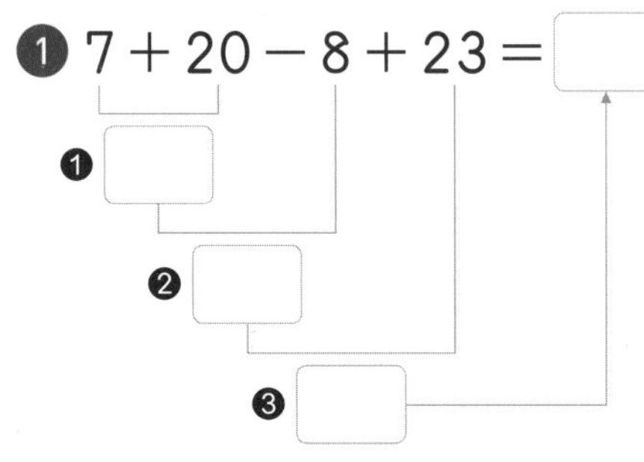

❷ $31+12+25-19=\square$

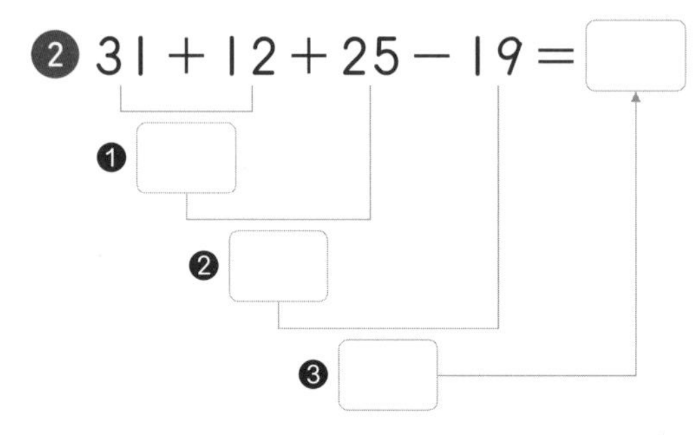

❸ $18+27+42-32=$

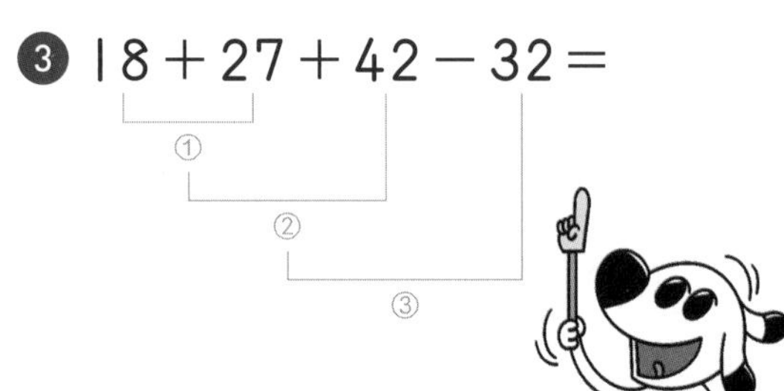

❹ $46+45-26-11=$

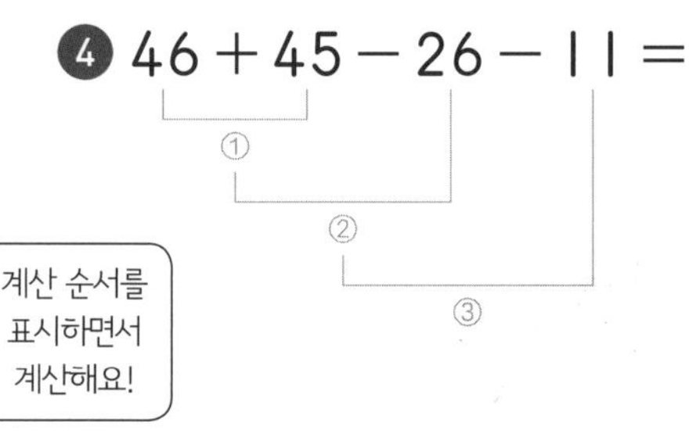

계산 순서를 표시하면서 계산해요!

❺ $48+19-34-20=$

❻ $63+18-40+39=$

❼ $52-29-18+65=$

❽ $75-27+42-15=$

❾ $82-14+26-48=$

❿ $107-35-17+29=$

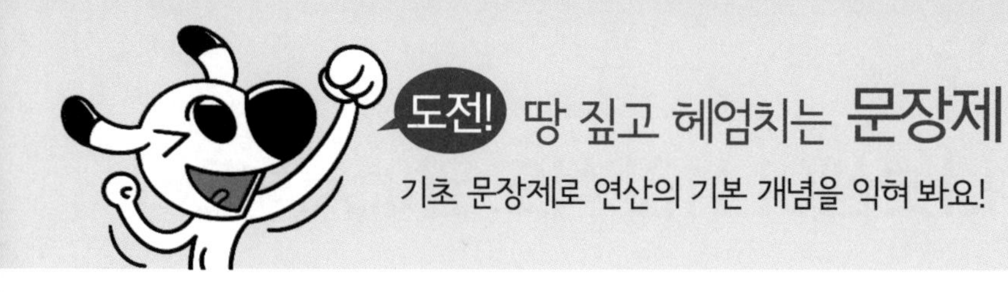

식을 읽은 문장을 완성하세요.

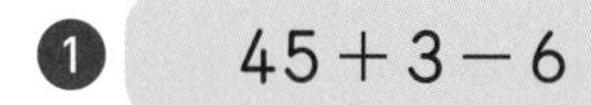

❶ 45 + 3 − 6

➡ 45와 ☐ 의 합에서 ☐ 을 뺍니다.

❷ 59 − 34 + 5

➡ ☐ 와 34의 차에 ☐ 를 더합니다.

• + ➡ 합, 더하고, 더한
• − ➡ 차, 빼고, 뺀

하나의 식으로 나타내고 계산하세요.

❸ 47과 15의 합에서 26을 뺀 수

식 47 ◯ 15 ◯ 26 = ☐

답 ______

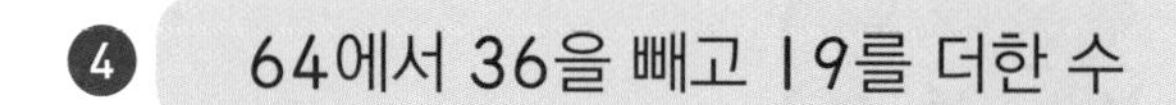

❹ 64에서 36을 빼고 19를 더한 수

식 ______

답 ______

❸ 문장을 끊어 읽으면 하나의 식으로 나타내기 쉬워요.

47과 15의 합에서 / 26을 뺀 수

47+15 −26

곱셈과 나눗셈이 섞인 식도 앞에서부터!

곱셈과 나눗셈이 섞여 있는 식은 앞에서부터 차례로 계산합니다.

✪ 12×3÷2의 계산

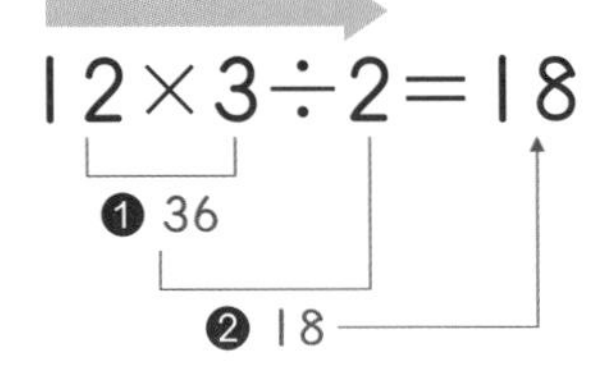

✪ 36÷4×3의 계산

앞에서부터 차례로!

$36 \div 4 \times 3 = 27$

❶ 9

❷ 27

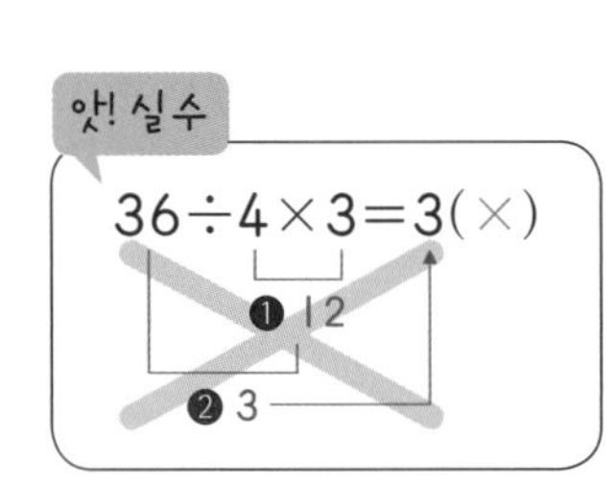

잠깐! 퀴즈

• 먼저 계산해야 할 부분에 ◯표 하세요.

$30 \div 5 \times 2$

정답 30÷5에 ◯표

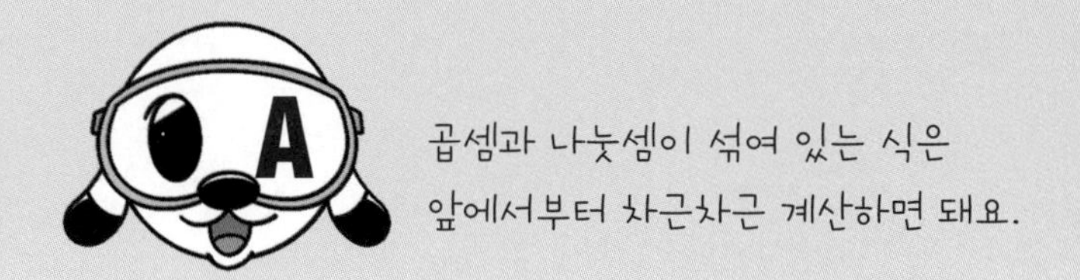
곱셈과 나눗셈이 섞여 있는 식은
앞에서부터 차근차근 계산하면 돼요.

계산 순서를 표시하며 계산하세요.

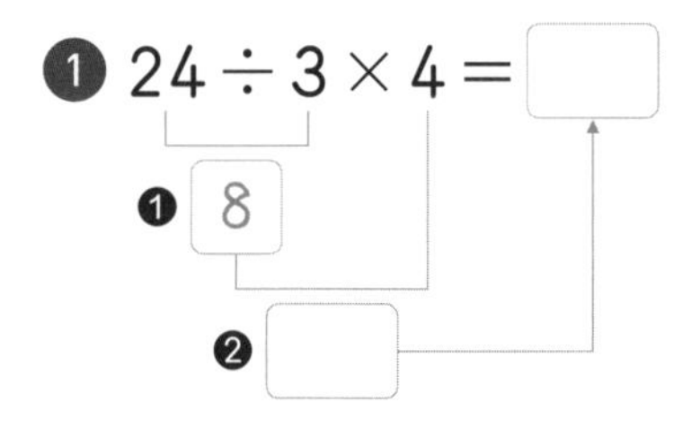
❶ 24 ÷ 3 × 4 =
❶ 8
❷

계산 순서만 잘 표시해도
이미 반은 해결한 거예요.

❷ 13 × 4 ÷ 2 =

①

②

계산 순서를
표시하면서
계산해요!

❸ 28 ÷ 7 × 5 =

①

②

❹ 27 × 3 ÷ 9 =

①

②

❺ 42 ÷ 6 × 8 =

①

②

❻ 35 × 4 ÷ 7 =

❼ 84 ÷ 7 × 4 =

❽ 36 × 5 ÷ 12 =

❾ 96 ÷ 8 × 6 =

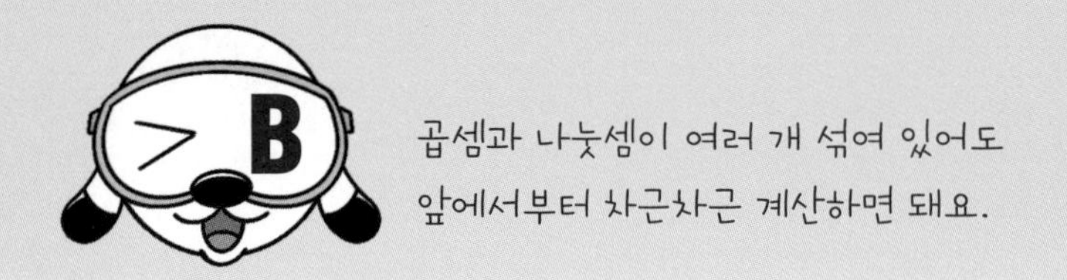

곱셈과 나눗셈이 여러 개 섞여 있어도
앞에서부터 차근차근 계산하면 돼요.

계산 순서를 표시하며 계산하세요.

❶ $35 \times 2 \div 5 \times 3 =$ □

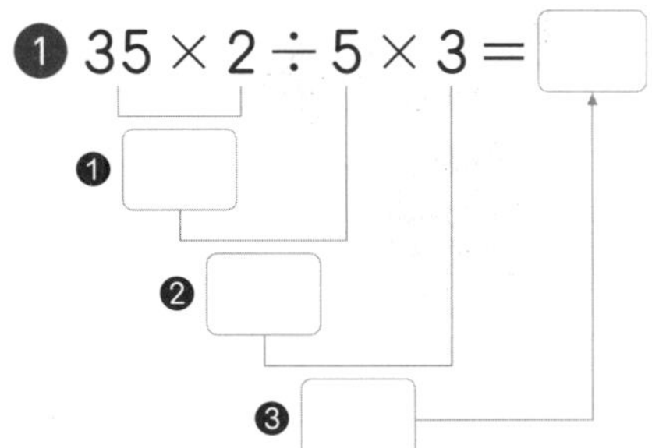

❷ $48 \div 6 \times 8 \div 4 =$ □

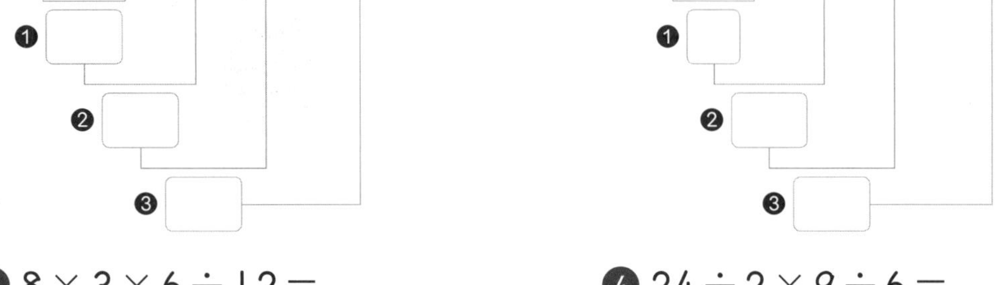

❸ $8 \times 3 \times 6 \div 12 =$

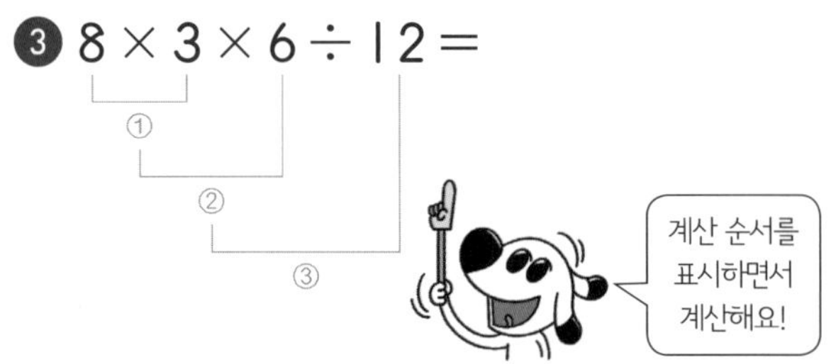

❹ $24 \div 2 \times 9 \div 6 =$

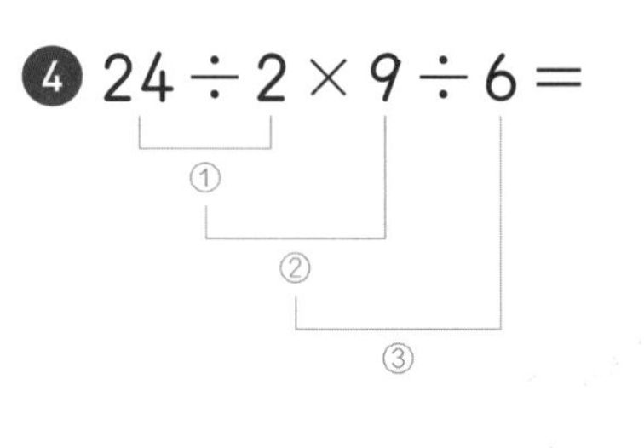

❺ $45 \times 2 \div 15 \times 9 =$

❻ $64 \div 16 \times 22 \div 8 =$

❼ $4 \times 18 \times 3 \div 6 =$

❽ $112 \div 4 \div 7 \times 17 =$

❾ $50 \times 3 \div 25 \times 14 =$

❿ $108 \div 3 \div 9 \times 23 =$

도전! 땅 짚고 헤엄치는 문장제

기초 문장제로 연산의 기본 개념을 익혀 봐요!

• × ➡ 곱한, ●배
• ÷ ➡ 나눈 몫

🐾 식을 읽은 문장을 완성하세요.

❶ $45 \div 3 \times 8$

➡ 45를 ☐으로 나눈 몫에 ☐을 곱합니다.

❷ $9 \times 12 \div 4$

➡ ☐와 12의 곱을 ☐로 나눕니다.

🐾 하나의 식으로 나타내고 계산하세요.

❸ 18에 3을 곱한 수를 6으로 나눈 몫

식 18 ◯ 3 ◯ 6 = ☐

답 ________

❹ 100을 25로 나눈 몫의 3배인 수

식 ________

답 ________

❸ 문장을 끊어 읽으면 하나의 식으로 나타내기 쉬워요.

18에 3을 곱한 수를 / 6으로 나눈 몫
18×3 / $\div 6$

덧셈, 뺄셈, 곱셈이 섞인 식은 곱셈 먼저!

덧셈, 뺄셈, 곱셈이 섞여 있는 식은 곱셈 먼저 계산합니다.

✪ 16+5×3−24의 계산

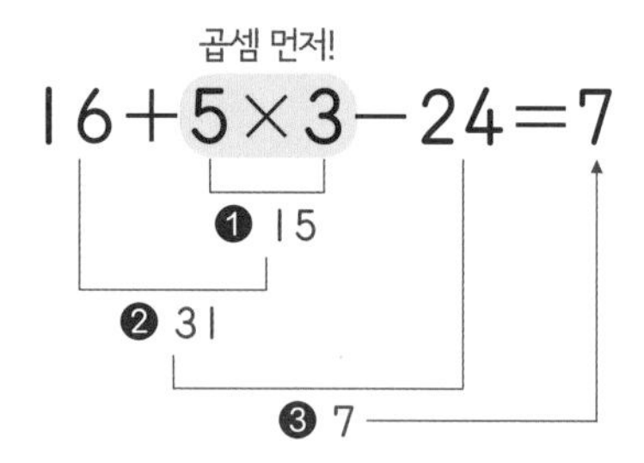

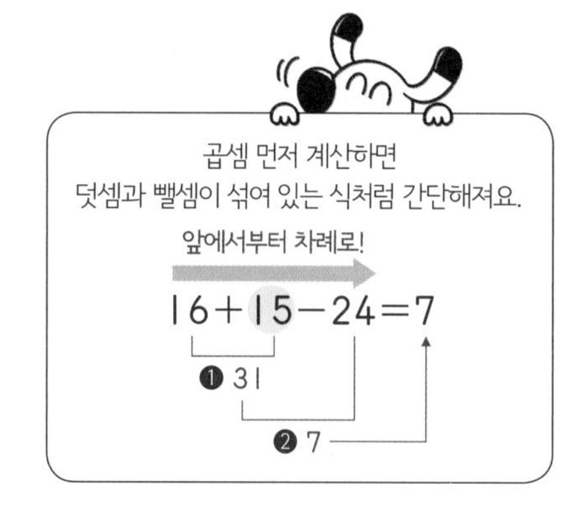

곱셈 먼저 계산하면
덧셈과 뺄셈이 섞여 있는 식처럼 간단해져요.
앞에서부터 차례로!
16+15−24=7
❶ 31
❷ 7

✪ 40−11+13×2의 계산

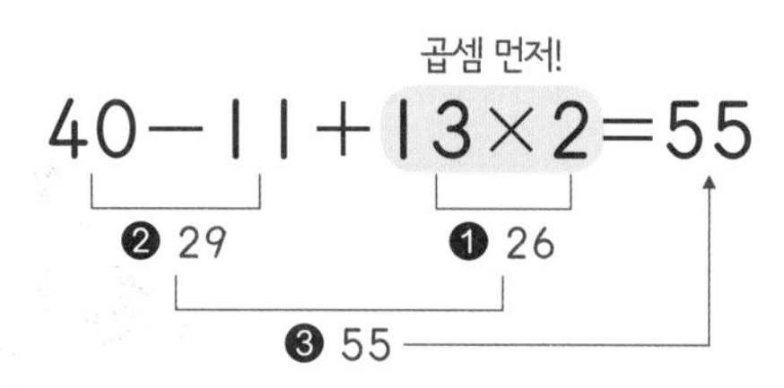

$$40-\underset{\text{② 29}}{11}+\underset{\underset{\text{③ 55}}{\text{① 26}}}{13\times2}=55$$

앗! 실수

$$40-11+13\times2=3(\times)$$

곱셈을 계산한 다음
남은 덧셈, 뺄셈은

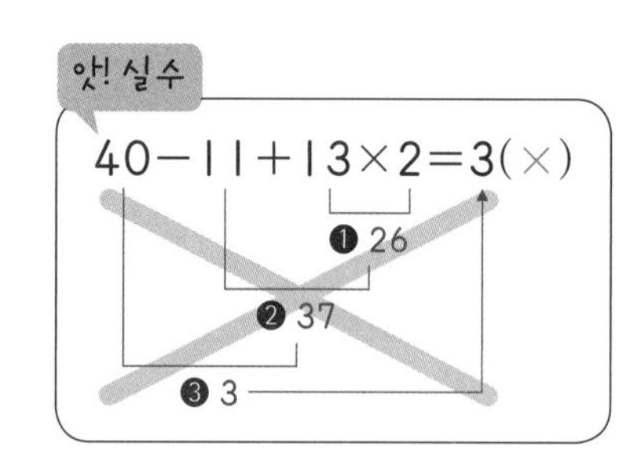

잠깐! 퀴즈

• 가장 먼저 계산해야 할 부분에 ◯표 하세요.

25+7−2×6

정답 2×6에 ◯표

쉬운 덧셈, 뺄셈부터 계산하고 싶겠지만 그러면 답이 완전히 달라져요.
곱셈을 먼저 계산해야 해요.

곱셈 부분을 ( )로 묶고 계산하세요.

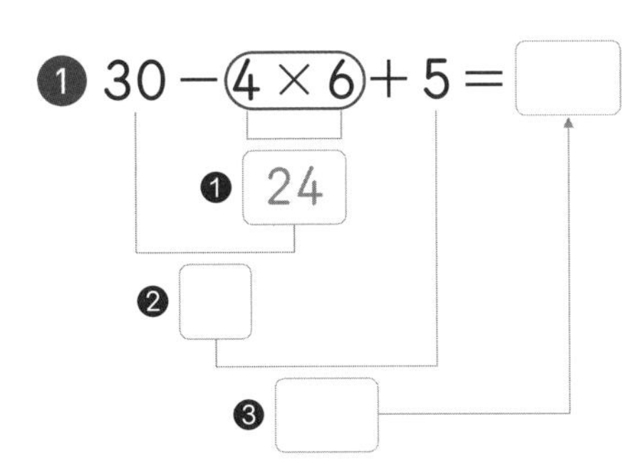

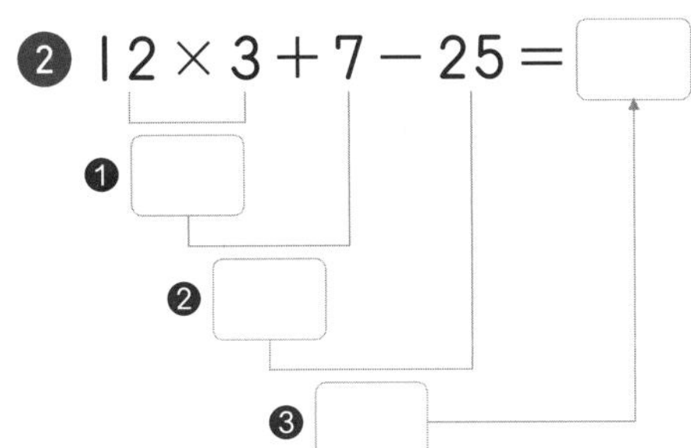

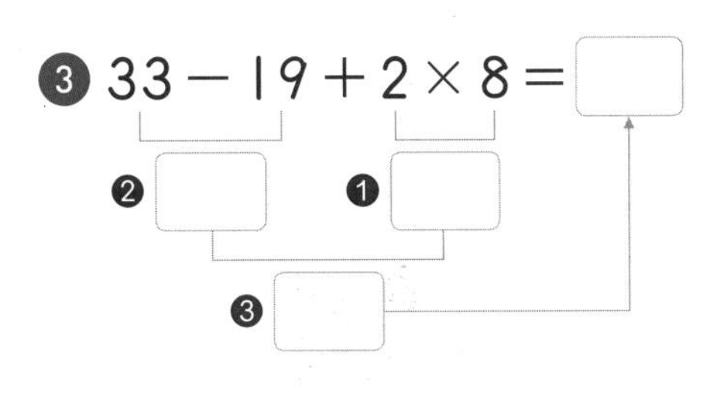

❹ 28 + 5 × 7 − 16 =
①
②
③
계산 순서도 표시하면서 계산하고 있죠?

❺ 35 − 16 + 6 × 9 =

❻ 4 × 14 + 8 − 25 =

❼ 52 − 9 × 4 + 28 =

❽ 68 + 4 × 8 − 57 =

❾ 91 − 34 × 2 + 39 =

계산 순서를 표시하지 않고 암산하면 실수하기 쉬워요.
자신이 있더라도 계산 순서를 표시하는 습관이 중요해요!

곱셈 부분을 ( )로 묶고 계산하세요.

❶ $(14 \times 2) - 9 + 15 =$ ☐

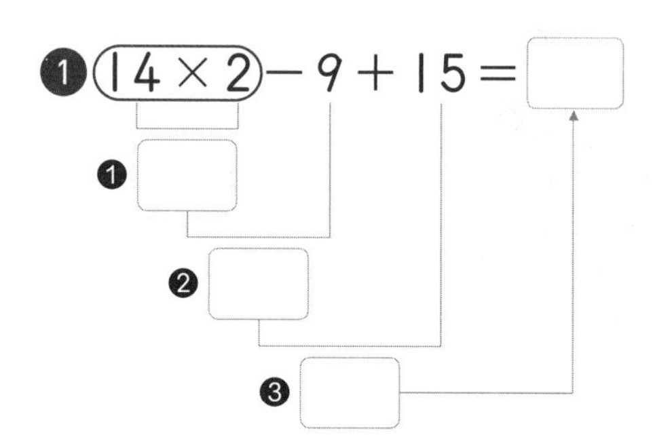

❷ $43 + 20 - 4 \times 12 =$ ☐

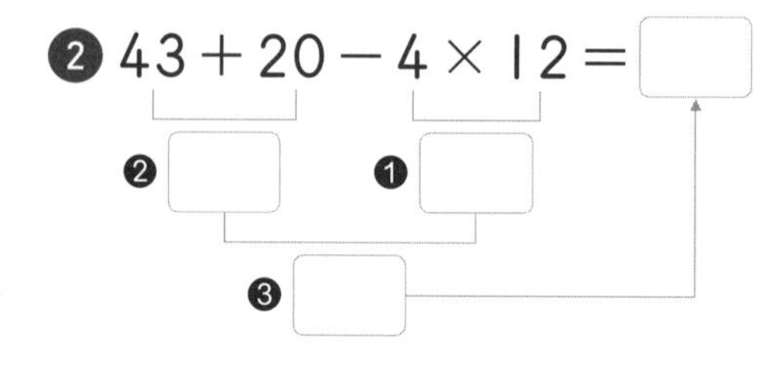

❸ $52 - 13 \times 3 + 27 =$

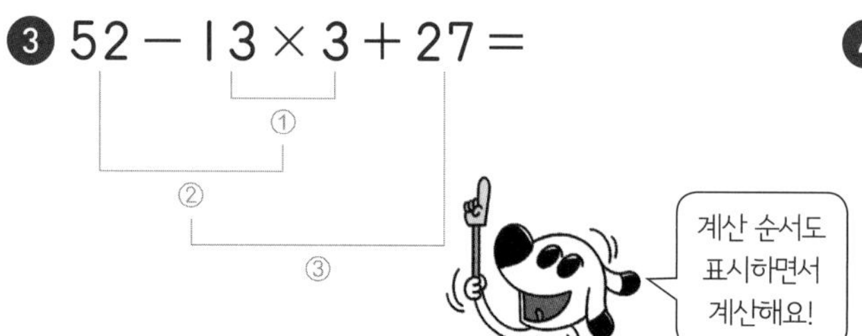

❹ $3 \times 25 + 18 - 45 =$

❺ $65 - 46 + 15 \times 5 =$

❻ $38 + 17 \times 2 - 26 =$

❼ $16 \times 4 + 28 - 57 =$

❽ $80 - 61 + 6 \times 12 =$

❾ $76 + 3 \times 18 - 43 =$

❿ $100 - 73 + 13 \times 5 =$

곱셈이 여러 군데 있으면 곱셈끼리 먼저 계산하고,
남은 덧셈과 뺄셈은 앞에서부터 차례로 계산하면 돼요.

곱셈 부분을 각각 ( )로 묶고 계산하세요.

❶ $5 \times 7 - 2 \times 13 + 2 =$

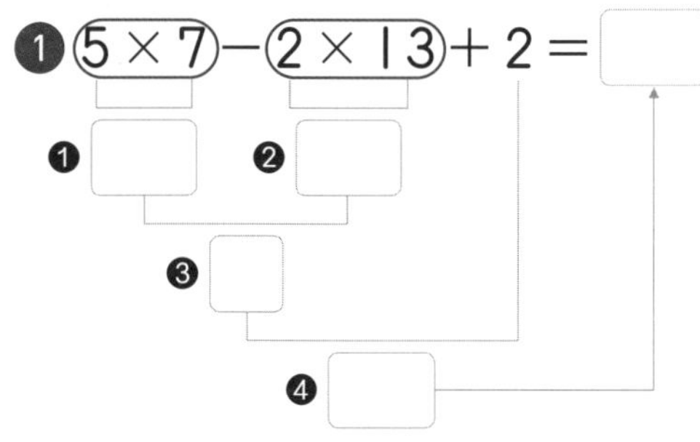

❷ $21 \times 2 - 9 + 4 \times 3 =$

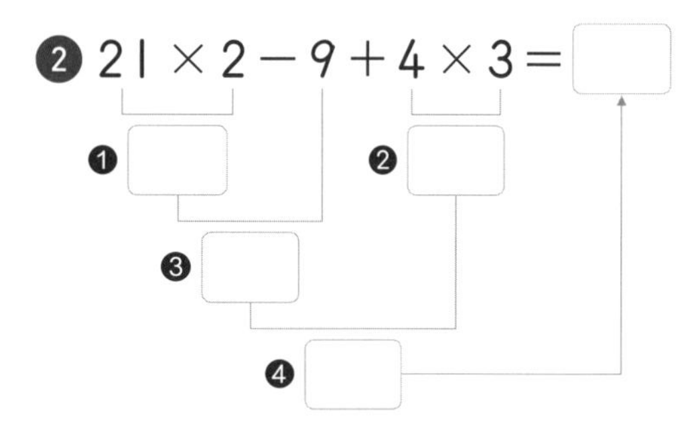

❸ $60 + 3 \times 5 - 11 \times 3 =$

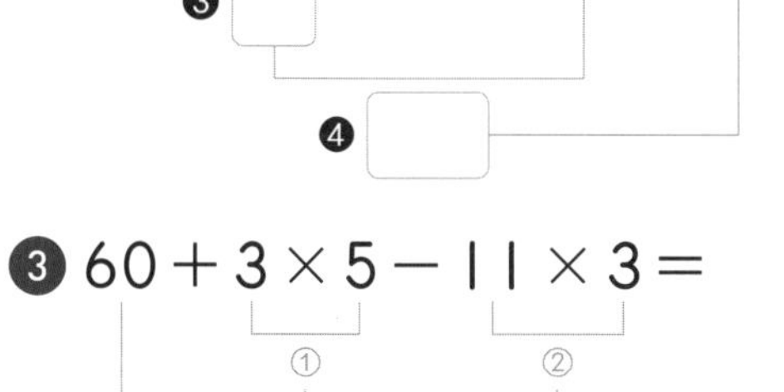

❹ $9 \times 4 + 15 \times 2 - 28 =$

❺ $4 \times 17 - 29 + 8 \times 6 =$

❻ $50 - 18 \times 2 + 6 \times 14 =$

❼ $13 \times 6 - 7 \times 8 + 48 =$

❽ $55 + 12 \times 5 - 9 \times 9 =$

❾ $5 \times 24 - 19 \times 3 + 37 =$

곱셈을 덩어리로 묶으면
덧셈과 뺄셈이 섞여 있는
간단한 식이 돼요.
'덩어리 계산법'을 기억해요!

도전! 땅 짚고 헤엄치는 문장제

기초 문장제로 연산의 기본 개념을 익혀 봐요!

- + ➡ 합, 더하고, 더한
- − ➡ 차, 빼고, 뺀
- × ➡ 곱한, ●배

식을 읽은 문장을 완성하세요.

❶ $27+4\times8-5$

➡ 27에 ☐ 와 8의 곱을 더하고 ☐ 를 뺍니다.

❷ $42-6+3\times12$

➡ ☐ 와 6의 차에 ☐ 의 12배인 수를 더합니다.

하나의 식으로 나타내고 계산하세요.

❸ 60에서 7과 3의 곱을 빼고 15를 더한 수

식 60 ◯ 7 ◯ 3 ◯ 15 = ☐

답 ______

❹ 8에 14의 3배인 수를 더하고 26을 뺀 수

식 ______

답 ______

❸ 문장을 끊어 읽으면 하나의 식으로 나타내기 쉬워요.

60에서 / 7과 3의 곱을 / 빼고 / 15를 더한 수

60 | 7×3 | − | +15

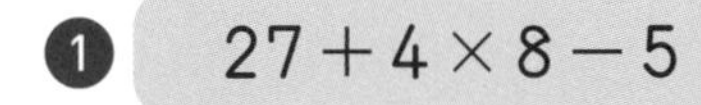

덧셈, 뺄셈, 나눗셈이 섞인 식은 나눗셈 먼저!

덧셈, 뺄셈, 나눗셈이 섞여 있는 식은 나눗셈 먼저 계산합니다.

☆ 20+35÷7−12의 계산

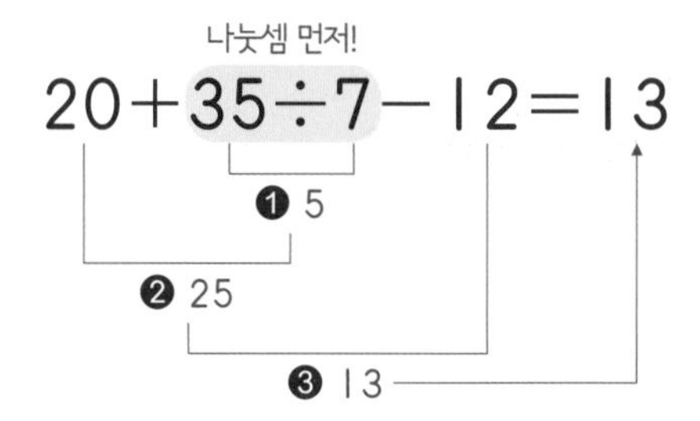

나눗셈 먼저 계산하면
덧셈과 뺄셈이 섞여 있는 식처럼 간단해져요.
앞에서부터 차례로!
20+5−12=13
❶ 25
❷ 13

☆ 45−17+42÷3의 계산

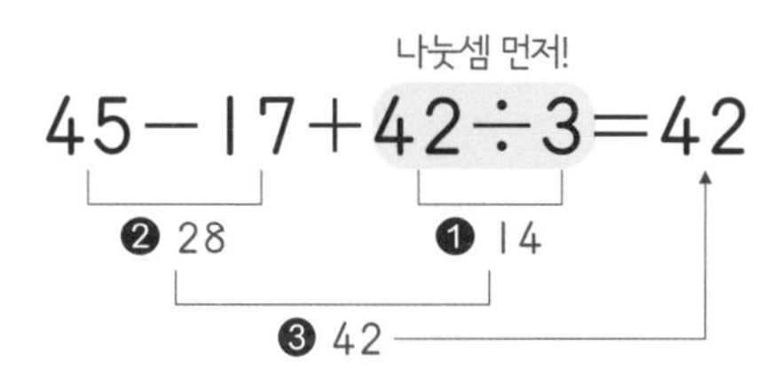

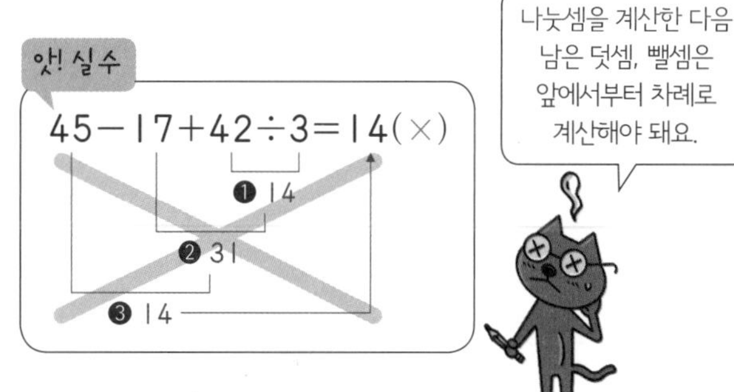

잠깐! 퀴즈

• 가장 먼저 계산해야 할 부분에 ◯표 하세요.

24+8−25÷5

정답 25÷5에 ◯표

쉬운 덧셈, 뺄셈부터 계산하고 싶겠지만 그러면 답이 완전히 달라져요.
나눗셈을 먼저 계산해야 해요.

나눗셈 부분을 ( )로 묶고 계산하세요.

❶ $12 - (18 \div 6) + 7 =$ ☐

❶ 3
❷ ☐
❸ ☐

가장 먼저 계산하는 나눗셈을 한 덩어리로 생각하고 묶어요!

$12 - (18 \div 6) + 7$

❷ $75 \div 3 + 20 - 16 =$ ☐

❶ ☐
❷ ☐
❸ ☐

❸ $45 - 27 + 72 \div 8 =$ ☐

❷ ☐ ❶ ☐
❸ ☐

❹ $39 + 84 \div 7 - 32 =$

① ② ③

계산 순서도 표시하면서 계산하고 있죠?

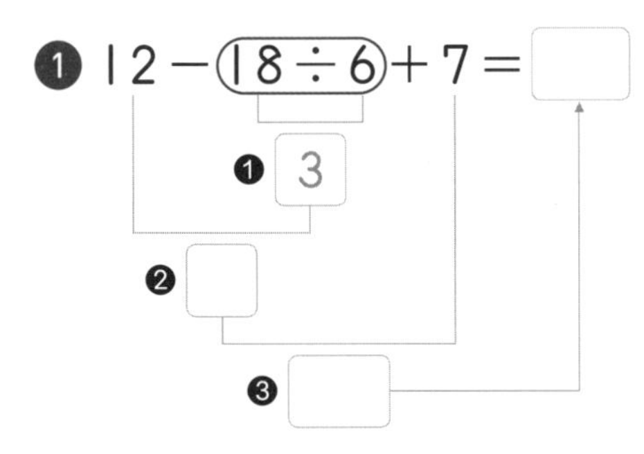

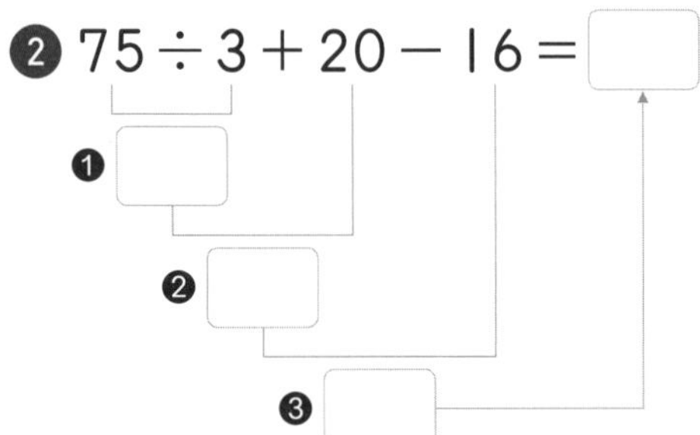

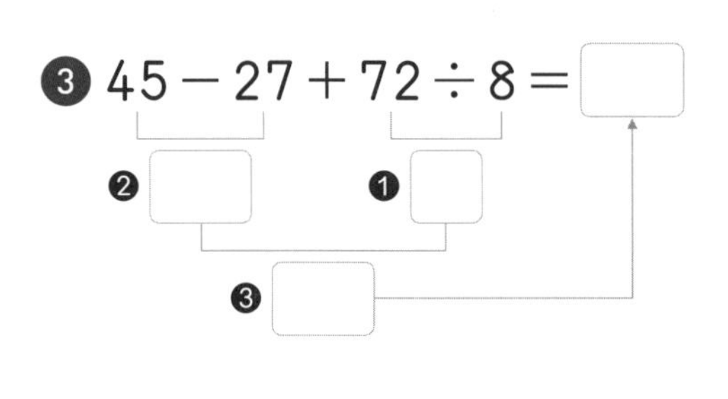

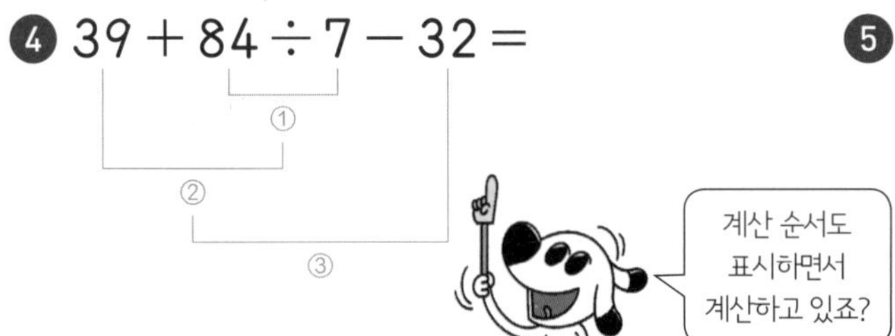

❺ $78 \div 6 - 9 + 48 =$

❻ $53 - 15 + 39 \div 13 =$

❼ $73 - 87 \div 3 + 19 =$

❽ $140 \div 4 + 46 - 37 =$

❾ $36 + 320 \div 5 - 53 =$

계산 순서를 표시하지 않고 암산하면 실수하기 쉬워요.
자신이 있더라도 계산 순서를 표시하는 습관이 중요해요!

나눗셈 부분을 ( )로 묶고 계산하세요.

❶ (72 ÷ 9) + 24 − 15 = □

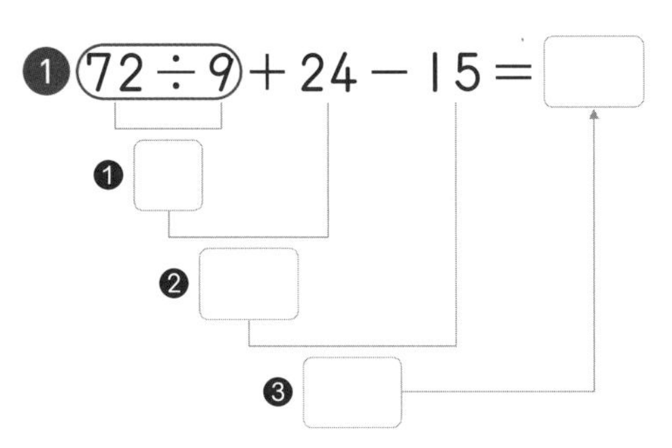

❷ 40 − 11 + 68 ÷ 4 = □

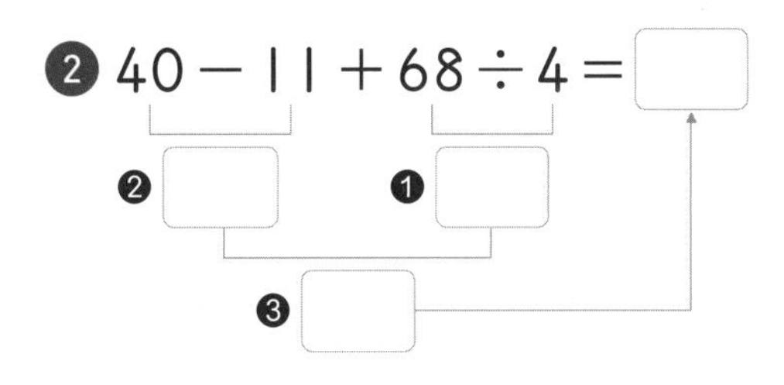

❸ 39 + 84 ÷ 3 − 25 =

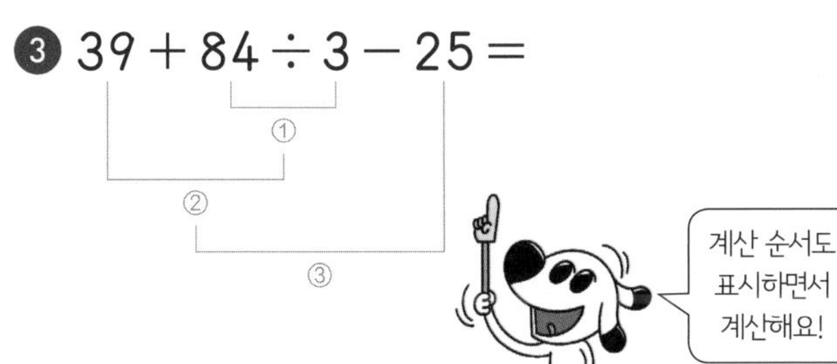

❹ 64 ÷ 4 + 34 − 38 =

❺ 90 − 45 + 90 ÷ 5 =

❻ 108 ÷ 9 − 8 + 17 =

❼ 32 − 78 ÷ 13 + 9 =

❽ 57 − 29 + 84 ÷ 14 =

❾ 144 ÷ 6 − 16 + 48 =

❿ 76 + 19 − 119 ÷ 7 =

C

나눗셈이 여러 군데 있으면 나눗셈끼리 먼저 계산하고,
남은 덧셈과 뺄셈은 앞에서부터 차례로 계산하면 돼요.

나눗셈 부분을 각각 ◯로 묶고 계산하세요.

❶ $70 \div 2 - 32 \div 4 + 5 =$ □

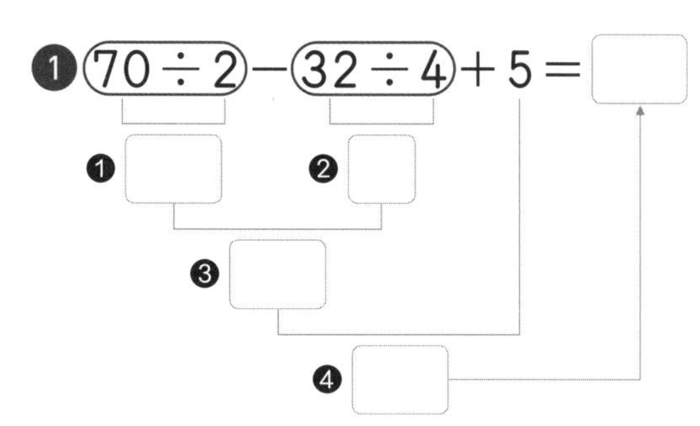

❷ $81 \div 9 + 12 - 8 \div 2 =$ □

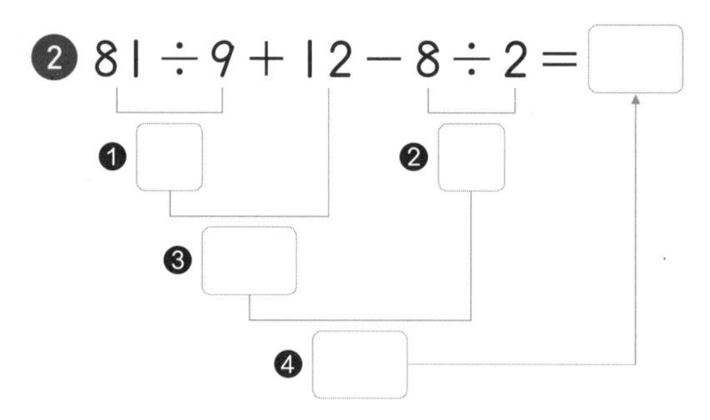

❸ $40 - 84 \div 7 + 78 \div 6 =$

❹ $48 \div 3 + 60 \div 12 - 8 =$

❺ $51 - 96 \div 4 + 75 \div 5 =$

❻ $84 \div 6 + 8 - 90 \div 15 =$

❼ $78 \div 2 - 64 \div 16 + 9 =$

❽ $128 \div 4 + 8 - 91 \div 7 =$

❾ $96 \div 8 + 19 - 115 \div 23 =$

나눗셈을 덩어리로 묶으면
덧셈과 뺄셈이 섞여 있는
간단한 식이 돼요.
'덩어리 계산법'을 기억해요!

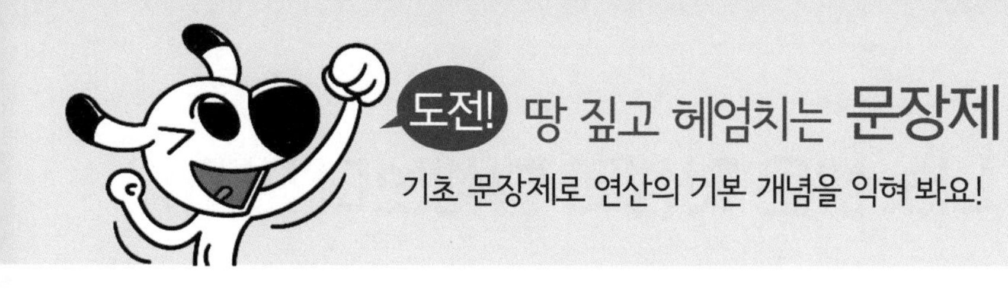

도전! 땅 짚고 헤엄치는 문장제

기초 문장제로 연산의 기본 개념을 익혀 봐요!

식을 읽은 문장을 완성하세요.

- + ➡ 합, 더하고, 더한
- − ➡ 차, 빼고, 뺀
- ÷ ➡ 나눈 몫

❶ $13+40\div8-6$

➡ 13에 ☐ 을 8로 나눈 몫을 더하고 ☐ 을 뺍니다.

❷ $50-7+36\div12$

➡ ☐ 과 7의 차에 36을 ☐ 로 나눈 몫을 더합니다.

하나의 식으로 나타내고 계산하세요.

❸ 27과 18의 합에서 42를 6으로 나눈 몫을 뺀 수

식 27 ◯ 18 ◯ 42 ◯ 6 = ☐

답

❹ 80에서 34를 2로 나눈 몫을 빼고 4를 더한 수

식

답

❸ 문장을 끊어 읽으면 하나의 식으로 나타내기 쉬워요.

27과 18의 합에서 / 42를 6으로 나눈 몫을 / 뺀 수

$27+18$ $42\div6$ −

05 곱셈과 나눗셈은 덧셈과 뺄셈보다 먼저!

덧셈, 뺄셈, 곱셈, 나눗셈이 섞여 있는 식은 곱셈 과 나눗셈 먼저 계산합니다.

✪ 30＋45÷3－12×2의 계산

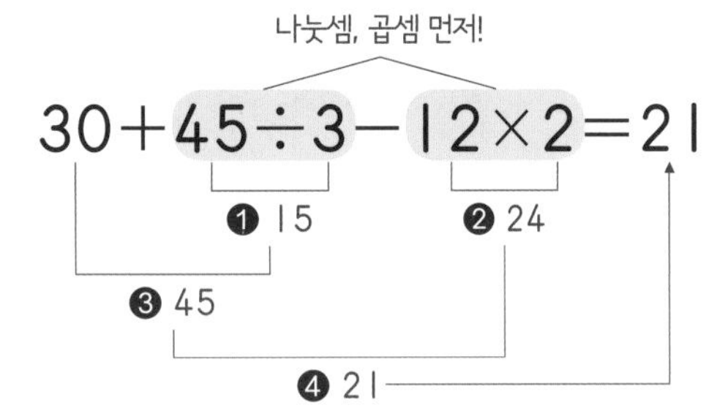

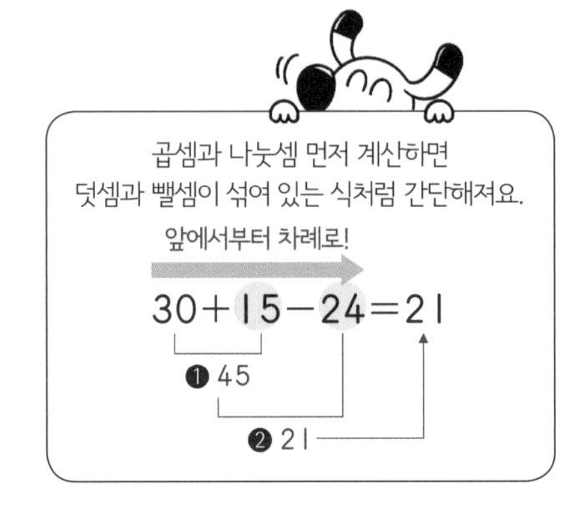

곱셈과 나눗셈 먼저 계산하면
덧셈과 뺄셈이 섞여 있는 식처럼 간단해져요.
앞에서부터 차례로!
30＋15－24＝21
❶ 45
❷ 21

✪ 24－8×3÷12＋10의 계산

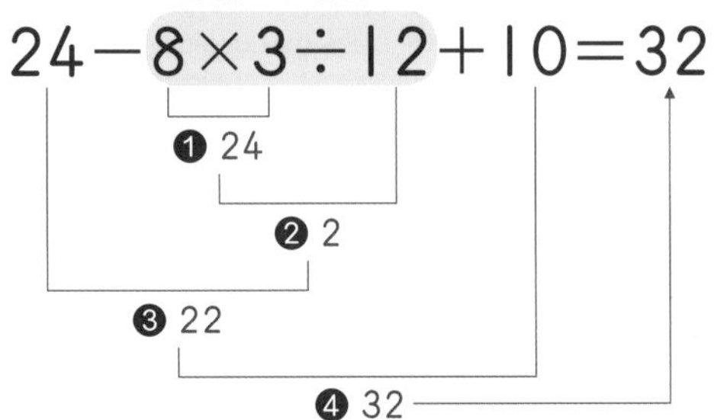

덧셈과 뺄셈이 곱셈과 나눗셈을 만나면 계산 순서를 양보해야 해요.
이럴 땐 곱셈, 나눗셈을 먼저! 덧셈, 뺄셈은 나중에 계산해요.

곱셈, 나눗셈 부분을 각각 ◯로 묶고 계산하세요.

❶ $3\times6+12\div4-5=$ ☐

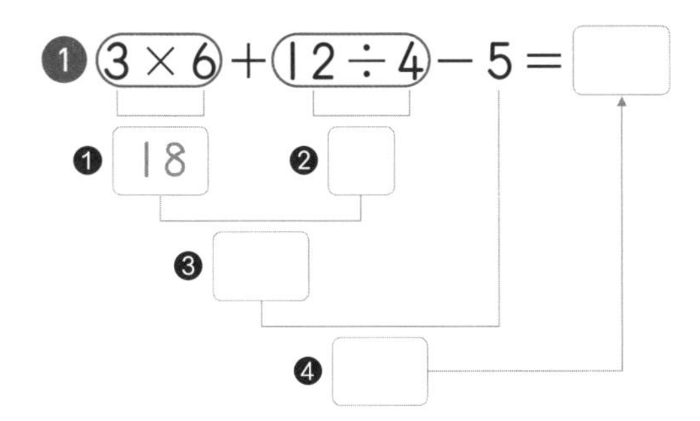

❷ $39\div3-8+4\times7=$ ☐

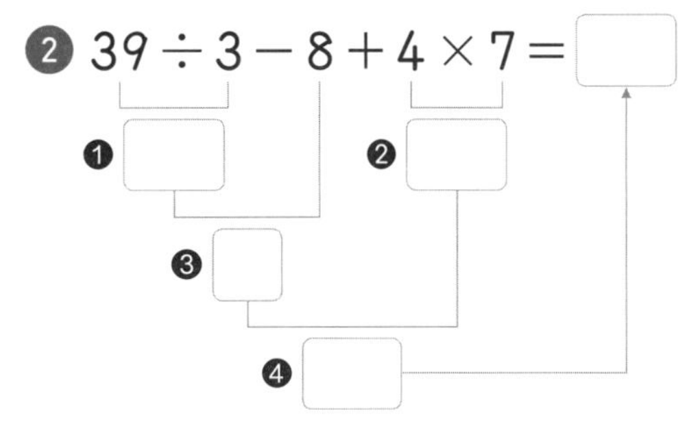

❸ $25-9\times2+48\div6=$ ☐

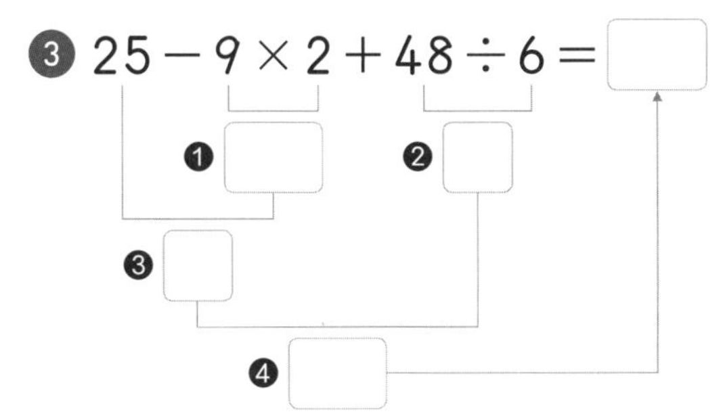

❹ $24\div8+13\times4-6=$

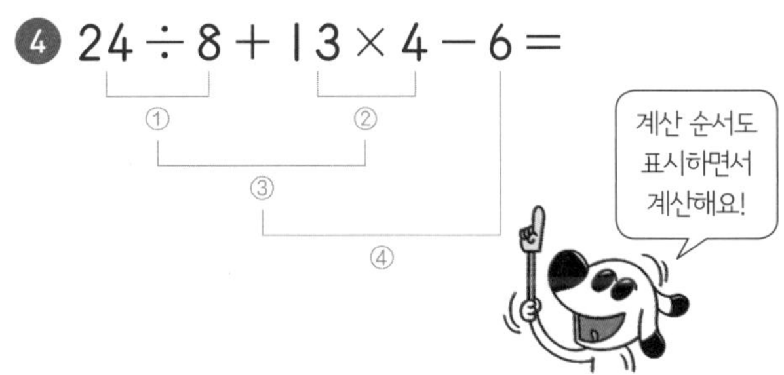

❺ $5\times8-11+49\div7=$

❻ $16+70\div2-8\times3=$

❼ $18\times4-60\div12+9=$

❽ $24\times3+14-72\div4=$

❾ $162\div3-6\times6+49=$

❿ $50-112\div7+4\times7=$

먼저 곱셈과 나눗셈을 앞에서부터 차례로!
그다음 덧셈과 뺄셈을 앞에서부터 차례로 계산해요.

곱셈, 나눗셈 부분을 각각 ( )로 묶고 계산하세요.

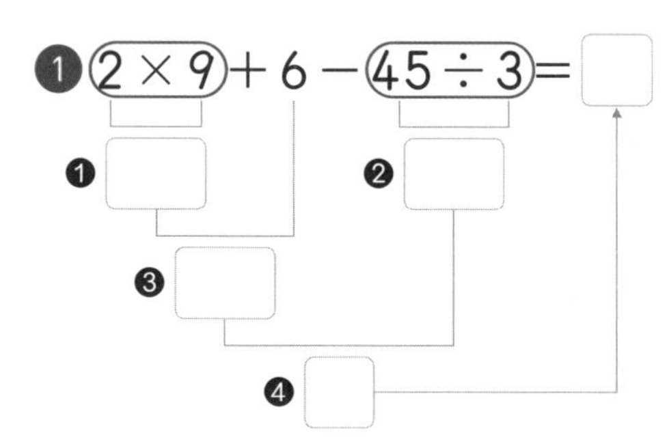

❶ $(2\times9)+6-(45\div3)=$ ☐

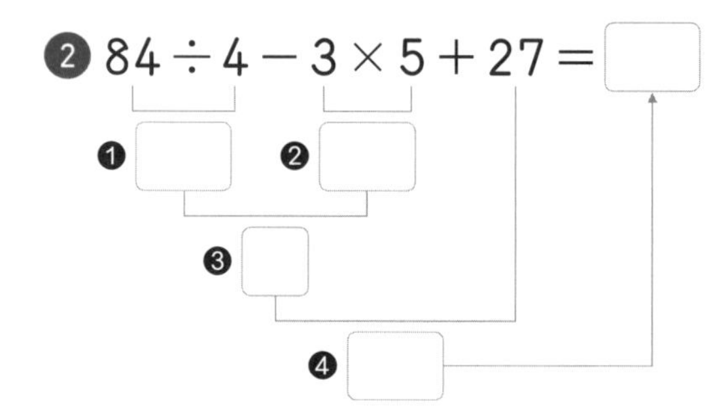

❷ $84\div4-3\times5+27=$ ☐

❸ $30-64\div16+7\times4=$

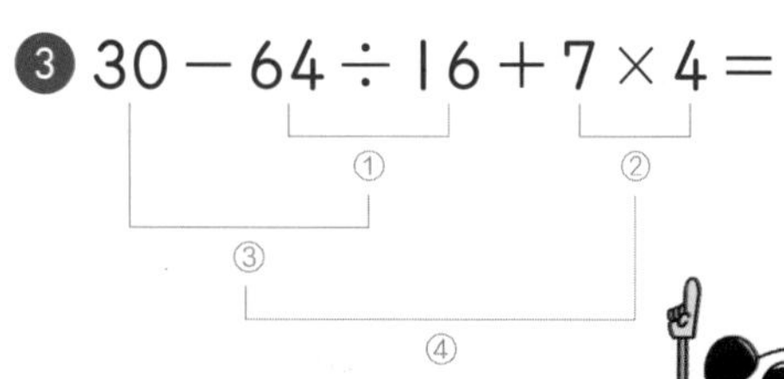

❹ $56\div8+46-18\times2=$

❺ $24+14\times4-35\div5=$

❻ $37\times2-90\div15+9=$

❼ $91\div7+48-11\times3=$

❽ $8+13\times6-102\div6=$

❾ $117\div9-7+12\times7=$

❿ $65+104\div4-8\times9=$

곱셈, 나눗셈이 연달아 나오면 하나의 큰 묶음으로 생각하고
먼저 그 묶음 안을 앞에서부터 차례로 계산하면 돼요.

곱셈, 나눗셈 부분을 ◯로 묶고 계산하세요.

❶ $24+4\times9\div3-17=$ ☐

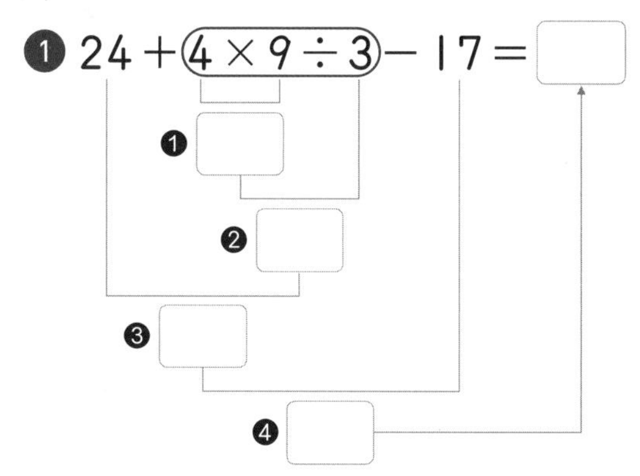

❷ $14\div7\times8+15-9=$ ☐

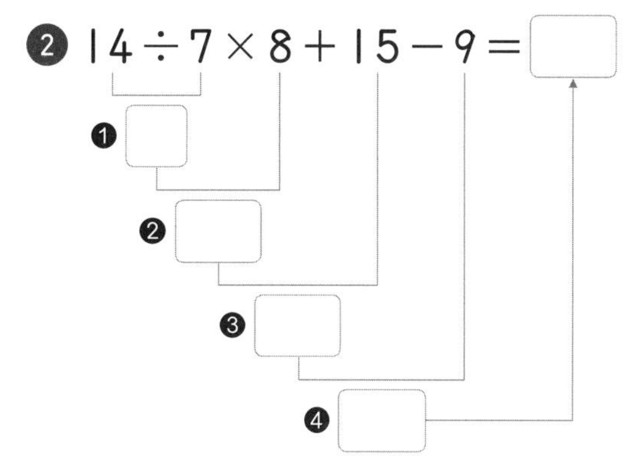

❸ $32-16+48\times2\div8=$

❹ $29+5\times14\div35-6=$

❺ $63-13\times6\div2+18=$

❻ $62-81\div27\times8+7=$

❼ $58+135\div45\times9-6=$

❽ $76+5-128\div16\times3=$

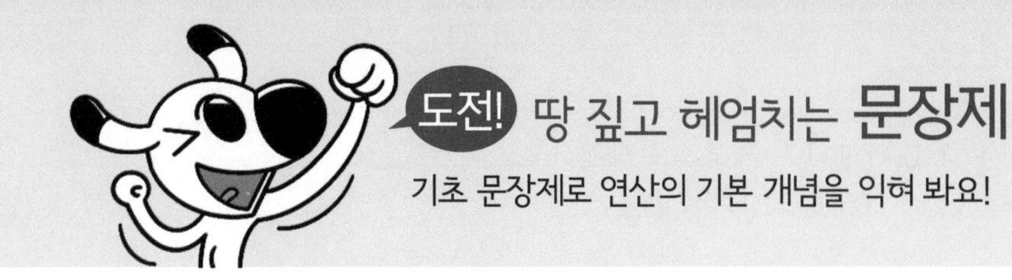

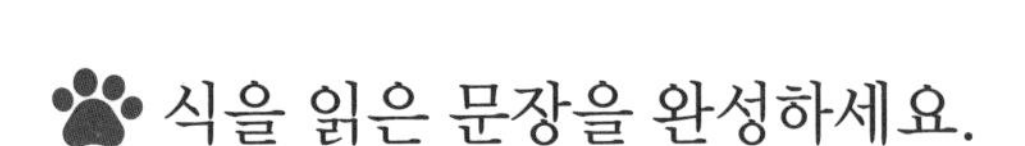

식을 읽은 문장을 완성하세요.

❶ $70 \div 2 + 8 - 7 \times 4$

➡ ☐을 2로 나눈 몫에 8을 더하고 ☐의 4배인 수를 뺍니다.

❷ $10 - 3 + 6 \times 5 \div 15$

➡ 10과 3의 차에 6과 ☐의 곱을 ☐로 나눈 몫을 더합니다.

- $+$ ➡ 합, 더하고, 더한
- $-$ ➡ 차, 빼고, 뺀
- $\times$ ➡ 곱한, ●배
- $\div$ ➡ 나눈 몫

하나의 식으로 나타내고 계산하세요.

❸ 30을 6으로 나눈 몫에 9의 2배를 더하고 5를 뺀 수

식 30 ◯ 6 ◯ 9 ◯ 2 ◯ 5 = ☐

답 ____________

❹ 8의 7배와 25의 합에서 20을 5로 나눈 몫을 뺀 수

식 ____________________

답 ____________

❸ 문장을 끊어 읽으면 하나의 식으로 나타내기 쉬워요.

30을 6으로 나눈 몫에 / 9의 2배를 / 더하고 / 5를 뺀 수

$30 \div 6$ | 9×2 | -5

$+$

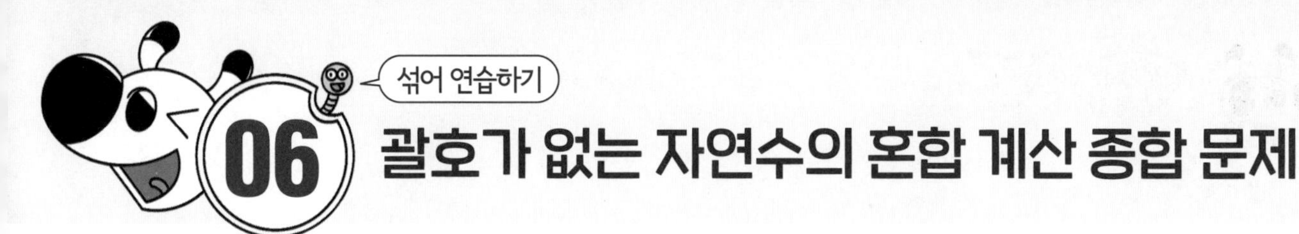
섞어 연습하기
06

괄호가 없는 자연수의 혼합 계산 종합 문제

계산하세요.

❶ $63-48+12=$

①, ②

❷ $24+37-18-20=$

❸ $72\div6\times3=$

❹ $15\times6\div5\times7=$

곱셈 부분을 먼저 묶어 볼까요?

❺ $25+9-(4\times7)=$

❻ $3\times28-35+8\times6=$

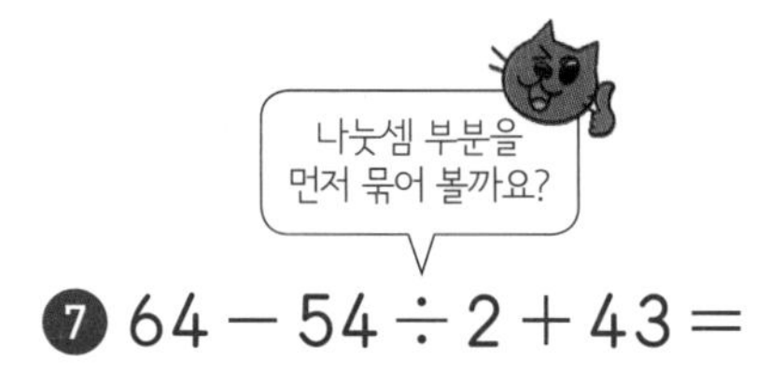
나눗셈 부분을
먼저 묶어 볼까요?

❼ $64-54\div2+43=$

❽ $52+76\div4-70\div14=$

계산하세요.

❶ $42 \div 3 - 4 \times 2 + 9 =$

❷ $9 \times 9 + 10 - 45 \div 5 =$

❸ $32 \times 3 + 91 \div 7 - 40 =$

❹ $25 - 84 \div 12 + 13 \times 6 =$

❺ $53 - 90 \div 6 + 4 \times 7 =$

❻ $5 \times 19 + 9 - 78 \div 13 =$

❼ $64 + 5 \times 24 \div 15 - 38 =$

❽ $74 - 5 + 96 \div 16 \times 4 =$

계산을 바르게 한 친구를 찾아 ◯표 하세요.

❶

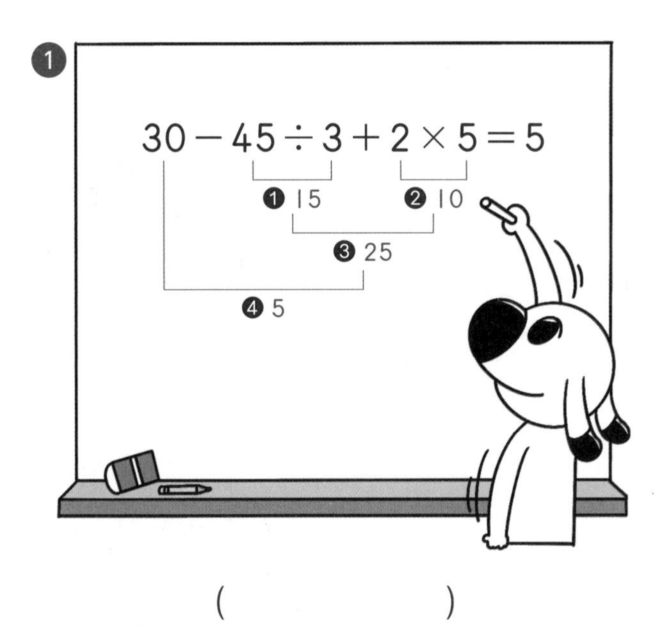

(　　　　　)

(　　　　　)

❷

(　　　　　)

(　　　　　)

🐾 로켓에 적힌 식의 답을 구하면 도착하는 행성을 찾을 수 있습니다. 로켓이 도착할 행성을 찾아 선으로 이어 보세요.

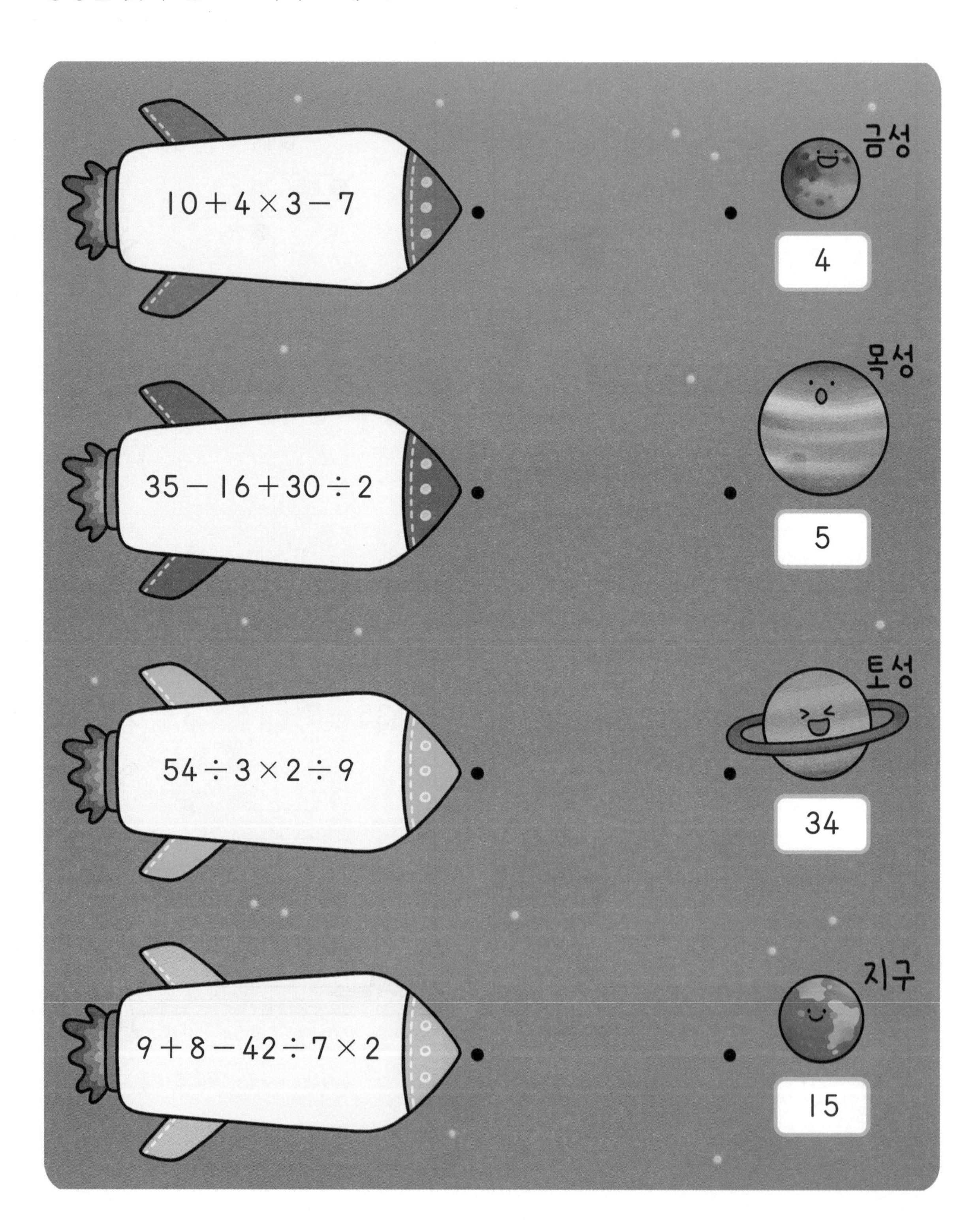

괄호가 없는 자연수의 혼합 계산 문장제

✪ 괄호가 없는 자연수의 혼합 계산 문장제

사탕 30개가 있습니다. 학생 6명에게 4개씩 나누어 주고 17개를 더 사 왔습니다. 지금 있는 사탕은 몇 개일까요?

1단계 문장을 /로 끊어 읽고 조건을 수와 연산 기호로 나타냅니다.

사탕 30개가 있습니다. / ➡ 30

학생 6명에게 4개씩 나누어 주고 / ➡ -6×4
(6×4, $-$)

17개를 더 사 왔습니다. / ➡ $+17$
($+17$)

지금 있는 사탕은 몇 개일까요?

2단계 하나의 식으로 나타냅니다.

30 (−) 6 ( ) 4 ( ) 17

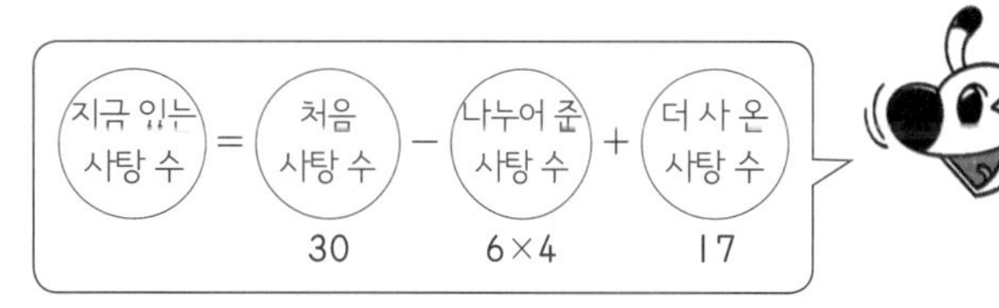

지금 있는 사탕 수 = 처음 사탕 수 − 나누어 준 사탕 수 + 더 사 온 사탕 수
30
6×4
17

3단계 식을 순서에 맞게 계산하고 알맞은 단위를 붙여 답을 씁니다.

$30-6\times4+17=23$

❶ 24
❷ 6
❸ 23

➡ 지금 있는 사탕 수: ☐개

답에 단위를 쓰는 것도 잊지 마요!

덧셈과 뺄셈이 섞여 있는 식은 앞에서부터 차례로 계산해요.

다음 문장을 읽고 하나의 식으로 나타내어 답을 구하세요.

- 초콜릿 26개 중에서 ➡ 26
- 9개를 주고 ➡ −9
- 15개를 더 샀다 ➡ +15

❶ 지호는 초콜릿 26개 중에서 9개를 동생에게 주고, 15개를 더 샀습니다. 지호가 지금 가지고 있는 초콜릿은 몇 개일까요?

식 26 ◯ 9 ◯ 15 = ☐

답 ______ 개

단위를 꼭 써요!

❷ 버스에 18명이 타고 있었는데 다음 정류장에서 5명이 더 탔고, 9명이 내렸습니다. 지금 버스에 타고 있는 사람은 몇 명일까요?

탄 사람은 더하고,
내린 사람은 빼요!

식 ______

답 ______

❸ 우리 반은 남학생이 16명, 여학생이 15명입니다. 이 중에서 안경을 쓴 학생이 7명일 때 안경을 쓰지 않은 학생은 몇 명일까요?

'전체 학생 수'에서
'안경을 쓴 학생 수'를
빼면 '안경을 쓰지 않은
학생 수'가 나와요.

식 ______

답 ______

곱셈과 나눗셈이 섞여 있는 식은 앞에서부터 차례로 계산해요.

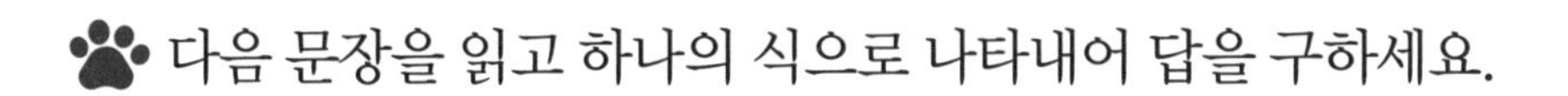

다음 문장을 읽고 하나의 식으로 나타내어 답을 구하세요.

❶ 한 줄에 10개인 곶감 6줄을 5개의 바구니에 똑같이 나누어 담으려고 합니다. 한 바구니에 담을 수 있는 곶감은 몇 개일까요?

식 10 ◯ 6 ◯ 5 = ☐

답 ______ 개

단위를 꼭 써요!

• 한 줄에 10개인 곶감 6줄 ➡ 10×6
• 5개의 바구니에 똑같이 나누어 담았다 ➡ $\div 5$

❷ 연필 1타는 12자루입니다. 연필 2타를 3명에게 똑같이 나누어 준다면 한 명에게 줄 수 있는 연필은 몇 자루일까요?

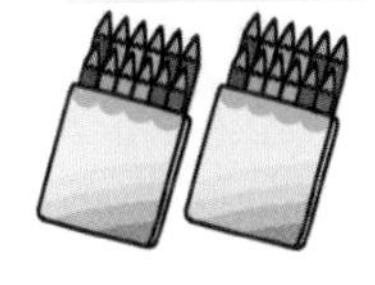

식 ______

답 ______

❸ 사과 72개를 6상자에 똑같이 나누어 담았습니다. 이 중 3상자에 담은 사과는 모두 몇 개일까요?

• 한 상자에 담은 사과 수

➡ 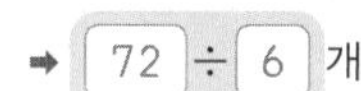

식 ______

답 ______

덧셈, 뺄셈, 곱셈이 섞여 있는 식은 곱셈 먼저!

다음 문장을 읽고 하나의 식으로 나타내어 답을 구하세요.

1 한 봉지에 14개씩 들어 있는 귤 6봉지가 있습니다. 그중에서 15개를 먹고 8개를 더 사 왔다면 지금 있는 귤은 몇 개일까요?

답 ____________

- 귤이 14개씩 6봉지 ➡ 14×6
- 그중에서 15개를 먹고 ➡ -15
- 8개를 더 사 왔다 ➡ $+8$

먹은 건 빼고
사 온 건 더해요!

2 빨간색 딱지가 13개, 파란색 딱지가 19개 있습니다. 친구 6명이 4개씩 가져갔다면 남은 딱지는 몇 개일까요?

3 주머니에 구슬이 30개 들어 있습니다. 구슬을 3개씩 7번 덜어 냈다가 5개를 다시 넣었습니다. 지금 주머니에 들어 있는 구슬은 몇 개일까요?

D

덧셈, 뺄셈, 나눗셈이 섞여 있는 식은 나눗셈 먼저!
덧셈, 뺄셈, 곱셈, 나눗셈이 섞여 있는 식은
곱셈과 나눗셈 먼저 앞에서부터 차례로 계산해요.

다음 문장을 읽고 하나의 식으로 나타내어 답을 구하세요.

❶ 감 80개를 5상자에 똑같이 나누어 담았습니다. 첫 번째 상자에서 감 8개를 꺼냈다가 3개를 다시 넣었습니다. 첫 번째 상자에 들어 있는 감은 모두 몇 개일까요?

식 80 ◯ 5 ◯ 8 ◯ 3 = ☐

답 ____________

• 감 80개를 5상자에 똑같이 나누어 담았다 ➡ 80÷5
• 8개를 꺼냈다 ➡ −8
• 3개를 다시 넣었다 ➡ +3

❷ 색종이 64장을 4모둠이 똑같이 나누어 가졌습니다. 그중 진우네 모둠에서는 색종이를 7장 쓰고 선생님께 4장을 더 받았습니다. 지금 진우네 모둠이 가지고 있는 색종이는 몇 장일까요?

식 ____________

답 ____________

쓴 건 빼고
받은 건 더해요!

❸ 붙임딱지 48장을 8모둠이 똑같이 나누어 가졌습니다. 예인이네 모둠이 붙임딱지를 3장씩 2묶음 더 받고 그중 10장을 썼습니다. 지금 예인이네 모둠이 가지고 있는 붙임딱지는 몇 장일까요?

식 ____________

답 ____________

첫째 마당까지
다 풀다니~
정말 멋져요!

왜 곱셈을 덧셈보다 먼저 계산하게 약속했을까요?

2＋3×4에서 3×4는 3＋3＋3＋3을 간단히 한 것이므로

2＋3×4＝2＋3＋3＋3＋3＝14예요.

그런데 덧셈을 먼저 계산한다면?

2＋3×4 ➡ 5×4＝20이 되므로 계산 결과가 달라져요.

이렇게 연산 기호가 두 개 이상인 혼합 계산은 어느 기호를 먼저 계산하느냐에 따라 계산 결과가 다르기 때문에 어느 기호를 먼저 계산해야 하는지 약속을 정한 거랍니다.

둘째 마당

괄호가 있는 자연수의 혼합 계산

둘째 마당에서는 괄호가 있는 자연수의 혼합 계산을 배워요. 괄호가 있으면 괄호 안의 계산이 가장 먼저라는 약속이 늘어났을 뿐, 괄호 밖의 계산 순서는 첫째 마당에서 배웠던 것과 같아요. 이제 집중해서 연습해 볼까요?

공부할 내용!	완료	10일 진도	20일 진도
08 (　) 안을 가장 먼저! 덧셈과 뺄셈은 앞에서부터	□	4일차	7일차
09 (　) 안을 가장 먼저! 곱셈과 나눗셈은 앞에서부터	□		8일차
10 (　) 안을 가장 먼저! 곱셈은 덧셈, 뺄셈보다 먼저!	□		9일차
11 (　) 안을 가장 먼저! 나눗셈은 덧셈, 뺄셈보다 먼저!	□	5일차	10일차
12 복잡한 식도 무조건 (　) 안 먼저 계산하자	□		11일차
13 (　) 안을 가장 먼저! 그다음 {　} 안을 계산하자	□	6일차	12일차
14 괄호가 있는 자연수의 혼합 계산 종합 문제	□		13일차
15 괄호가 있는 자연수의 혼합 계산 문장제	□	7일차	14일차

(   ) 안을 가장 먼저! 덧셈과 뺄셈은 앞에서부터

덧셈과 뺄셈이 섞여 있고 (괄호   )가 있는 식은 (   ) 안을 가장 먼저 계산합니다.

✪ 30−(16+7)의 계산

(   ) 안 먼저!

$30-(16+7)=7$

❶ 23

❷ 7

✪ 21−(8+5)+4의 계산

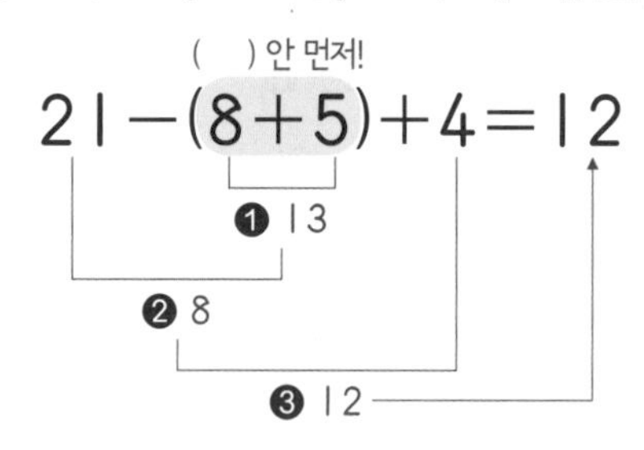

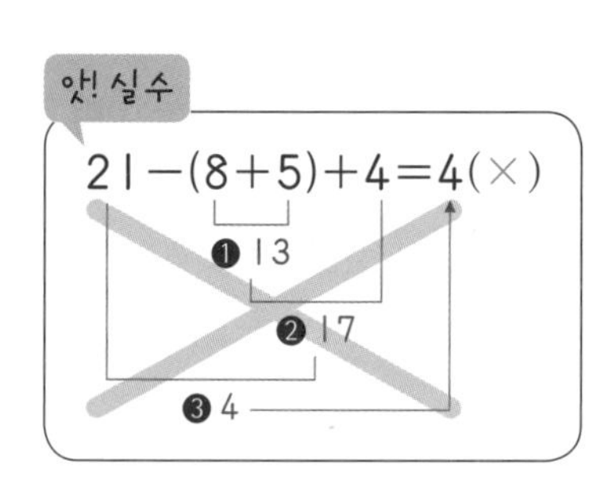

(   ) 안을 계산한 다음 남은 덧셈과 뺄셈은 앞에서부터 차례로 계산해야 돼요.

$21-(8+5)+4=12$

❶ 13
❷ 8
❸ 12

앗! 실수

$21-(8+5)+4=4(×)$

❶ 13
❷ 17
❸ 4

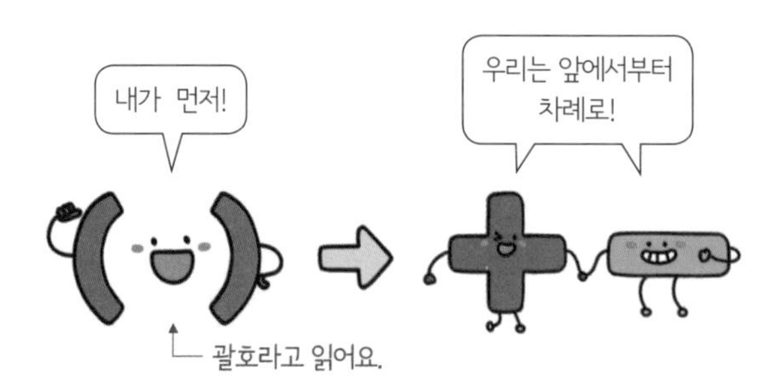

내가 먼저!
우리는 앞에서부터 차례로!
괄호라고 읽어요.

잠깐! 퀴즈

• 가장 먼저 계산해야 할 부분에 각각 ⬭표 하세요.

$23-4+7+9$ $23-(4+7)+9$

정답 앞에서부터 23−4 / 4+7에 ⬭표

덧셈과 뺄셈이 섞여 있는 식이라고 무조건 앞에서부터 계산하면 안 돼요.
( )가 있으면 ( ) 안의 계산이 가장 먼저예요!

( ) 안을 ◯로 묶고 계산하세요.

❶ $32-(15+9)=$ ☐

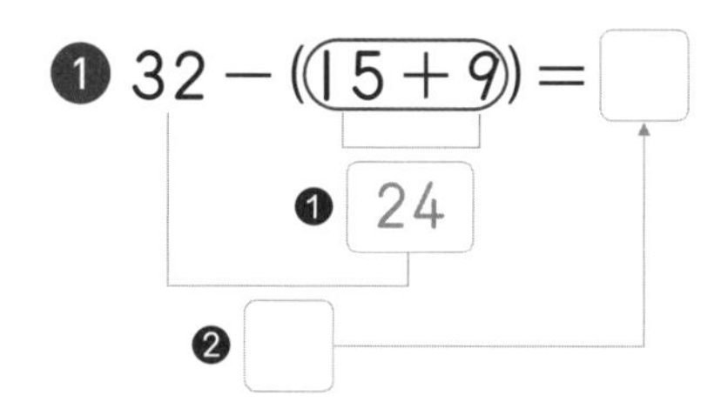

❶ 24
❷

( ) 안을 한 덩어리로
생각하고 묶은 다음
가장 먼저 계산해요!
32-(15+9)

❷ $50-(25+6)+3=$ ☐

❶ ☐
❷ ☐
❸ ☐

❸ $23+37-(18+15)=$ ☐

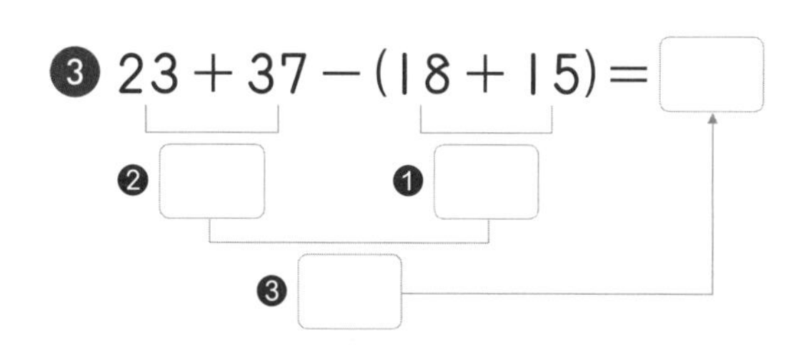

❷
❶
❸

❹ $65-(23+14)=$

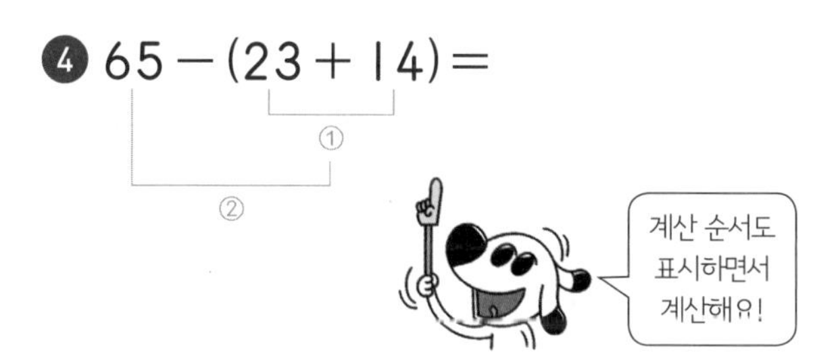

①
②
계산 순서도
표시하면서
계산해요!

❺ $70-(54-30)+38=$

❻ $36+28-(90-45)=$

❼ $74-(25+17)-19=$

❽ $69-(72-55)+38=$

❾ $95-14-(49+16)=$

계산 순서를 표시하지 않고 암산하면 실수하기 쉬워요.
자신이 있더라도 계산 순서를 표시하는 습관이 중요해요!

( ) 안을 ( )로 묶고 계산하세요.

❶ $43-(7+18)=$ □

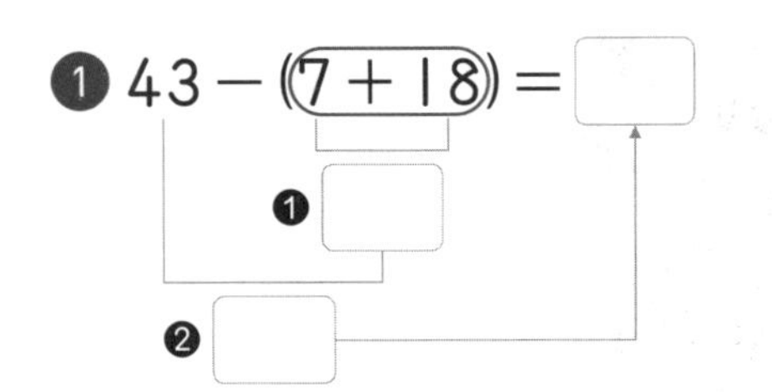

❷ $16+24-(17+6)=$ □

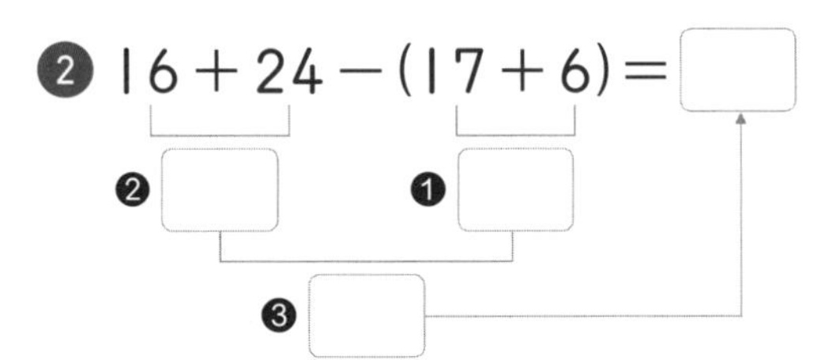

❸ $53-(8+26)+3=$

①
②
③

계산 순서도 표시하면서 계산해요!

❹ $13+37-(30-19)=$

❺ $52-(32-4)+8=$

❻ $8+56-(45-27)=$

❼ $61-(9+13)+16=$

❽ $25+57-(29+28)=$

❾ $90-18-(47+16)=$

❿ $102-(18+37)-9=$

(　)를 하나의 큰 주머니라고 생각하고
(　) 안의 혼합 계산 먼저 차근차근하면 돼요.

(　) 안을 ◯로 묶고 계산하세요.

❶ $30-(15+16-8)=$ ☐

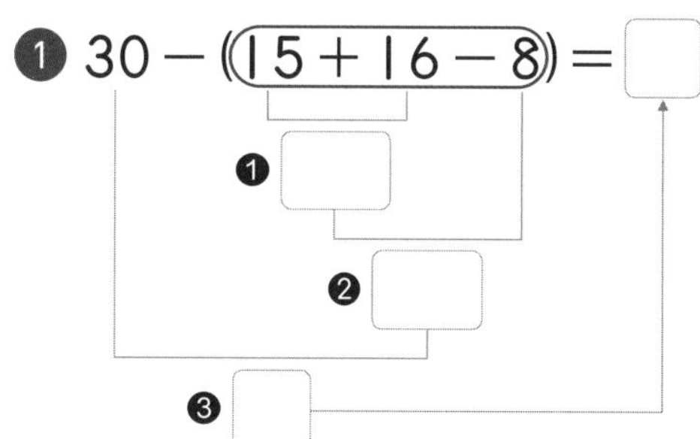

❷ $45-(24-15+22)=$ ☐

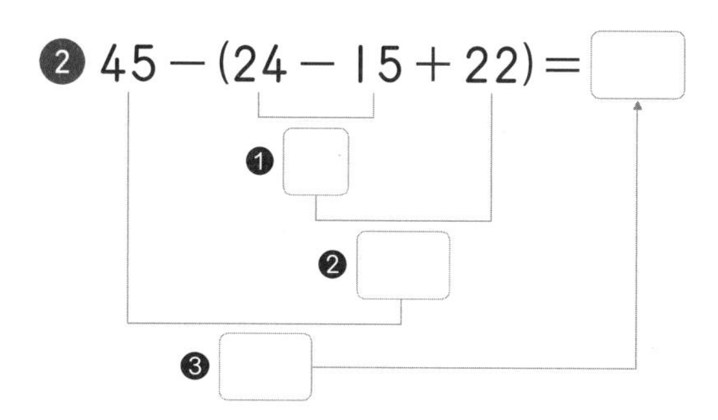

❸ $39-(24+9-17)=$

① ② ③

❹ $54-(36-7+13)=$

❺ $70-(48-12+25)=$

❻ $63-(18+23-16)=$

❼ $81-(52-34+8)=$

❽ $92-(46+29-37)=$

❾ $100-(73-54+45)=$

( ) 안을 덩어리로 묶으면
간단한 뺄셈식이 돼요.
'덩어리 계산법'을 기억해요!

도전! 땅 짚고 헤엄치는 문장제

기초 문장제로 연산의 기본 개념을 익혀 봐요!

식을 읽은 문장을 완성하세요.

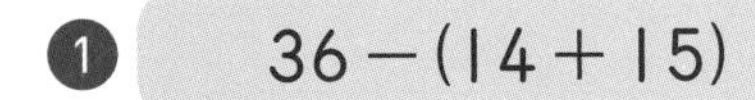

- + ➡ 합, 더하고, 더한
- − ➡ 차, 빼고, 뺀

❶ 36 − (14 + 15)

➡ [ ]에서 14와 [ ]의 합을 뺍니다.

❷ 25 + 9 − (22 − 3)

➡ 25에 [ ]를 더하고 [ ]와 3의 차를 뺍니다.

밑줄 친 부분을 ( ) 안에 넣어 하나의 식으로 나타내고 계산하세요.

❸ 36에서 15와 8의 합을 뺀 수

식 ______

답 ______

36에서 빼야 하는 부분은 '15와 8의 합'이에요. 밑줄 친 부분을 한 덩어리로 생각하고 ( )로 묶어요.

❹ 50에서 24와 6의 차를 빼고 3을 더한 수

식 ______

답 ______

❸ 문장을 끊어 읽으면 하나의 식으로 나타내기 쉬워요.

36에서 / 15와 8의 합을 / 뺀 수

36 (15+8) −

바빠 혼합 계산
09

(   )안을 가장 먼저! 곱셈과 나눗셈은 앞에서부터

곱셈과 나눗셈이 섞여 있고 (괄호)가 있는 식은 (   ) 안을 가장 먼저 계산합니다.

✪ 36÷(4×3)의 계산

(   ) 안 먼저!

$36 \div (4 \times 3) = 3$

❶ 12

❷ 3

❶
4
×3
12
❷
3
12)36
(   ) 안
먼저 계산!

✪ 72÷(3×2)×4의 계산

(   ) 안 먼저!

$72 \div (3 \times 2) \times 4 = 48$

❶ 6

❷ 12

❸ 48

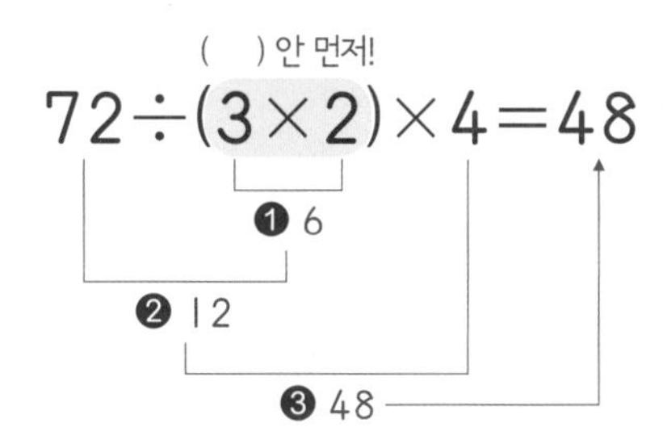

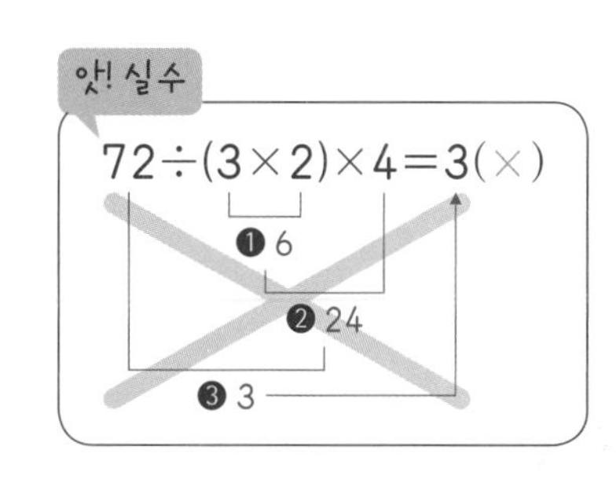
앗! 실수
72÷(3×2)×4=3(×)
❶ 6
❷ 24
❸ 3

(   ) 안을 계산한 다음
남은 곱셈과 나눗셈은
앞에서부터 차례로
계산해야 돼요.

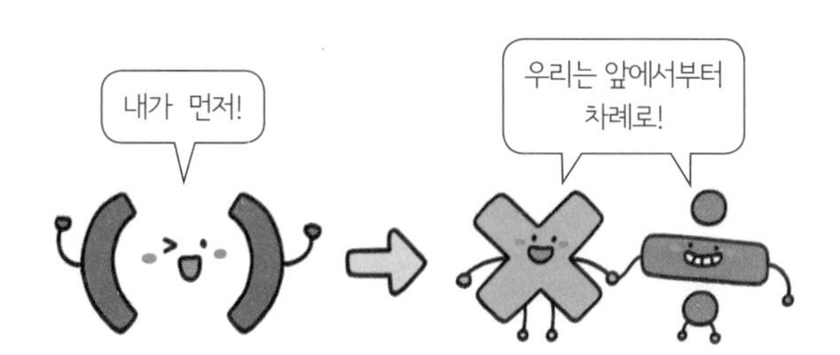
내가 먼저!
우리는 앞에서부터
차례로!

잠깐! 퀴즈

• 가장 먼저 계산해야 할 부분에 각각 ◯표 하세요.

$48 \div 2 \times 8 \times 5$ $48 \div (2 \times 8) \times 5$

정답 왼쪽부터 48÷2 / 2×8에 ◯표

곱셈과 나눗셈이 섞여 있는 식이라고 무조건 앞에서부터 계산하면 안 돼요.
( )가 있으면 ( ) 안이 가장 먼저예요!

( ) 안을 ◯로 묶고 계산하세요.

❶ $28 \div (2 \times 7) = \square$

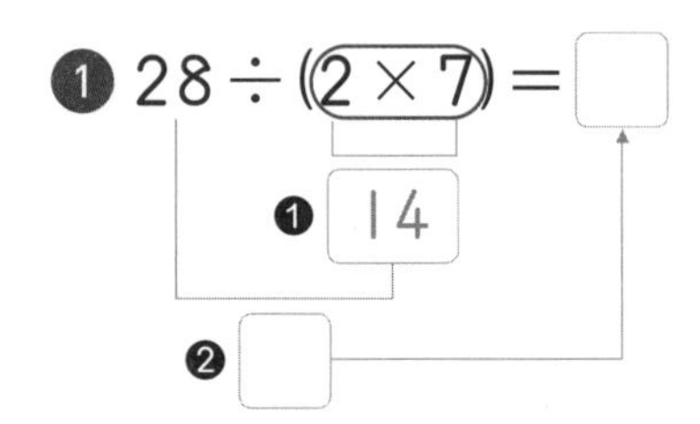

( ) 안을 한 덩어리로 생각하고 묶은 다음 가장 먼저 계산해요!
28÷(2×7)

❷ $60 \div (4 \times 3) \times 5 = \square$

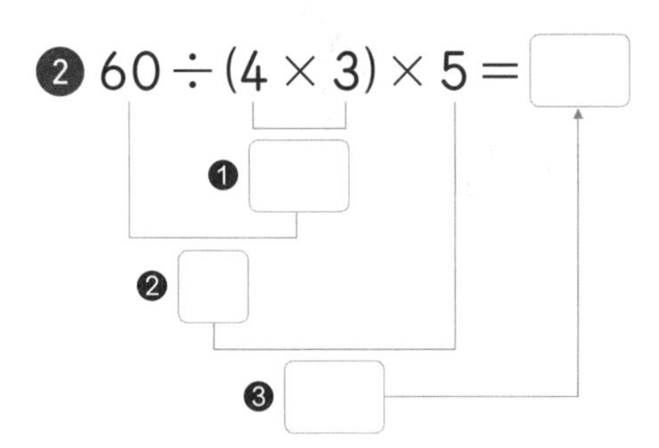

❸ $2 \times 32 \div (64 \div 4) = \square$

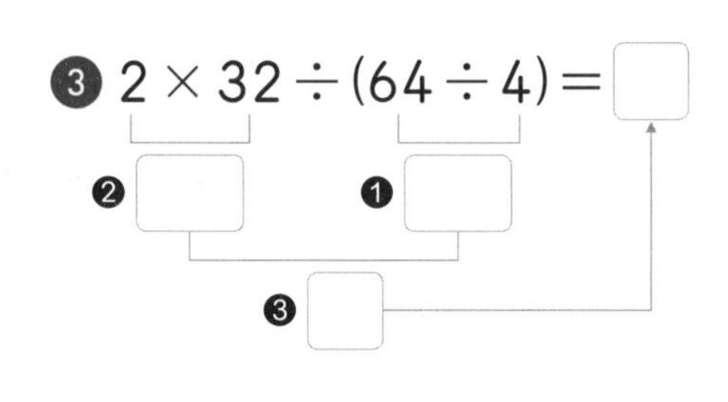

❹ $72 \div (6 \times 4) =$

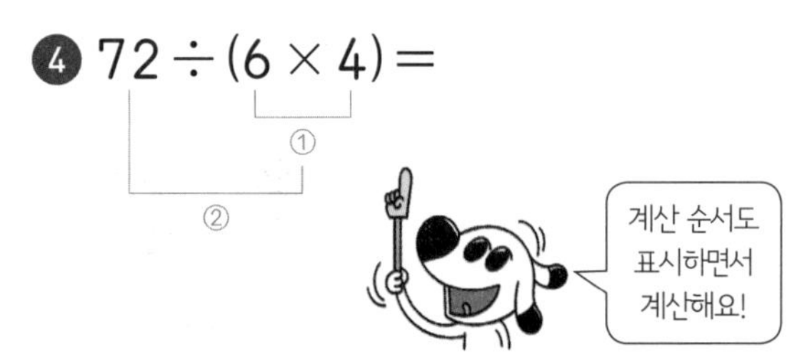

①
②
계산 순서도 표시하면서 계산해요!

❺ $48 \div (40 \div 5) \times 6 =$

❻ $90 \times 2 \div (3 \times 15) =$

❼ $96 \div (2 \times 8) \div 2 =$

❽ $85 \div (51 \div 3) \times 19 =$

❾ $144 \div 4 \div (9 \times 2) =$

계산 순서를 표시하지 않고 암산하면 실수하기 쉬워요.
자신이 있더라도 계산 순서를 표시하는 습관이 중요해요!

( ) 안을 ⬭로 묶고 계산하세요.

❶ $75 \div (3 \times 5) =$ ☐

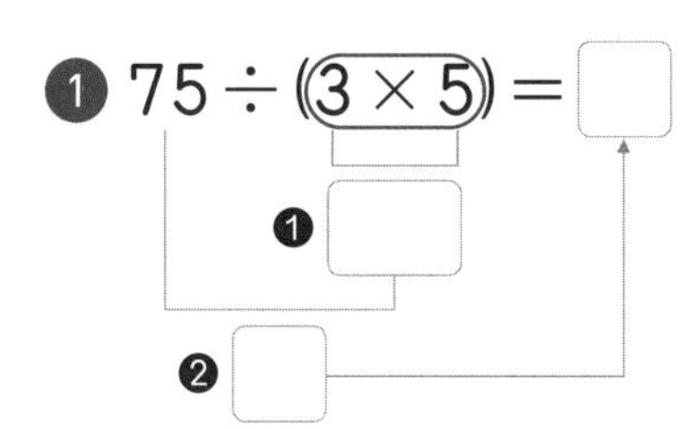

❷ $2 \times 26 \div (65 \div 5) =$ ☐

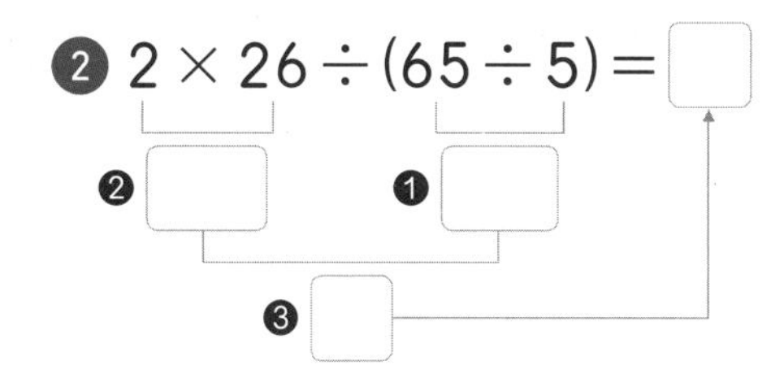

③ $56 \div (7 \times 2) \times 12 =$

④ $14 \times 6 \div (3 \times 4) =$

⑤ $42 \div (30 \div 5) \times 8 =$

⑥ $49 \times 2 \div (42 \div 3) =$

⑦ $84 \div (4 \times 7) \times 16 =$

⑧ $108 \div 9 \div (3 \times 2) =$

⑨ $96 \div (48 \div 2) \times 23 =$

⑩ $192 \div 4 \div (2 \times 6) =$

( )를 하나의 큰 주머니라고 생각하고
( ) 안의 혼합 계산 먼저 차근차근하면 돼요.

( ) 안을 ⊂⊃로 묶고 계산하세요.

❶ $35 \div (15 \times 3 \div 9) =$ □

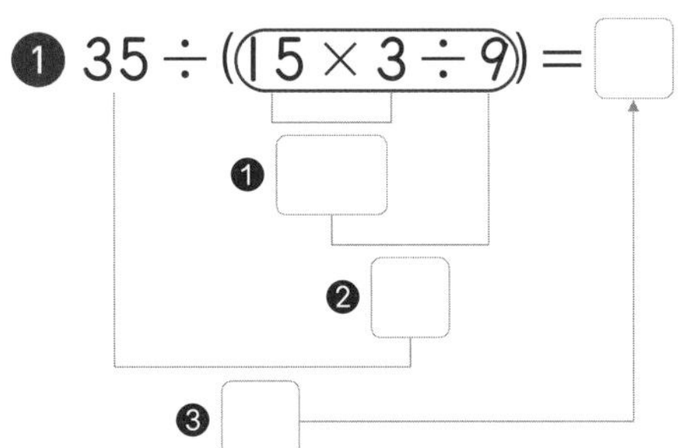

❷ $48 \div (54 \div 9 \times 4) =$ □

❸ $78 \div (13 \times 6 \div 3) =$

❹ $90 \div (65 \div 13 \times 3) =$

❺ $70 \div (28 \times 2 \div 4) =$

❻ $96 \div (32 \div 8 \times 3) =$

❼ $108 \div (72 \times 2 \div 8) =$

❽ $140 \div (75 \div 15 \times 7) =$

❾ $104 \div (56 \times 3 \div 21) =$

( ) 안을 덩어리로 묶으면
간단한 나눗셈식이 돼요.
'덩어리 계산법'을 기억해요!

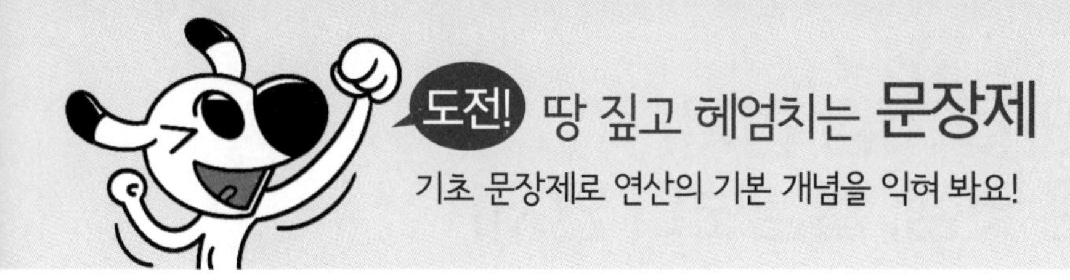

식을 읽은 문장을 완성하세요.

• × ➡ 곱한, ●배
• ÷ ➡ 나눈 몫

❶ 

$72 \div (6 \times 4)$

➡ ☐를 6과 ☐의 곱으로 나눕니다.

❷ $14 \times 3 \div (2 \times 7)$

➡ 14의 ☐배인 수를 ☐와 7의 곱으로 나눕니다.

밑줄 친 부분을 (   ) 안에 넣어 하나의 식으로 나타내고 계산하세요.

❸ 54를 3과 6의 곱으로 나눈 몫

식 ______

답 ______

54를 나누어야 하는 부분은 '3과 6의 곱'이에요. 밑줄 친 부분을 한 덩어리로 생각하고 (   )로 묶어요.

❹ 72를 4의 3배로 나눈 몫에 8을 곱한 수

식 ______

답 ______

❸ 문장을 끊어 읽으면 하나의 식으로 나타내기 쉬워요.

54를 3과 6의 곱으로 / 나눈 몫

54 (3×6)

÷

(　　) 안을 가장 먼저! 곱셈은 덧셈, 뺄셈보다 먼저!

덧셈, 뺄셈, 곱셈이 섞여 있고 (　　)가 있는 식은

(　　) 안 ➡ 곱셈 ➡ 덧셈, 뺄셈 순서로 계산합니다.

✪ 3×(14+7)−9의 계산

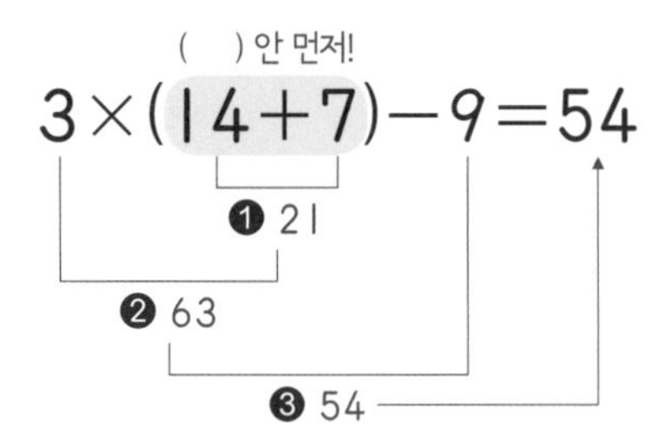

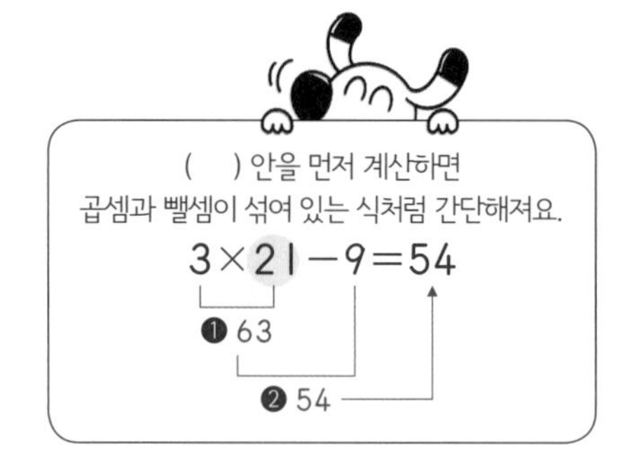

(　) 안을 먼저 계산하면
곱셈과 뺄셈이 섞여 있는 식처럼 간단해져요.
3×21−9=54
❶ 63
❷ 54

✪ 6+2×(15−8)의 계산

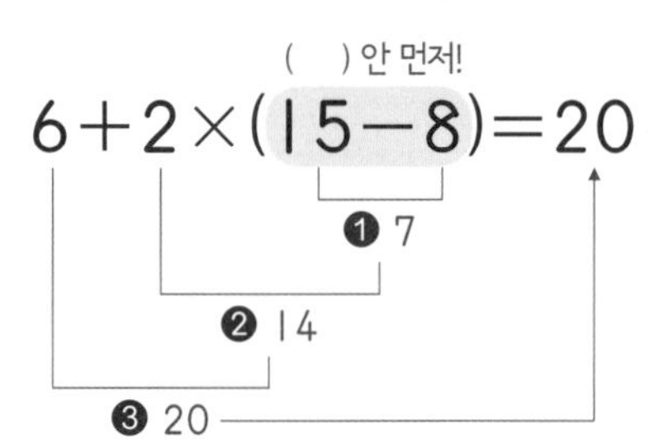

() 안 먼저!

$6 + 2 \times (15 - 8) = 20$

❶ 7
❷ 14
❸ 20

앗! 실수

$6 + 2 \times (15 - 8) = 56 (\times)$

❶ 8
❷ 7
❸ 56

계산 순서가 바뀌면
틀린 답이 나오니
주의해요!

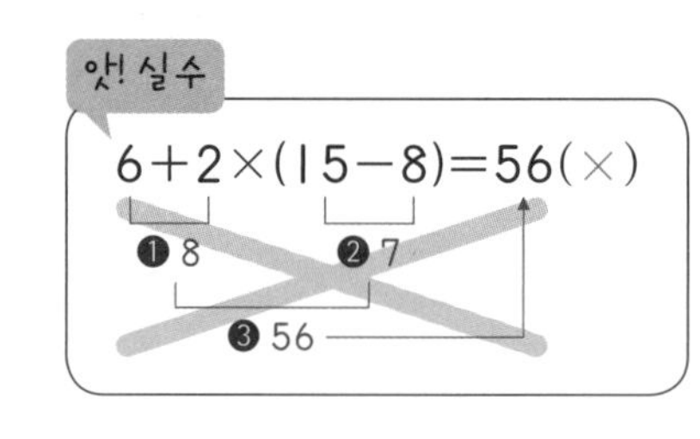

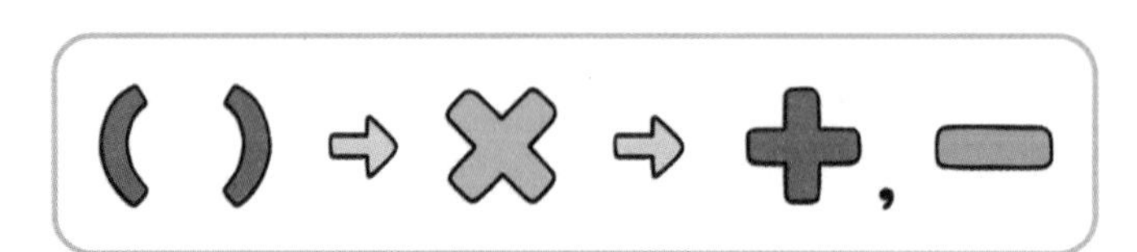

잠깐! 퀴즈

• 가장 먼저 계산해야 할 부분에 각각 ◯표 하세요.

84−3×8+14　　　84−3×(8+14)

정답 왼쪽부터 3×8 / 8+14에 ◯표

덧셈, 뺄셈, 곱셈이 섞여 있는 식이라고 무조건 곱셈 먼저 계산하면 안 돼요.
(   )가 있으면 (   ) 안이 가장 먼저예요!

( ) 안을 ◯로 묶고 계산하세요.

❶ $4 \times (12 - 8) + 5 =$

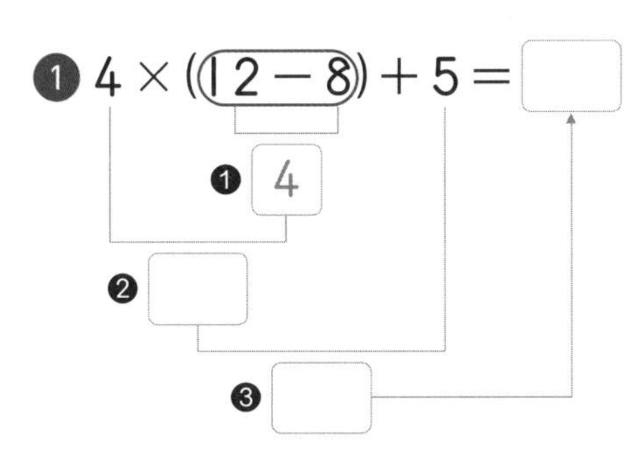

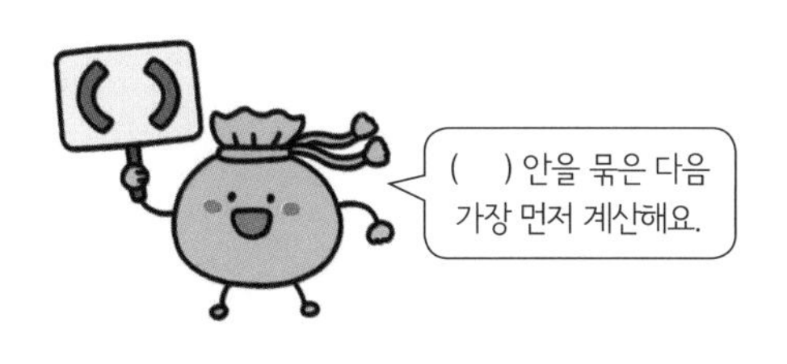

( ) 안을 묶은 다음 가장 먼저 계산해요.

❷ $(5 + 14) \times 3 - 27 =$

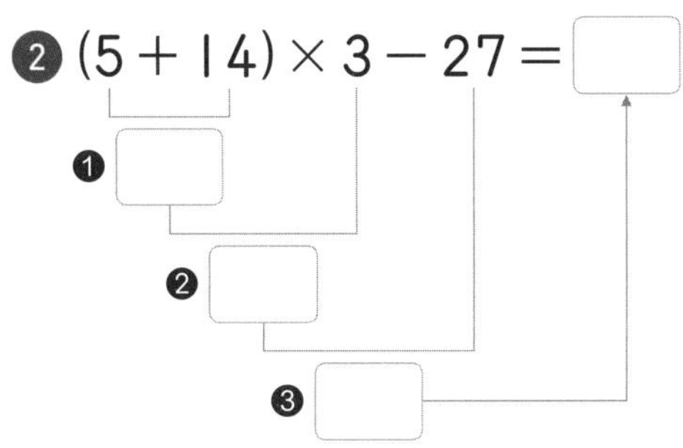

❸ $50 - 2 \times (6 + 17) =$

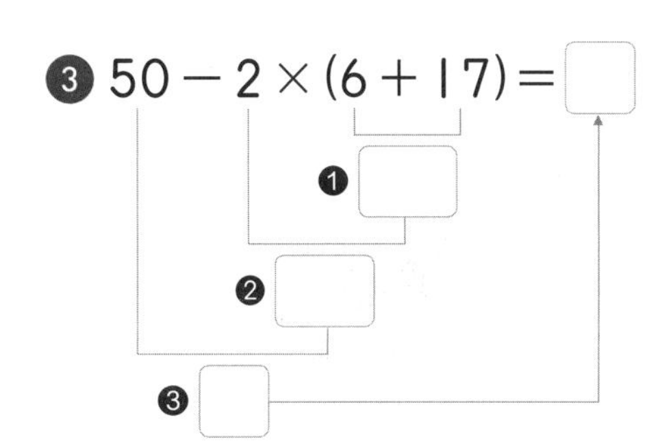

❹ $2 \times (31 + 9) - 65 =$

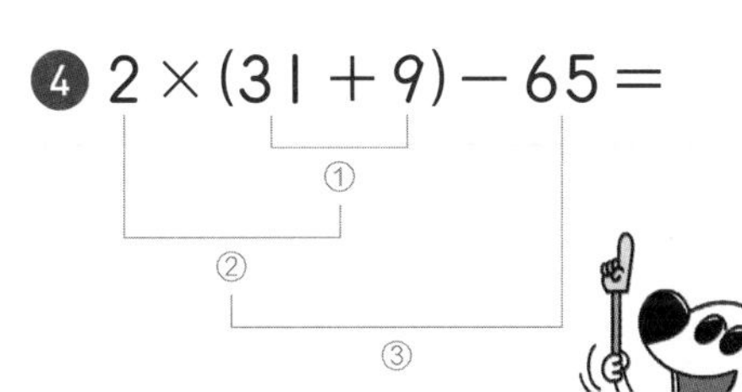

계산 순서도 표시하면서 계산해요!

❺ $11 \times 4 - (9 + 6) =$

❻ $25 + 7 \times (36 - 28) =$

❼ $(72 - 65) \times 6 + 18 =$

❽ $14 \times (41 - 35) + 5 =$

❾ $100 - (19 + 8) \times 3 =$

(   ) 안을 ⬭로 묶고 계산하세요.

❶ $((13-6))\times 5+7=$ ☐

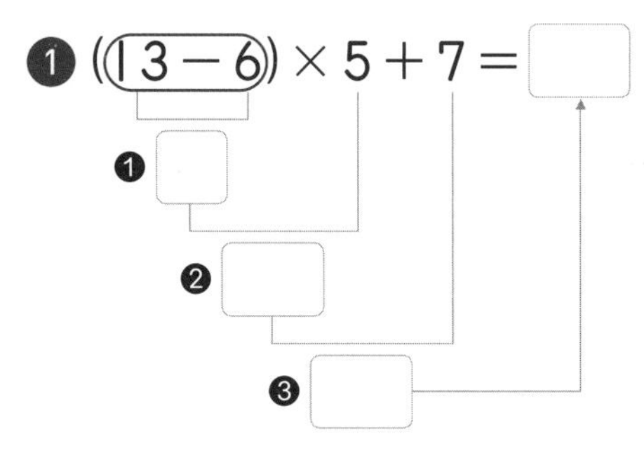

❷ $28\times 3-(9+15)=$ ☐

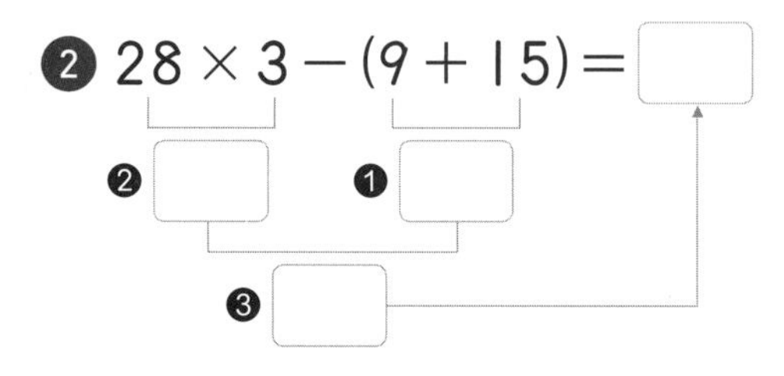

❸ $45-2\times(6+12)=$

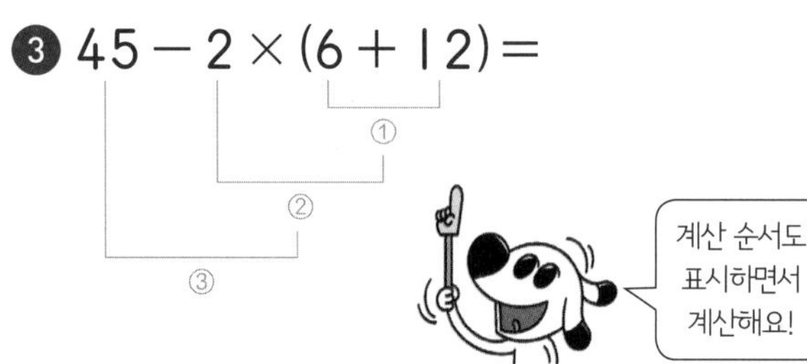

❹ $4\times(5+8)-36=$

❺ $25\times 2-(28+14)=$

❻ $18+(12-7)\times 13=$

❼ $(14+9)\times 4-56=$

❽ $82-3\times(17+8)=$

❾ $12+6\times(21-3)=$

❿ $110-(9+7)\times 6=$

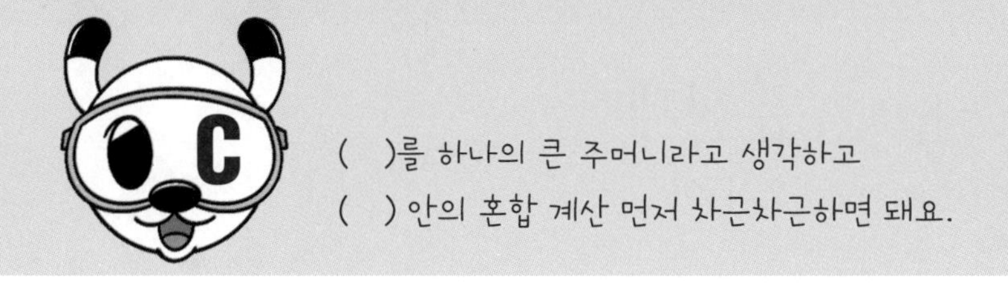

( )를 하나의 큰 주머니라고 생각하고
( ) 안의 혼합 계산 먼저 차근차근하면 돼요.

( ) 안을 ⬭로 묶고 계산하세요.

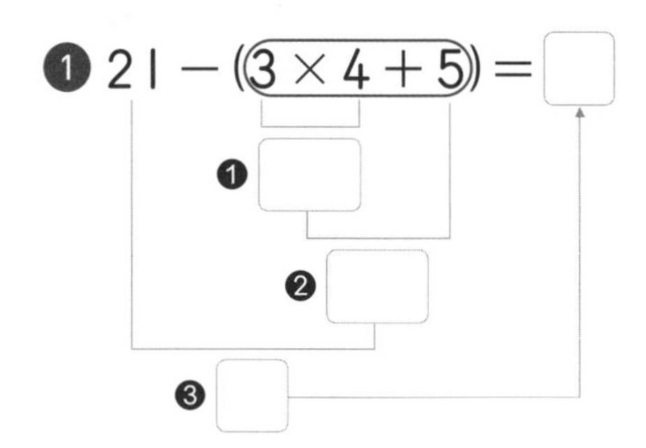

❶ $21-(3\times4+5)=\square$

❷ $(8+13-6)\times4=\square$

❸ $2\times(42-14+9)=$

❹ $80-(28+12\times3)=$

❺ $(13-4+17)\times3=$

❻ $62-(29+5\times3)=$

❼ $2\times(47+26-18)=$

❽ $100-(4\times18+9)=$

❾ $180-(92+14\times6)=$

( ) 안에서도 곱셈 먼저!
덧셈, 뺄셈은 나중이에요.

도전! 땅 짚고 헤엄치는 문장제

기초 문장제로 연산의 기본 개념을 익혀 봐요!

- + ➡ 합, 더하고, 더한
- − ➡ 차, 빼고, 뺀
- × ➡ 곱한, ●배

식을 읽은 문장을 완성하세요.

❶ 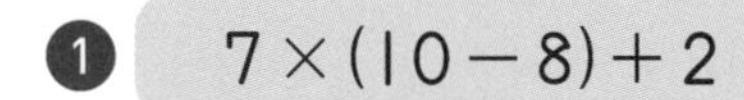

$7 \times (10 - 8) + 2$

➡ 7에 10과 ☐의 차를 곱하고 ☐를 더합니다.

❷ 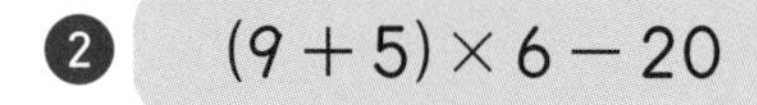

$(9 + 5) \times 6 - 20$

➡ ☐와 5의 합에 ☐을 곱하고 20을 뺍니다.

밑줄 친 부분을 (   ) 안에 넣어 하나의 식으로 나타내고 계산하세요.

❸ 12와 3의 차에 4를 곱하고 7을 더한 수

식 ____________________

답 ____________

4를 곱해야 하는 부분은 '12와 3의 차'예요.
밑줄 친 부분을 한 덩어리로 생각하고 (   )로 묶어요.

❹ 5에 7과 6의 합을 곱하고 28을 뺀 수

식 ____________________

답 ____________

❸ 문장을 끊어 읽으면 하나의 식으로 나타내기 쉬워요.

12와 3의 차에 /	4를 곱하고 /	7을 더한 수
(12−3)	×4	+7

( )안을 가장 먼저! 나눗셈은 덧셈, 뺄셈보다 먼저!

덧셈, 뺄셈, 나눗셈이 섞여 있고 ( )가 있는 식은

( ) 안 ➡ 나눗셈 ➡ 덧셈, 뺄셈 순서로 계산합니다.

✪ $65\div(4+9)-3$의 계산

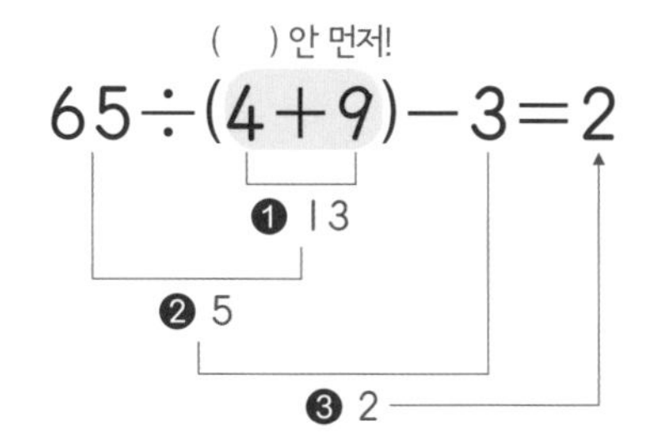

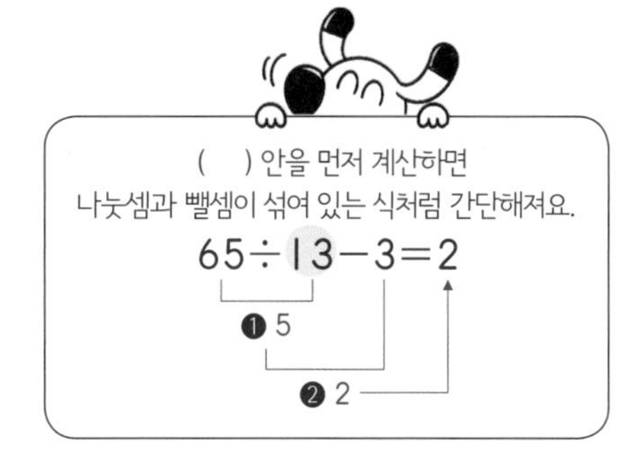

( ) 안을 먼저 계산하면
나눗셈과 뺄셈이 섞여 있는 식처럼 간단해져요.
65÷13−3=2
❶ 5
❷ 2

✪ $9+36\div(17-8)$의 계산

( ) 안 먼저!

$9+36\div(17-8)=13$

❶ 9

❷ 4

❸ 13

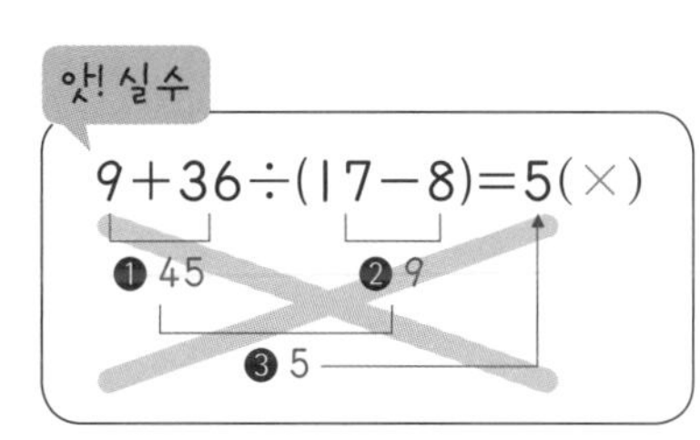

( ) ➡ ÷ ➡ +, −

잠깐! 퀴즈

• 가장 먼저 계산해야 할 부분에 각각 ◯표 하세요.

$36\div12-3+5$　　　$36\div(12-3)+5$

정답 왼쪽부터 36÷12 / 12−3에 ◯표

덧셈, 뺄셈, 나눗셈이 섞여 있는 식이라고 무조건 나눗셈 먼저 계산하면 안 돼요.
( )가 있으면 ( ) 안이 가장 먼저예요!

( ) 안을 ◯로 묶고 계산하세요.

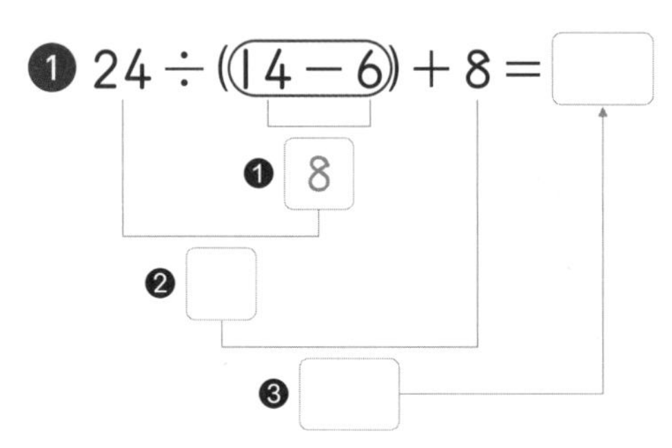

❶ $24 \div (14 - 6) + 8 =$ ☐

( ) 안을 묶은 다음 가장 먼저 계산해요.

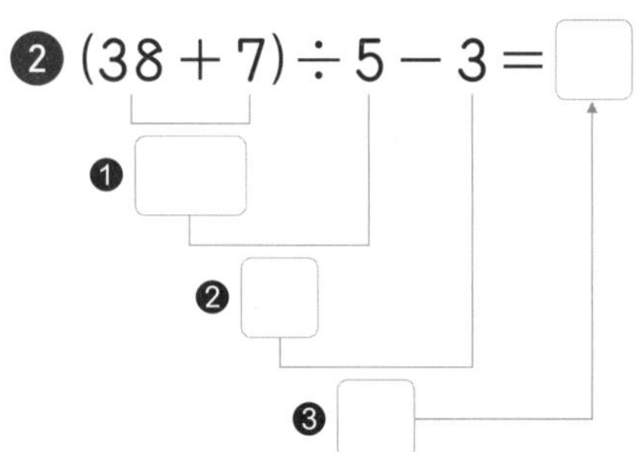

❷ $(38 + 7) \div 5 - 3 =$ ☐

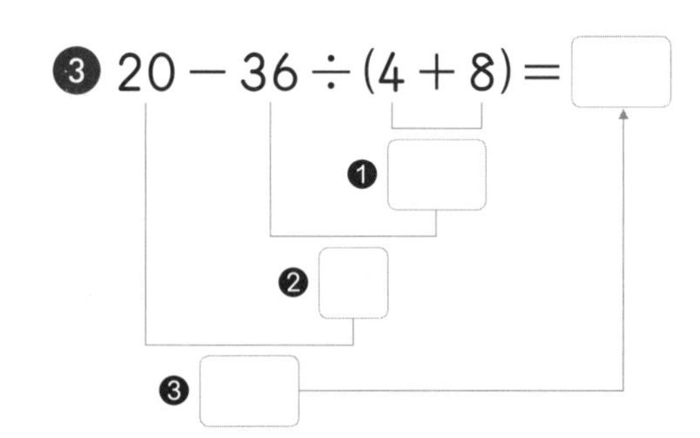

❸ $20 - 36 \div (4 + 8) =$ ☐

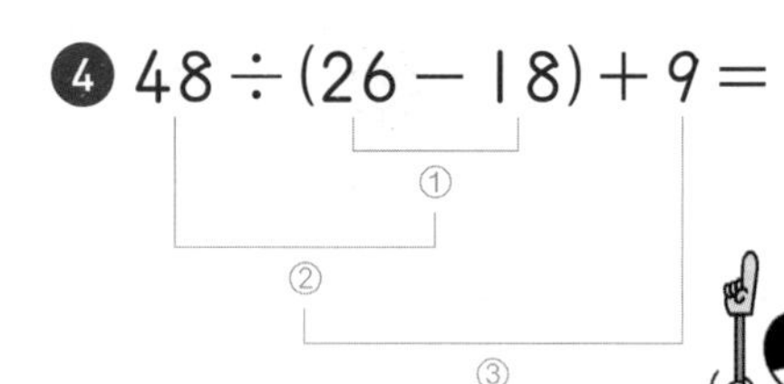

❹ $48 \div (26 - 18) + 9 =$

계산 순서도 표시하면서 계산해요!

❺ $16 + 75 \div (24 - 9) =$

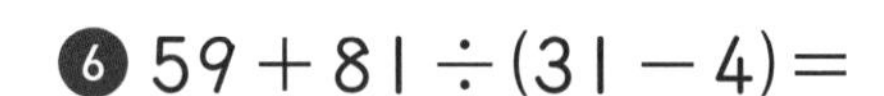

❻ $59 + 81 \div (31 - 4) =$

❼ $94 - (24 + 76) \div 4 =$

❽ $121 \div (4 + 7) - 8 =$

❾ $63 - 120 \div (19 + 5) =$

덧셈이나 뺄셈일지라도 ( )로 묶여 있으면 가장 먼저 계산해요.

( ) 안을 ◯로 묶고 계산하세요.

❶ $(30-2)\div 7+9=$ ☐

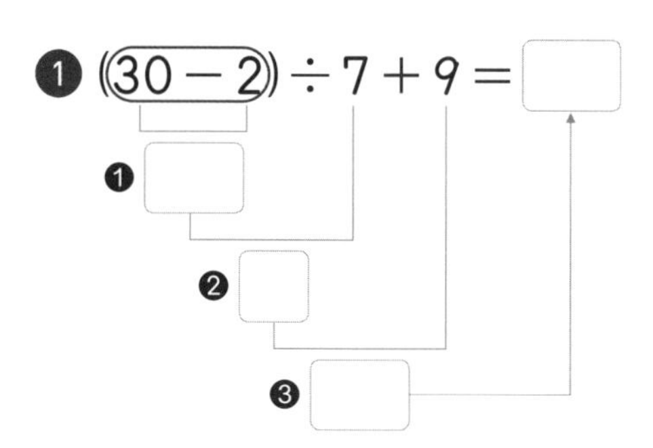

❷ $81\div 3-(14+5)=$ ☐

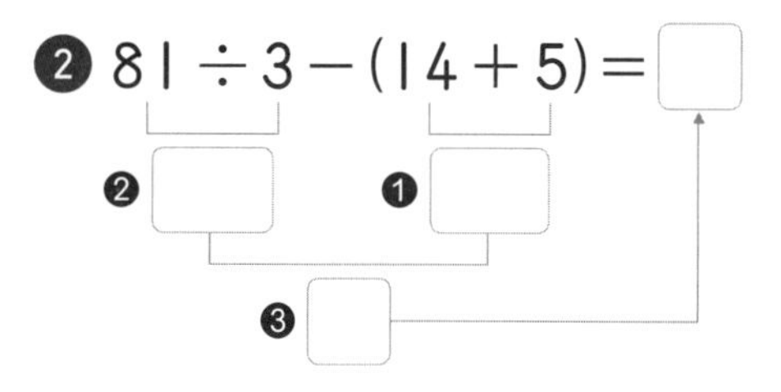

❸ $22-45\div(9+6)=$

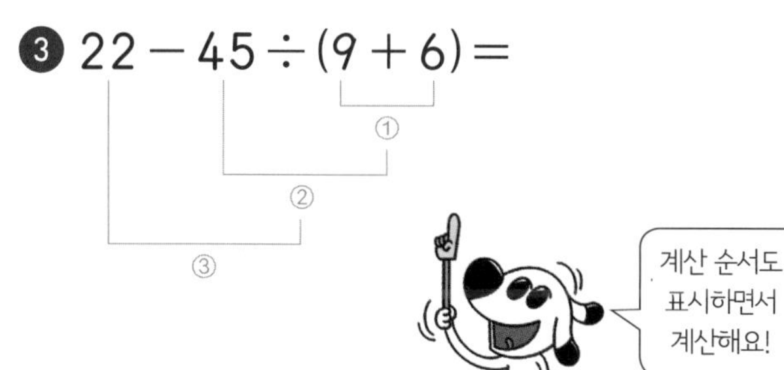

❹ $60\div(40-28)+27=$

❺ $41-(27+29)\div 4=$

❻ $(70-19)\div 17+28=$

❼ $34-(26+58)\div 14=$

❽ $62-95\div(16+3)=$

❾ $59+135\div(33-18)=$

❿ $108\div(47-29)+8=$

( )를 하나의 큰 주머니라고 생각하고
( ) 안의 혼합 계산 먼저 차근차근하면 돼요.

( ) 안을 ⊂⊃로 묶고 계산하세요.

❶ $34-(40\div5+7)=$ □

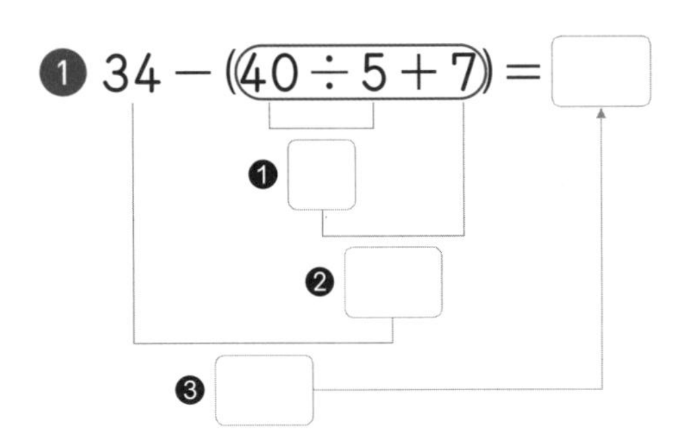

❷ $(12+14-8)\div6=$ □

❸ $54\div(41-23+9)=$

① ② ③

❹ $60-(28+75\div25)=$

❺ $42-(80\div16+19)=$

❻ $(17+46-7)\div14=$

❼ $(61-18+35)\div13=$

❽ $100-(78\div3+47)=$

❾ $85-(59+98\div14)=$

( ) 안에서도 나눗셈 먼저!
덧셈, 뺄셈은 나중이에요.

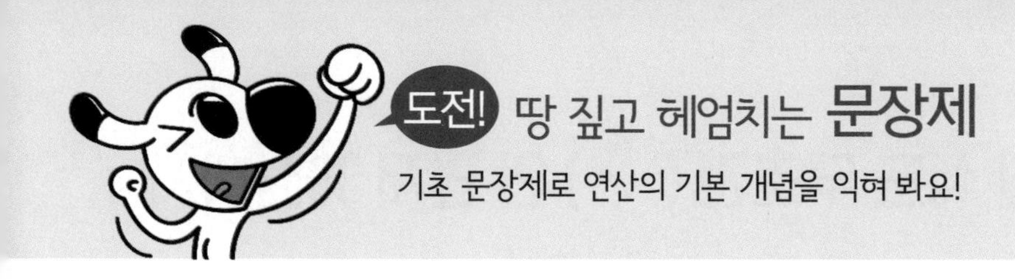

식을 읽은 문장을 완성하세요.

- $+$ ➡ 합, 더하고, 더한
- $-$ ➡ 차, 빼고, 뺀
- $\div$ ➡ 나눈 몫

❶  $(27+9)\div4-5$

➡ 27과 ☐의 합을 ☐로 나눈 몫에서 5를 뺍니다.

❷ $60\div(32-12)+9$

➡ ☐을 32와 ☐의 차로 나눈 몫에 9를 더합니다.

밑줄 친 부분을 (　　) 안에 넣어 하나의 식으로 나타내고 계산하세요.

❸ 53과 4의 차를 7로 나눈 몫에 25를 더한 수

식 ____________________

 답 __________

❹ 88을 9와 2의 합으로 나눈 몫에서 3을 뺀 수

식 ____________________

 답 __________

❸ 문장을 끊어 읽으면 하나의 식으로 나타내기 쉬워요.

53과 4의 차를 /	7로 나눈 몫에 /	25를 더한 수
$(53-4)$	$\div7$	$+25$

12 복잡한 식도 무조건 ( ) 안 먼저 계산하자

덧셈, 뺄셈, 곱셈, 나눗셈이 섞여 있고 ( )가 있는 식은

( ) 안 ➡ 곱셈 , 나눗셈 ➡ 덧셈, 뺄셈의 순서로 계산합니다.

✪ $6\times2+(30-9)\div3$의 계산

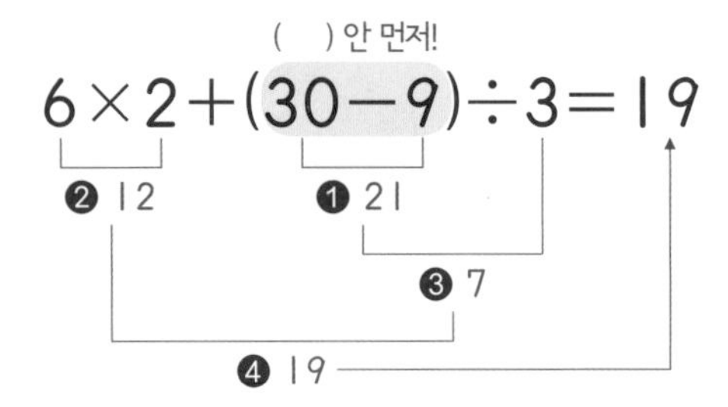

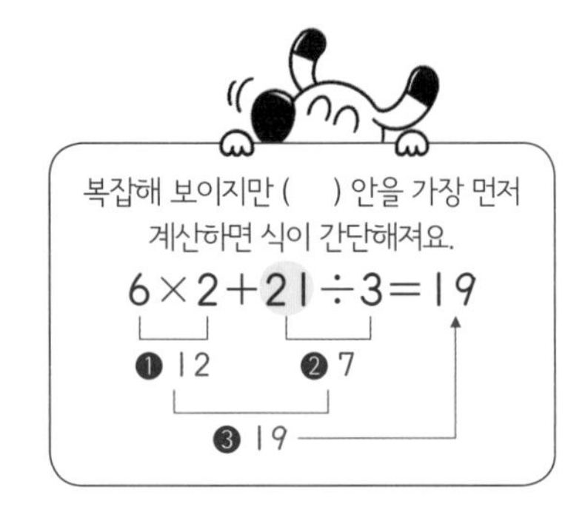

복잡해 보이지만 ( ) 안을 가장 먼저
계산하면 식이 간단해져요.
6×2+21÷3=19
❶ 12
❷ 7
❸ 19

✪ $10-52\div(7+6)\times2$의 계산

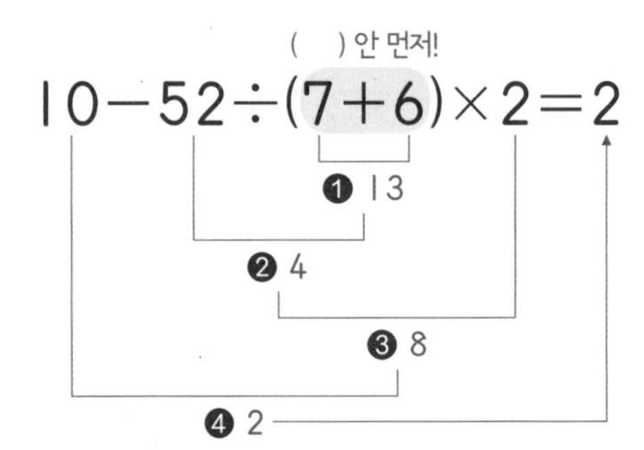

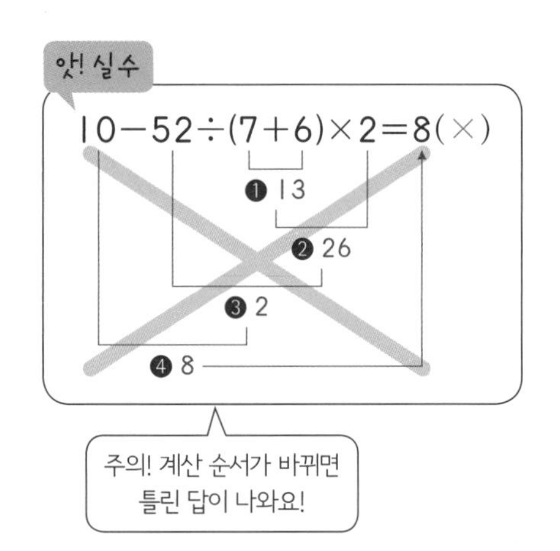

주의! 계산 순서가 바뀌면 틀린 답이 나와요!

무조건 곱셈, 나눗셈 먼저 계산하면 안 돼요.
덧셈이나 뺄셈일지라도 ( )로 묶여 있으면 가장 먼저 계산해요.

( ) 안을 ◯로 묶고 계산하세요.

❶ $(38-20)\div3+4\times6=$ □

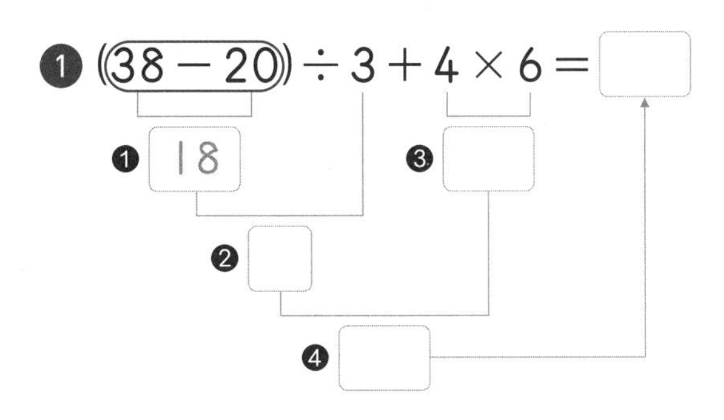

계산 순서를 표시하는 게
혼합 계산을 잘하는
비결이라는 것 알죠?

❷ $6\times(8+4)\div9-3=$ □

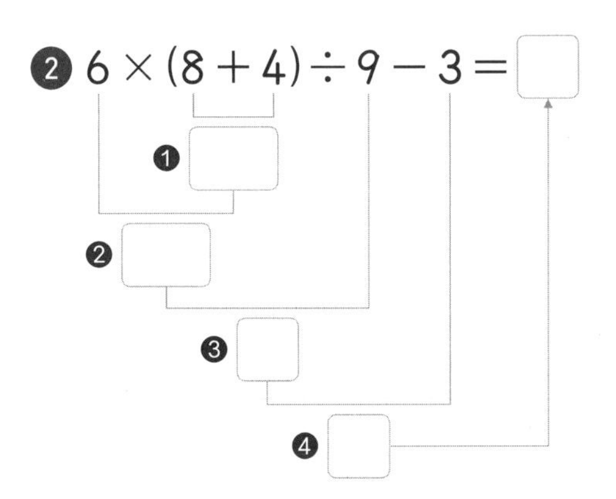

❸ $5\times12-(77+8)\div5=$ □

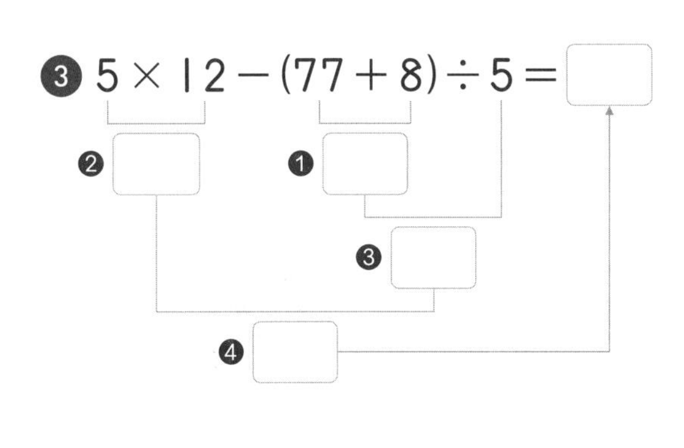

❹ $9+36\div4\times(15-7)=$

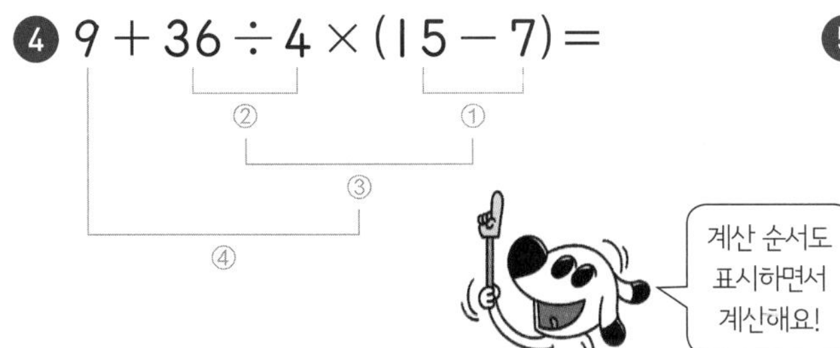

❺ $72-(5+29)\div17\times8=$

❻ $48+90\div(14-8)\times3=$

❼ $19+64\div16\times(27-9)=$

혼합 계산을 실수하는 이유 중 하나가 계산 순서를 표시하지 않고 암산하기 때문이에요. 자신이 있더라도 계산 순서를 표시하는 습관이 중요해요!

( ) 안을 ⬭로 묶고 계산하세요.

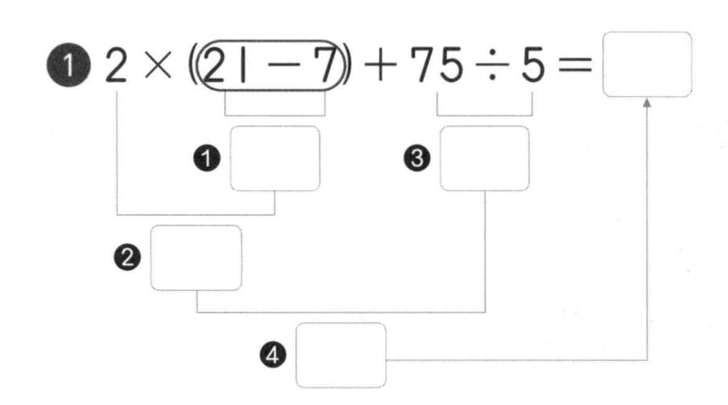

❶ $2 \times (21 - 7) + 75 \div 5 =$ ☐

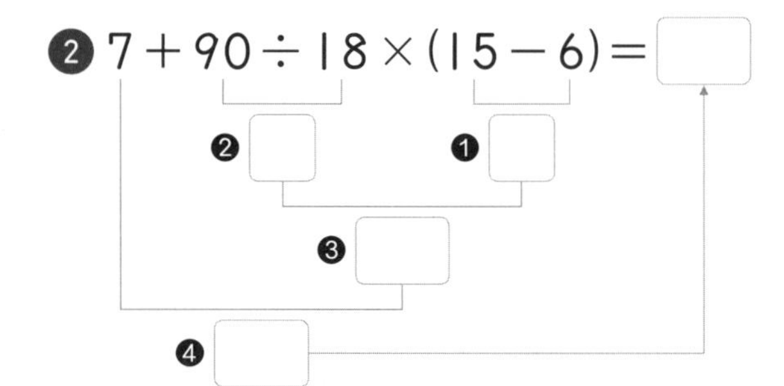

❷ $7 + 90 \div 18 \times (15 - 6) =$ ☐

❸ $6 \times 5 - (47 + 9) \div 14 =$

❹ $39 \div 13 + 6 \times (13 - 5) =$

❺ $72 - 68 \div (9 + 8) \times 11 =$

❻ $(28 + 26) \div 9 \times 16 - 7 =$

❼ $51 + 8 \times (31 - 16) \div 24 =$

❽ $96 \div (24 - 8) \times 13 + 9 =$

( )를 하나의 큰 주머니라고 생각하고
( ) 안의 혼합 계산 먼저 차근차근하면 돼요.

( ) 안을 ⬭로 묶고 계산하세요.

❶ $8+4\times(56\div7+5)=$ ☐

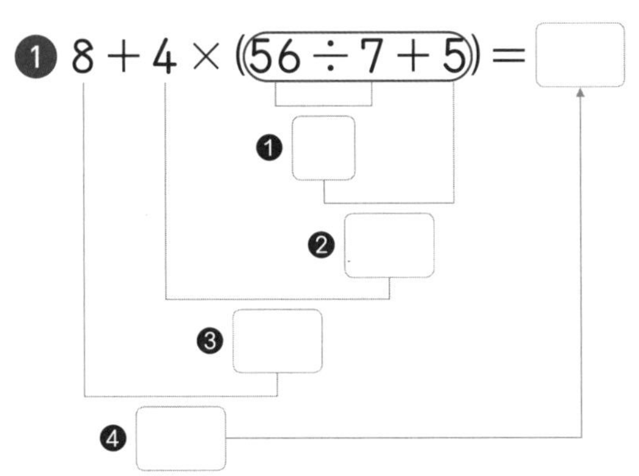

❷ $(43-5\times3)\div2+7=$ ☐

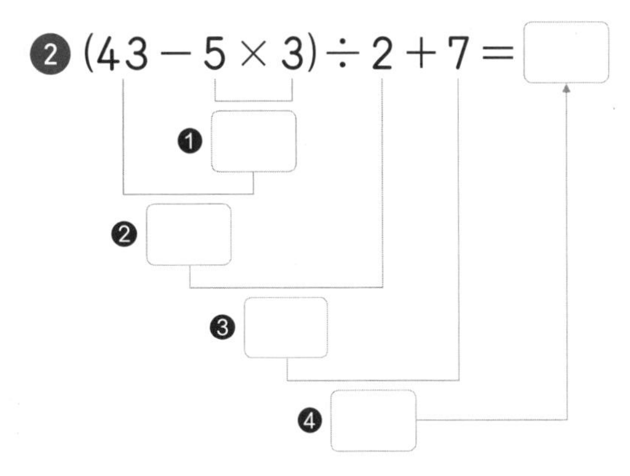

❸ $11+(12\times6-21)\div17=$

❹ $3\times(25-6+9)\div12=$

❺ $(78\div26+14)\times4-5=$

❻ $8+(94-9\times2)\div19=$

❼ $(9+60\div15)\times6-29=$

❽ $17+108\div(60-4\times6)=$

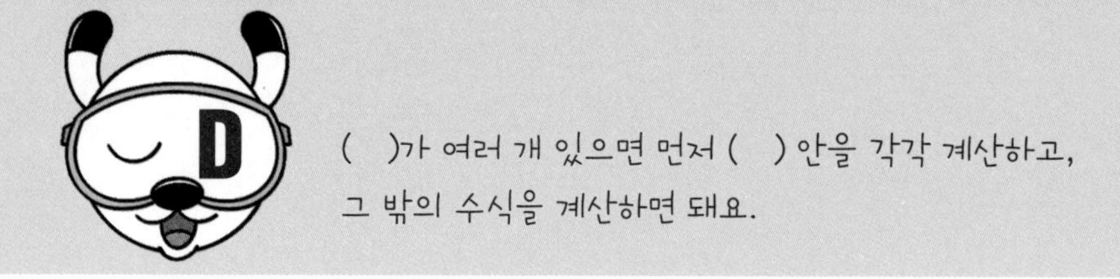

D
( )가 여러 개 있으면 먼저 ( ) 안을 각각 계산하고,
그 밖의 수식을 계산하면 돼요.

( ) 안을 각각 ⬭로 묶고 계산하세요.

❶ $5 \times (21-7) \div (26+9) = \square$

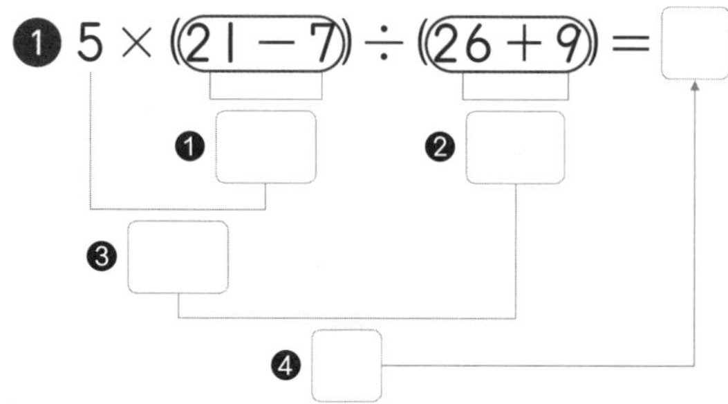

❷ $(37+8) \div (12-9) \times 4 = \square$

❸ $(16-7) \times 9 \div (21+6) =$

❹ $66 \div (6+5) \times (24-8) =$

❺ $(7+6) \times (11-5) \div 26 =$

❻ $(32-28) \times 24 \div (9+3) =$

❼ $(12-42 \div 6) \times (8+9) =$

❽ $(64+38) \div (62-7 \times 8) =$

❾ $(26+14 \times 5) \div (31-7) =$

도전! 땅 짚고 헤엄치는 문장제

기초 문장제로 연산의 기본 개념을 익혀 봐요!

🐾 식을 읽은 문장을 완성하세요.

❶ 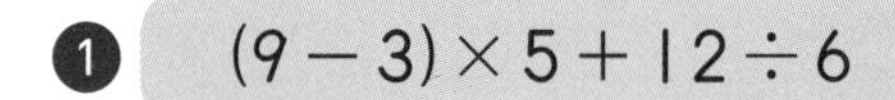

$(9-3)\times5+12\div6$

➡ 9와 □의 차에 5를 곱하고 12를 □으로 나눈 몫을 더합니다.

❷ 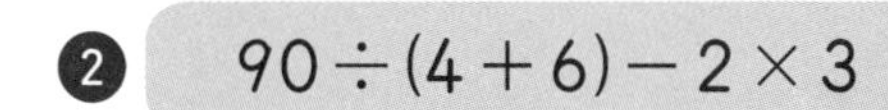

$90\div(4+6)-2\times3$

➡ □을 4와 6의 합으로 나눈 몫에서 2의 □배인 수를 뺍니다.

- + ➡ 합, 더하고, 더한
- − ➡ 차, 빼고, 뺀
- × ➡ 곱한, ●배
- ÷ ➡ 나눈 몫

🐾 밑줄 친 부분을 ( ) 안에 넣어 하나의 식으로 나타내고 계산하세요.

❸ 42를 <u>9와 6의 차</u>로 나눈 몫에 4와 5의 곱을 더한 수

식 ____________________

답 ____________

42를 나누어야 할 부분은 '9와 6의 차'예요.
밑줄 친 부분을 한 덩어리로 생각하고 ( )로 묶어요.

❹ <u>3과 4의 합</u>의 9배에서 18을 2로 나눈 몫을 뺀 수

식 ____________________

답 ____________

❸ 문장을 끊어 읽으면 식을 하나의 식으로 나타내기 쉬워요.

42를 / 9와 6의 차로 / 나눈 몫에 / 4와 5의 곱을 / 더한 수

42 ÷ (9−6) + 4×5

( ) 안을 가장 먼저! 그다음 { } 안을 계산하자

( )와 { }가 있는 식은 ( ) 안을 먼저 계산하고, 그다음 { } 안을 계산합니다.

소괄호: ( ), 중괄호: { }

{ }도 괄호의 종류 중 하나예요.
중학교 1학년 때 배울 건데
미리 만나 봐요!

( )와 { }가 같이 나올 때는
두 괄호를 구분하기 위해서
( )는 소괄호, { }는 중괄호라고 불러요.

☆ $30 \div \{15-(3+6)\} \times 2$의 계산

( ) 안 먼저!

$30 \div \{15-(3+6)\} \times 2 = 10$

❶ 9

❷ 6

❸ 5

❹ 10

A

괄호가 여러 개 나오는 혼합 계산도 도전해 봐요!
( ) 안 ➡ { } 안 순으로 계산하고 그 밖의 수식을 계산하면 돼요.

( ) 안을 ( )로 묶고 계산하세요.

❶ $\{21-(6+7)\}\div2=$ □

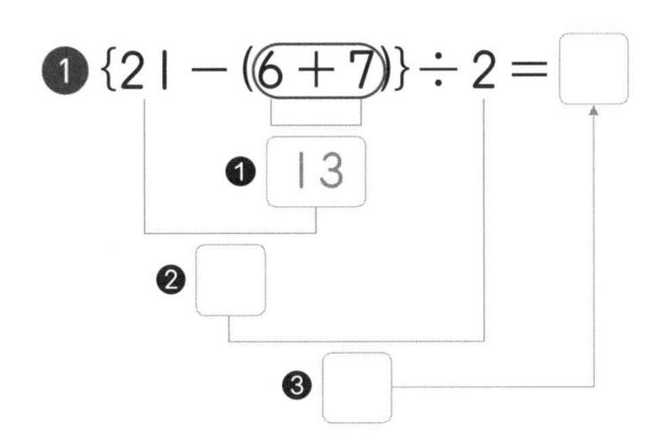
1
13
2
3

❷ $3\times\{35-(12+8)\}=$ □

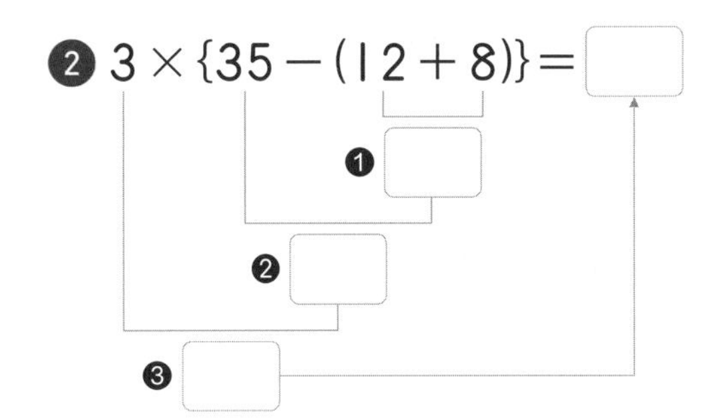
1
2
3

❸ $48\div\{3\times(14-6)\}=$

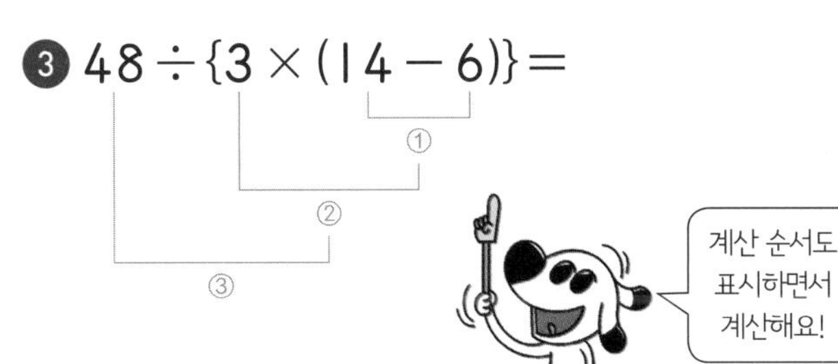
①
②
③
계산 순서도
표시하면서
계산해요!

❹ $\{32-(4+9)\}\times4=$

❺ $72\div\{(24-18)\times4\}=$

❻ $5\times\{58-(16+25)\}=$

❼ $96\div\{80-(28+36)\}=$

❽ $140\div\{(43-29)\times5\}=$

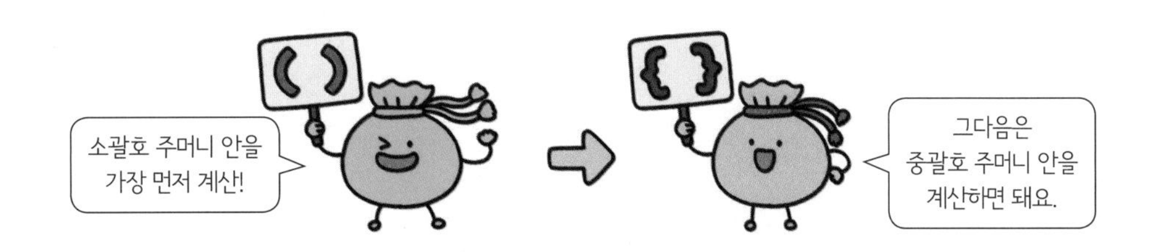
( )
소괄호 주머니 안을
가장 먼저 계산!
{ }
그다음은
중괄호 주머니 안을
계산하면 돼요.

조금 복잡하지만 포기하지 말고 계산 순서를 표시해 봐요!

( ) 안을 ◯로 묶고 계산하세요.

❶ $23-64\div\{(3+5)\times4\}=$ ☐

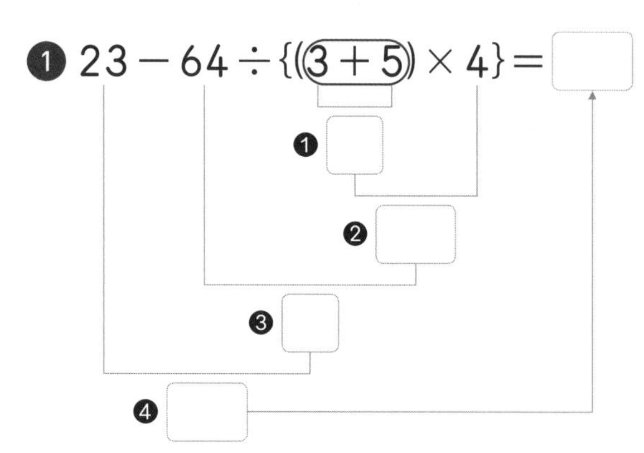

❷ $8\div2\times\{20-(5+6)\}=$ ☐

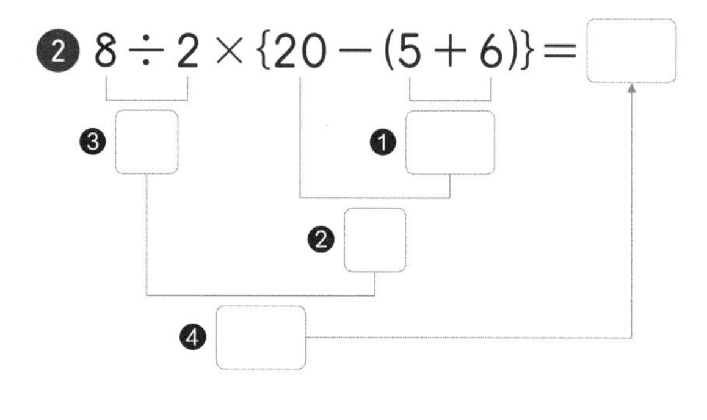

❸ $3\times\{42-(17+9)\}\div6=$

① ② ③ ④

❹ $84\div\{(21-7)\times3\}+56=$

계산 순서도 표시하면서 계산해요!

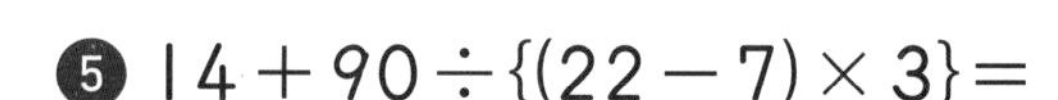

❺ $14+90\div\{(22-7)\times3\}=$

❻ $96\div\{4\times(11-5)\}+27=$

❼ $76+88\div\{(20-9)\times4\}=$

❽ $64\div16\times\{34-(7+8)\}=$

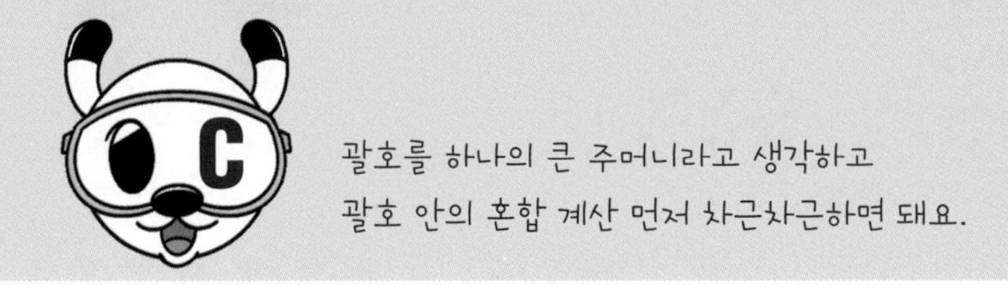

괄호를 하나의 큰 주머니라고 생각하고
괄호 안의 혼합 계산 먼저 차근차근하면 돼요.

( ) 안을 ◯로 묶고 계산하세요.

❶ $\{6+(15-8)\times 2\}\div 5=$ ☐

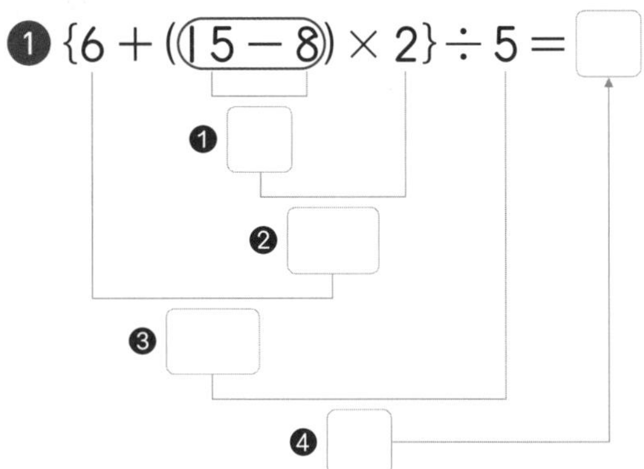

❷ $30-\{72\div(4\times 3)+5\}=$ ☐

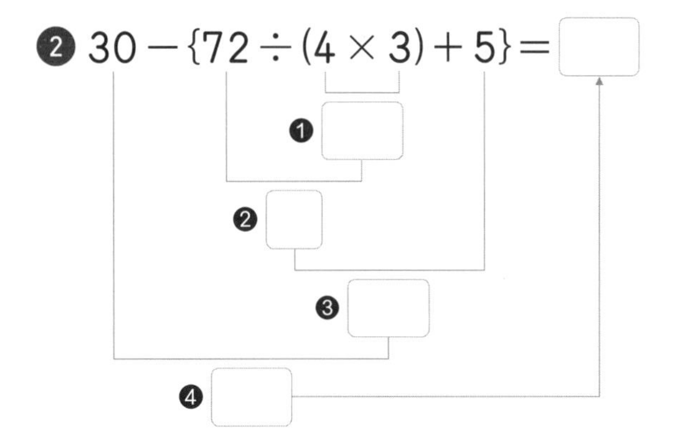

❸ $8\times\{13-48\div(5+7)\}=$

① ② ③ ④

❹ $31-\{17+72\div(12\times 2)\}=$

❺ $\{92-4\times(8+6)\}\div 18=$

❻ $108\div\{2\times(25-9)+4\}=$

❼ $\{100-68\div(9+8)\}\times 2=$

여기까지 오느라
정말 수고했어요!
조금만 더 힘내요!

도전! 땅 짚고 헤엄치는 문장제

기초 문장제로 연산의 기본 개념을 익혀 봐요!

식을 읽은 문장을 완성하세요.

❶ $40 \div \{28-(2+6)\}$

➡ 40을 ☐에서 2와 ☐의 합을 뺀 수로 나눕니다.

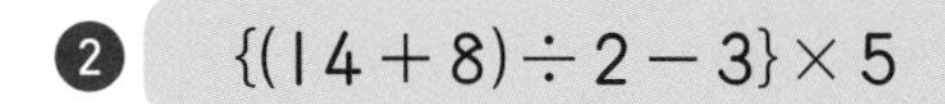

❷ $\{(14+8)\div 2-3\}\times 5$

➡ 14와 8의 합을 ☐로 나눈 몫에서 ☐을 빼고 5를 곱합니다.

밑줄 친 부분을 ( ) 안에 넣고, 물결 친 부분을 { } 안에 넣어 하나의 식으로 나타내고 계산하세요.

❸ 25에서 3과 6의 합을 뺀 수를 2로 나눈 몫

식 ____________________

답 __________

❹ 36을 15와 9의 차에 2를 곱한 수로 나눈 몫

식 ____________________

답 __________

- + ➡ 합, 더하고, 더한
- − ➡ 차, 빼고, 뺀
- × ➡ 곱한, ●배
- ÷ ➡ 나눈 몫

25에서 빼야 할 부분은 '3과 6의 합'이에요. 2로 나누어야 할 부분은 '25에서 3과 6의 합을 뺀 수'예요.

❸ 문장을 끊어 읽으면 하나의 식으로 나타내기 쉬워요.

25에서 / 3과 6의 합을 / 뺀 수를 / 2로 나눈 몫

{25 (3+6) } ÷2

−

14 괄호가 있는 자연수의 혼합 계산 종합 문제

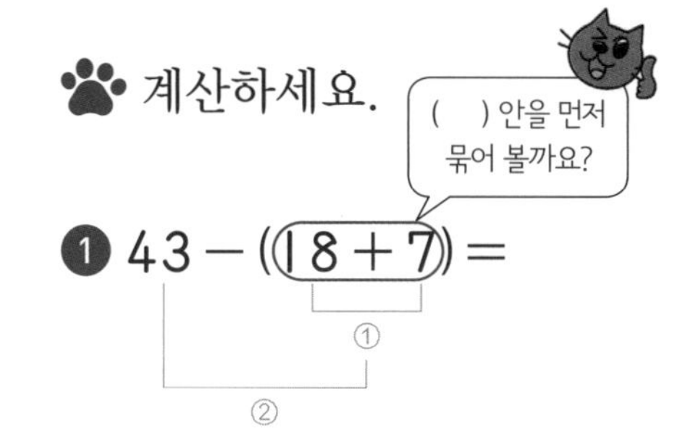

계산하세요.

❶ $43-(18+7)=$

❷ $27+4-(32-26)=$

❸ $105\div(5\times3)=$

❹ $8\times9\div(3\times4)=$

❺ $6\times(31-17)+9=$

❻ $4\times(15+28-26)=$

❼ $38+65\div(42-29)=$

❽ $64-(37+40\div5)=$

🐾 계산하세요.

❶ $41-(19+48\div16)=$

❷ $3+85\div17\times(27-9)=$

❸ $114\div2-(9+3)\times4=$

❹ $49+(14\times4-8)\div3=$

❺ $4\times(32-8)\div(7+9)=$

❻ $84\div(8+6)\times(24-5)=$

❼ $(9+81)\div(46-4\times7)=$

❽ $(21-72\div24)\times(3+8)=$

계산하세요.

❶ $60-(13+19)\div 4\times 7=$

❷ $37+8\times(17-8)\div 18=$

❸ $8+(13\times 5-8)\div 19=$

❹ $28+56\div(41-9\times 3)=$

❺ $\{42-(15+8)\}\times 5=$

❻ $80\div\{53-(28+9)\}=$

❼ $69+84\div\{(21-7)\times 3\}=$

❽ $4\times\{90\div(32-17)+16\}=$

계산을 바르게 한 친구를 찾아 ◯표 하세요.

1

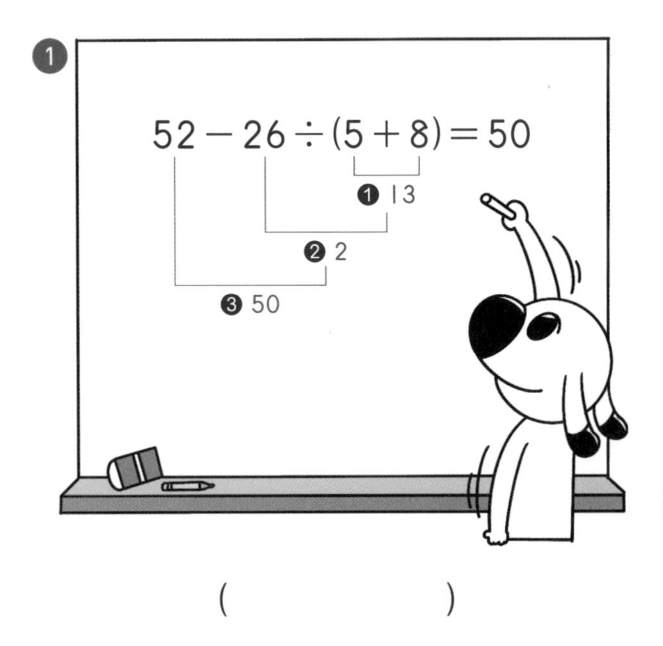

(　　　　　)

(　　　　　)

2

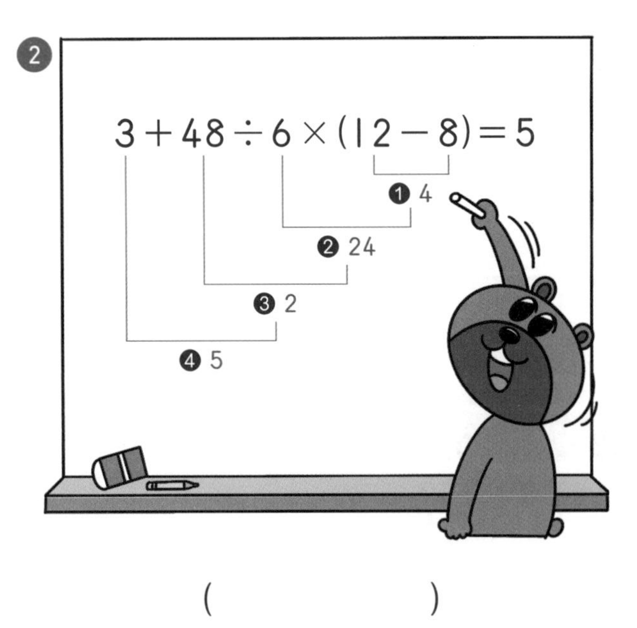

(　　　　　)

(　　　　　)

올바른 답이 적힌 길을 따라가면 보물을 찾을 수 있어요. 빠독이가 가야 할 길을 선으로 이어 보세요.

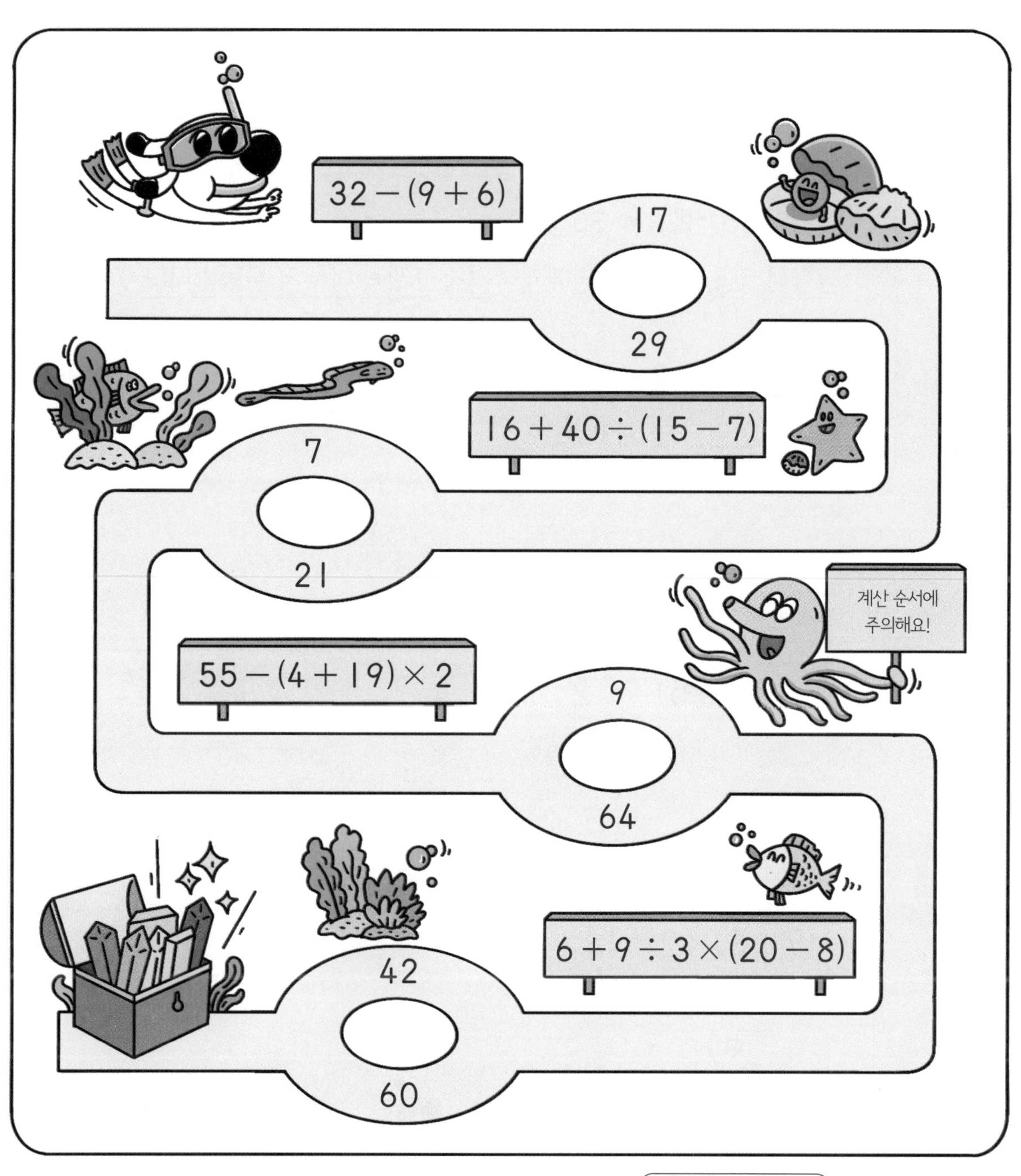

혼합 계산식이 복잡해도 계산 순서만 잘 기억하면 문제없어요!

괄호가 있는 자연수의 혼합 계산 문장제

✪ 괄호가 있는 자연수의 혼합 계산 문장제

초콜릿 35개를 남학생 7명, 여학생 5명에게 각각 2개씩 나누어 주었습니다. 남은 초콜릿은 몇 개일까요?

1단계 문장을 /로 끊어 읽고 조건을 수와 연산 기호로 나타냅니다.

초콜릿 35개를 / ➡ 35

남학생 7명, 여학생 5명에게 / 각각 2개씩 나누어 주었습니다. /

(7+5) ×2 −

➡ $-(7+5)\times 2$

남은 초콜릿은 몇 개일까요?

2단계 하나의 식으로 나타냅니다.

35 (−) (7 ( ) 5) ( ) 2

'초콜릿을 받은 전체 학생 수'를 먼저 계산해야 하므로 7+5를 ( )로 묶어야 해요.

3단계 식을 순서에 맞게 계산하고 알맞은 단위를 붙여 답을 씁니다.

$35-(7+5)\times 2=11$

❶ 12

❷ 24

❸ 11

➡ 남은 초콜릿 수: ☐개

답에 단위를 쓰는 것도 잊지 마요!

(   )가 있으면 (   ) 안을 가장 먼저 계산해요.

다음 문장을 읽고 하나의 식으로 나타내어 답을 구하세요.

❶ 지안이는 24개의 파란색 구슬을 가지고 있습니다. 보미는 7개의 빨간색 구슬과 8개의 초록색 구슬을 가지고 있습니다. 지안이는 보미보다 구슬을 몇 개 더 많이 가지고 있을까요?

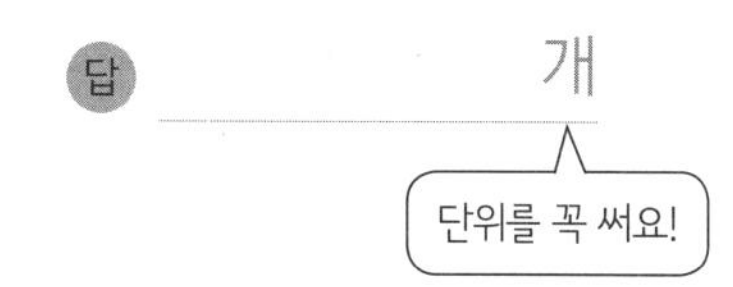

• 보미가 가진 구슬 수

지안이가 가지고 있는 구슬 수에서 빼야 할 부분은 '보미가 가지고 있는 구슬 수'예요. 먼저 계산하는 이 부분을 (   )로 묶어 나타내요.

❷ 도넛 48개를 한 상자에 4개씩 2줄로 담으려고 합니다. 도넛을 모두 담으려면 몇 상자가 필요할까요?

식

답

• 한 상자에 담을 수 있는 도넛 수

➡ ☐ × ☐ 개

도넛 48개를 나누어야 할 부분은 '한 상자에 담을 수 있는 도넛 수'예요. 먼저 계산하는 이 부분을 (   )로 묶어 나타내요.

❸ 한 명이 한 시간에 종이꽃 5개를 만들 수 있다고 합니다. 3명이 종이꽃 75개를 만들려면 몇 시간이 걸릴까요?

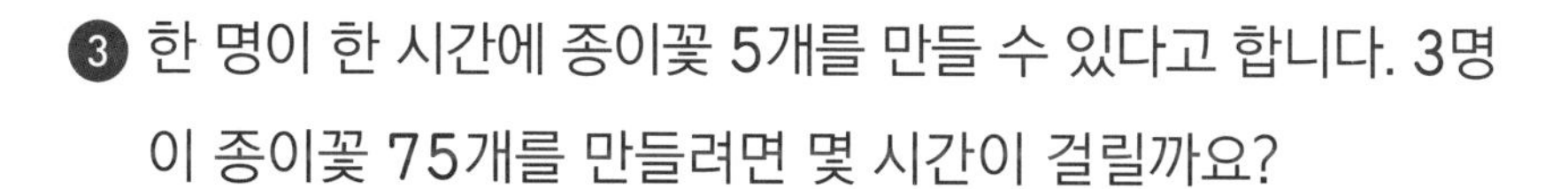

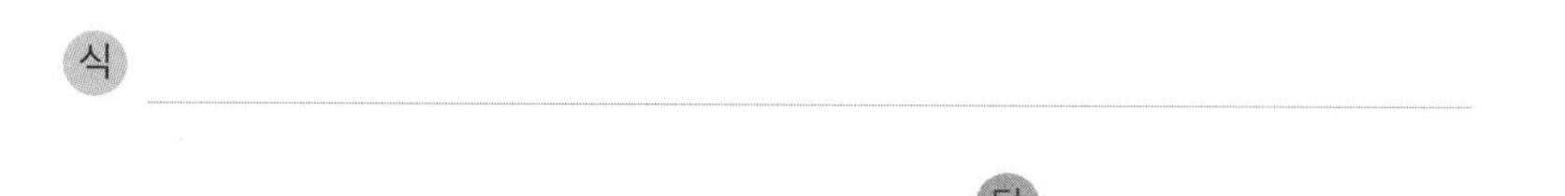

• 3명이 한 시간에 만들 수 있는 종이꽃 수

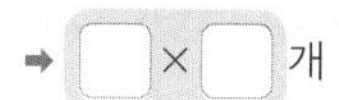

( )가 있으면 ( ) 안을 가장 먼저!
덧셈, 뺄셈, 곱셈 중에서는 곱셈 먼저!

다음 문장을 읽고 하나의 식으로 나타내어 답을 구하세요.

1 시아는 12살이고, 동생은 시아보다 3살 어립니다. 어머니는 동생의 나이의 5배보다 4살 많습니다. 어머니의 나이는 몇 살일까요?

식 (12 ◯ 3) ◯ 5 ◯ 4 = □

답 ______

• 동생의 나이
➡ □ − □ 살

먼저 계산하는 '동생의 나이'를 ( )로 묶어 나타내요.

2 사탕 50개를 남학생 4명, 여학생 7명에게 각각 3개씩 나누어 주었습니다. 남은 사탕은 몇 개일까요?

식 ______

답 ______

• 사탕을 받은 전체 학생 수
➡ □ + □ 명

3 600원짜리 찹쌀떡 2개와 1000원짜리 단팥빵 1개를 사고 3000원을 냈습니다. 거스름돈은 얼마일까요?

식 ______

답 ______

• 찹쌀떡 2개의 값
➡ □ × □ 원

• 단팥빵 1개의 값
➡ □ 원

먼저 계산하는 '찹쌀떡 2개와 단팥빵 1개의 값'을 ( )로 묶어 나타내요.

(　)가 있으면 (　) 안을 가장 먼저!
덧셈, 뺄셈, 나눗셈 중에서는 나눗셈 먼저!

다음 문장을 읽고 하나의 식으로 나타내어 답을 구하세요.

1 귤 54개를 남학생 5명과 여학생 4명에게 똑같이 나누어 주었습니다. 그중 유진이가 귤을 2개 먹었다면, 유진이에게 남은 귤은 몇 개일까요?

식 54 ◯ (5 ◯ 4) ◯ 2 = □

답 ______

• 귤을 받은 전체 학생 수
➡ □ + □ 명

2 가지고 있던 색종이 10장에 더 받아 온 색종이 15장을 합하여 5명이 똑같이 나누어 가졌습니다. 그중 지후가 색종이 3장을 사용하였다면, 지후에게 남은 색종이는 몇 장일까요?

식 ______

답 ______

• 전체 색종이 수
➡ □ + □ 장

3 시장에서 배는 1개에 2500원, 사과는 3개에 4500원입니다. 연우는 5000원으로 배 1개와 사과 1개를 샀습니다. 연우가 받은 거스름돈은 얼마일까요?

식 ______

답 ______

• 배 1개의 값
➡ □ 원
• 사과 1개의 값
➡ □ ÷ □ 원

( )가 있으면 ( ) 안을 가장 먼저!
곱셈과 나눗셈을 덧셈과 뺄셈보다 먼저!

다음 문장을 읽고 하나의 식으로 나타내어 답을 구하세요.

❶ 떡볶이 2인분을 만들려고 합니다. 5000원으로 필요한 재료를 사고 남은 돈은 얼마일까요?

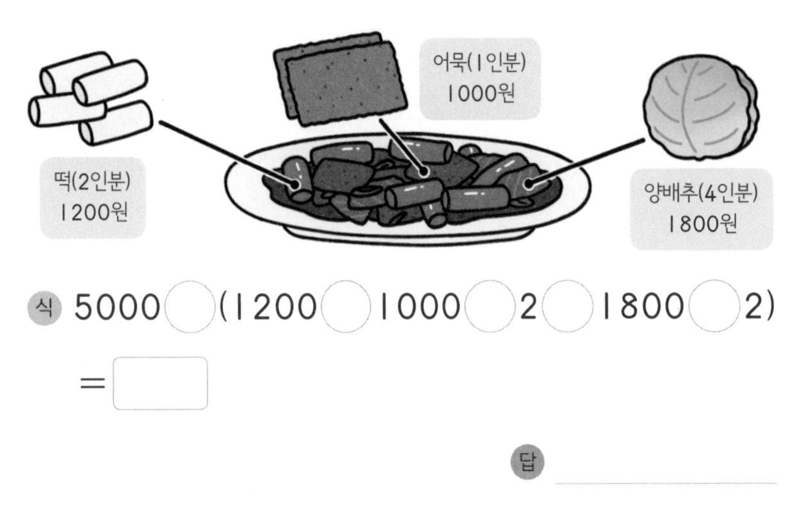

식 5000 ◯ (1200 ◯ 1000 ◯ 2 ◯ 1800 ◯ 2)

= ☐

답 ________

• 떡 2인분 값
➡ ☐ 원
• 어묵 2인분 값
➡ ☐ × ☐ 원
• 양배추 2인분 값
➡ ☐ ÷ ☐ 원

❷ 카레 4인분을 만들려고 합니다. 10000원으로 필요한 재료를 사고 남은 돈은 얼마일까요?

식 ________

답 ________

• 감자 4인분 값
➡ ☐ 원
• 양파 4인분 값
➡ ☐ × ☐ 원
• 당근 4인분 값
➡ ☐ ÷ ☐ 원

둘째 마당까지
다 풀다니~
정말 대단해요!

셋째 마당

자연수의 혼합 계산 응용력 키우기

셋째 마당에서는 다양한 유형의 문제로 혼합 계산 실력을 쌓아 볼 거예요. 이번 마당을 마치고 나면 문제 해결력이 쑥쑥 자라나 있을 거예요. 잘하고 있으니 마지막까지 조금 더 힘내요!

공부할 내용!	완료	10일 진도	20일 진도
16 하나의 식으로 나타낼 땐, 공통인 수부터 찾자!	□	8일차	15일차
17 약속에 따라 식만 잘 세워도 반은 해결돼	□		16일차
18 계산 순서가 달라지는 위치에 ( )로 묶어	□	9일차	17일차
19 연산 기호 넣기는 뺄셈과 나눗셈 먼저 확인해	□		18일차
20 어떤 수를 구할 땐, 계산할 수 있는 부분을 먼저 계산해	□	10일차	19일차
21 곱하거나 더하는 수가 클수록 계산 결과가 커져	□		20일차

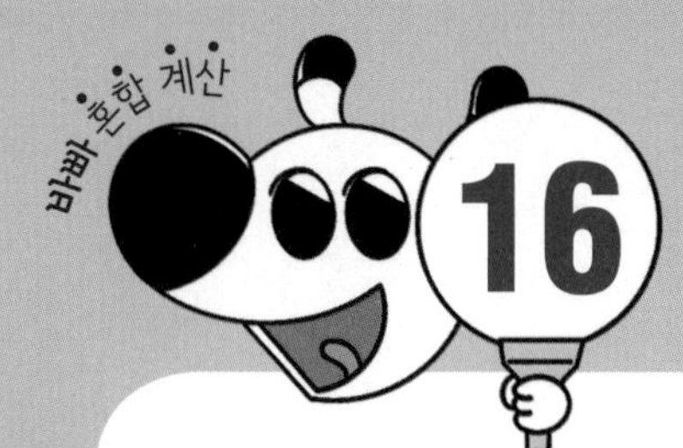
바빠 혼합 계산
16

하나의 식으로 나타낼 땐, 공통인 수부터 찾자!

✪ 두 식을 하나로 나타내기

두 식에서 공통 인 수를 찾아 하나의 식으로 만듭니다.

• $7+5=12$, $20-12=8$을 하나의 식으로 나타내기

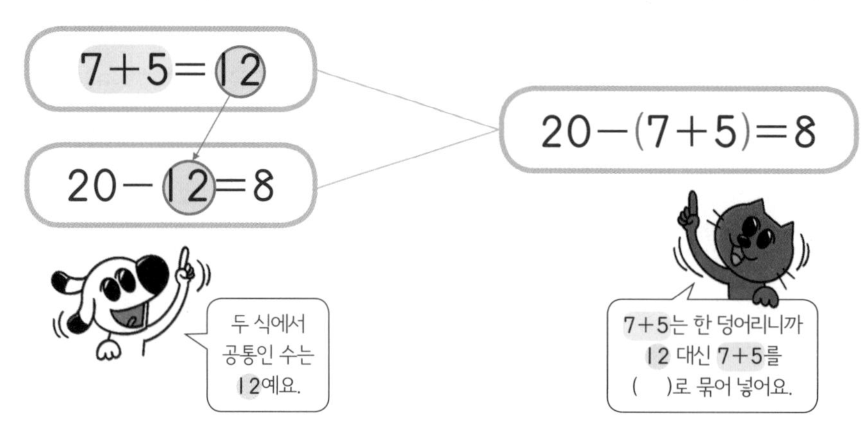
7+5=12
20−12=8
20−(7+5)=8
두 식에서 공통인 수는 12예요.
7+5는 한 덩어리니까 12 대신 7+5를 ( )로 묶어 넣어요.

• $15\div3+2=7$, $25-10=15$를 하나의 식으로 나타내기

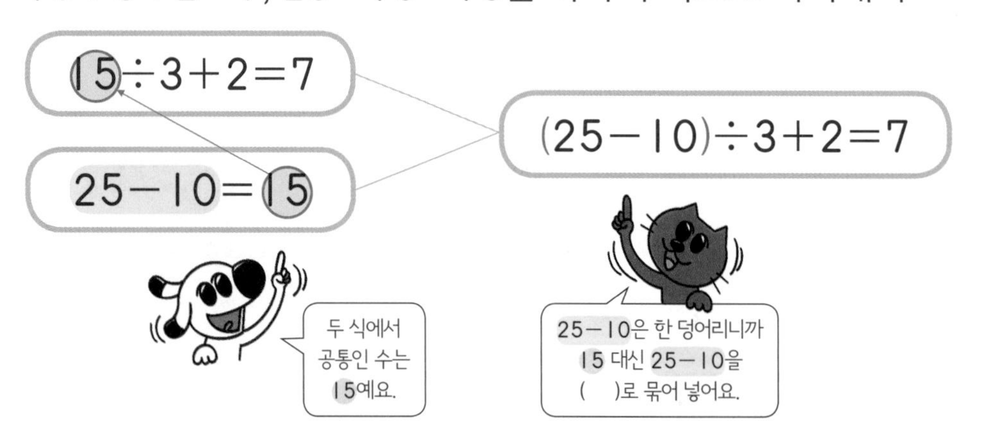
15÷3+2=7
25−10=15
(25−10)÷3+2=7
두 식에서 공통인 수는 15예요.
25−10은 한 덩어리니까 15 대신 25−10을 ( )로 묶어 넣어요.

두 식에서 공통인 수를 찾아 화살표로 연결하면
하나의 식으로 나타내기 쉬워져요.

( )를 사용하여 두 식을 하나의 식으로 나타내세요.

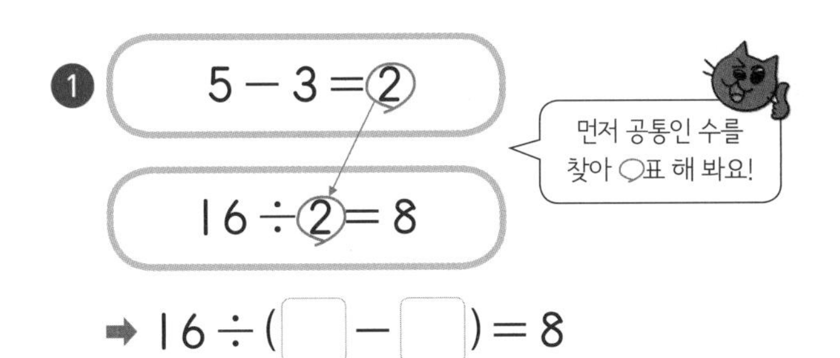

❶ 5 − 3 = 2
16 ÷ 2 = 8
먼저 공통인 수를 찾아 ○표 해 봐요!

➡ 16 ÷ (□ − □) = 8

❷ 23 − 16 = 7

12 + 4 = 16

➡

❸ 39 ÷ 13 = 3

25 + 14 = 39

➡

❹ 37 + 14 = 51

51 ÷ 3 = 17

➡

❺ 60 ÷ 15 = 4

9 + 6 = 15

➡

❻ 75 ÷ 25 = 3

91 − 16 = 75

➡

❼ 3 × 6 = 18

90 ÷ 18 = 5

➡

하나의 식으로 나타낸 다음 계산 결과가 맞는지도 확인해 봐요.

( )를 사용하여 두 식을 하나의 식으로 나타내세요.

❶ $12+4=16$

$20+5-16=9$

➡ $20+5-(\square+\square)=9$

❷ $17-5=12$

$12\times3\div2=18$

➡

❸ $15-8+3=10$

$10\div5=2$

➡

❹ $2+12\div6=4$

$15-9=6$

➡

❺ $9-2=7$

$3\times5-13=2$

➡

❻ $6+24\div3=14$

$22-14=8$

➡

❼ $64\div32+7=9$

$8\times4=32$

➡

❽ $90\div15=6$

$14\times3\div6=7$

➡

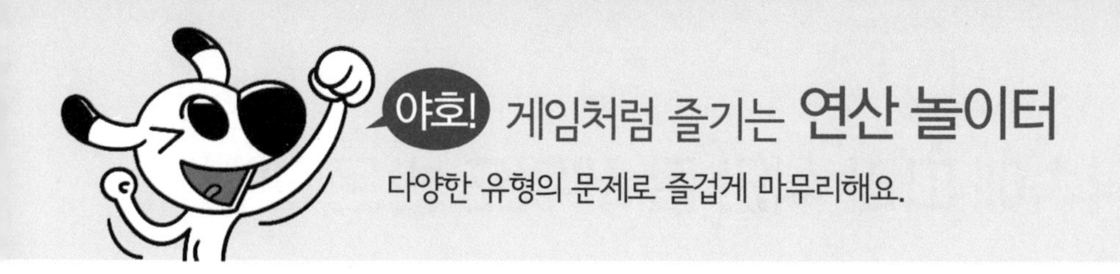

사다리 타기를 하면서 만나는 두 식을 (   )를 사용하여 하나의 식으로 나타내세요.

바빠 혼합 계산
17

약속에 따라 식만 잘 세워도 반은 해결돼

✪ 약속에 따라 주어진 식 계산하기 1

약속 가★나=가−나+가÷나

• 6★2의 값 구하기

1단계 주어진 약속 대로 식을 씁니다.

6★2=6−2+6÷2

가 대신 6,
나 대신 2를 넣어
식을 만들면 돼요.

2단계 계산 순서에 맞게 계산합니다.

6−2+6÷2=7

❶ 3 ❷ 4 ❸ 7

➡ 6★2=7

✪ 약속에 따라 주어진 식 계산하기 2

약속 가▲나=(가+나)×가−나

• 3▲5의 값 구하기

1단계 주어진 약속대로 식을 씁니다.

3▲5=(3+5)×3−5

가 대신 3,
나 대신 5를 넣어
식을 만들면 돼요.

2단계 계산 순서에 맞게 계산합니다.

(3+5)×3−5=19

❶ 8 ❷ 24 ❸ 19

➡ 3▲5=19

가와 나의 약속을 읽어 볼까요?
'가와 나의 곱에서 가를 빼고 나를 더합니다.'

약속 에 따라 주어진 식을 계산하세요.

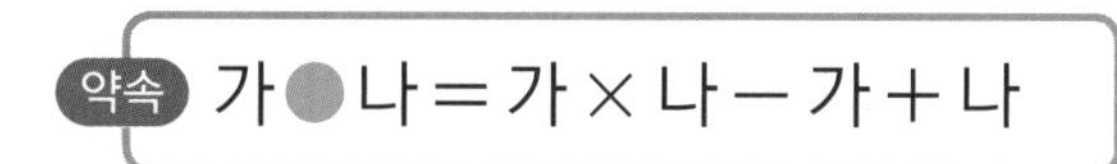
약속 가 ● 나 = 가 × 나 − 가 + 나

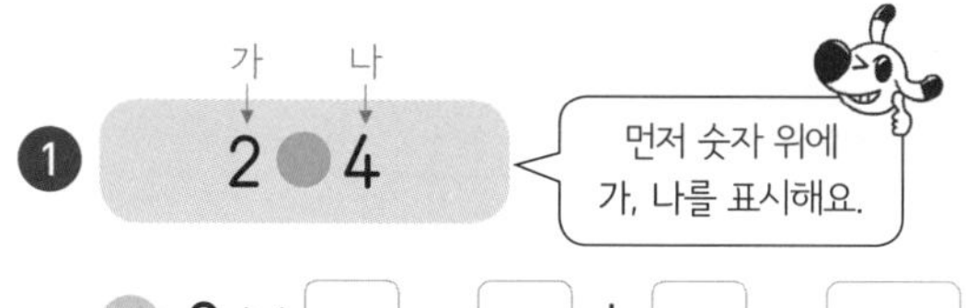

❶ 2 ● 4

식 2 × ☐ − ☐ + ☐ = ☐

답 ______

❷ 5 ● 3

식 ______

답 ______

❸ 6 ● 9

식 ______

답 ______

❹ 10 ● 8

식 ______

답 ______

❺ 4 ● 15

식 ______

답 ______

❻ 7 ● 12

식 ______

답 ______

가와 나의 약속을 읽어 볼까요?
'가에 가와 나의 합을 곱한 다음 2로 나눕니다.'

약속에 따라 주어진 식을 계산하세요.

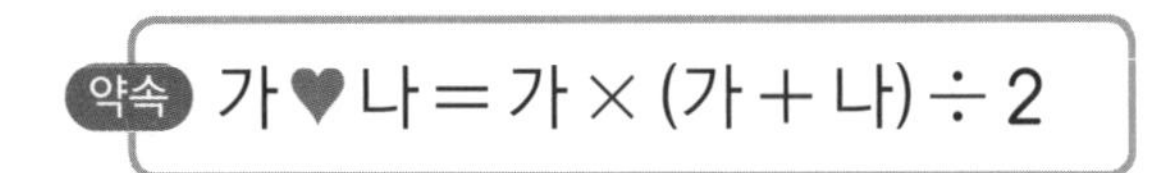
약속 가♥나=가×(가+나)÷2

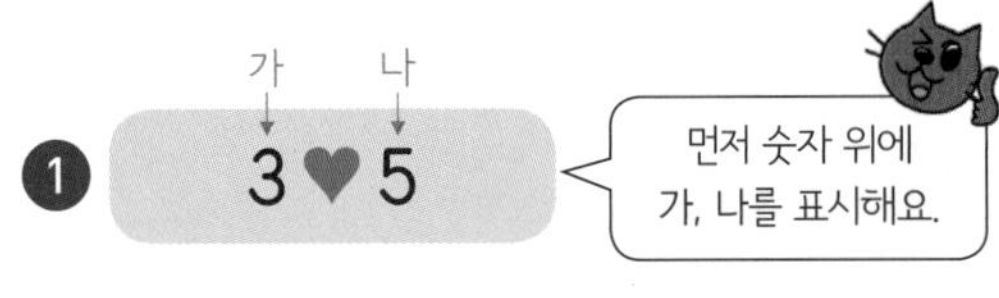
가 나
3♥5
먼저 숫자 위에 가, 나를 표시해요.

❶ 3♥5

식 $3 \times (\square + \square) \div \square = \square$

답 ______

❷ 2♥7

식 ______

답 ______

8♥3

❸ 8♥3

식 ______

답 ______

❹ 4♥11

식 ______

답 ______

❺ 5♥13

식 ______

답 ______

❻ 6♥10

식 ______

답 ______

가와 나의 약속을 읽어 볼까요?
'가를 나로 나눈 몫에 가와 나의 합을 곱합니다.'

약속에 따라 주어진 식을 계산하세요.

약속 가 ■ 나 = 가 ÷ 나 × (가 + 나)

❶ 6 ■ 2 (가: 6, 나: 2)

식 6 ÷ ☐ × (☐ + ☐) = ☐

답 ____

❷ 9 ■ 3

식 ____

답 ____

❸ 10 ■ 5

식 ____

답 ____

❹ 16 ■ 4

식 ____

답 ____

❺ 18 ■ 6

식 ____

답 ____

약속을 읽고 문제의 숫자 위에 각각 가와 나를 찾아 표시하면 실수를 줄일 수 있어요.

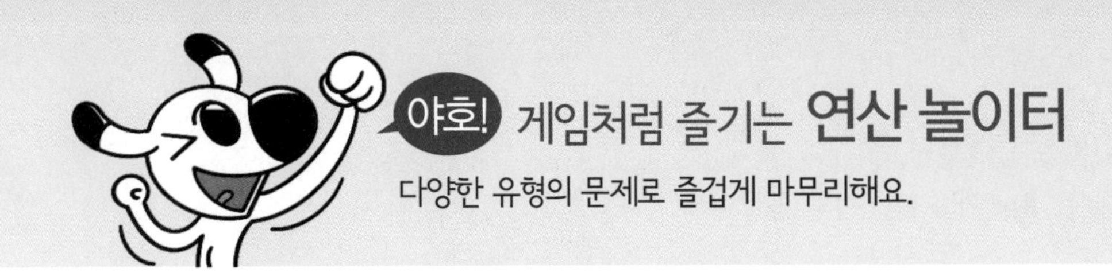

약속에 맞는 계산식과 계산 결과를 찾아 선으로 이어 보세요.

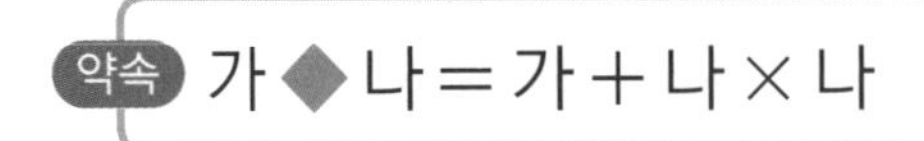

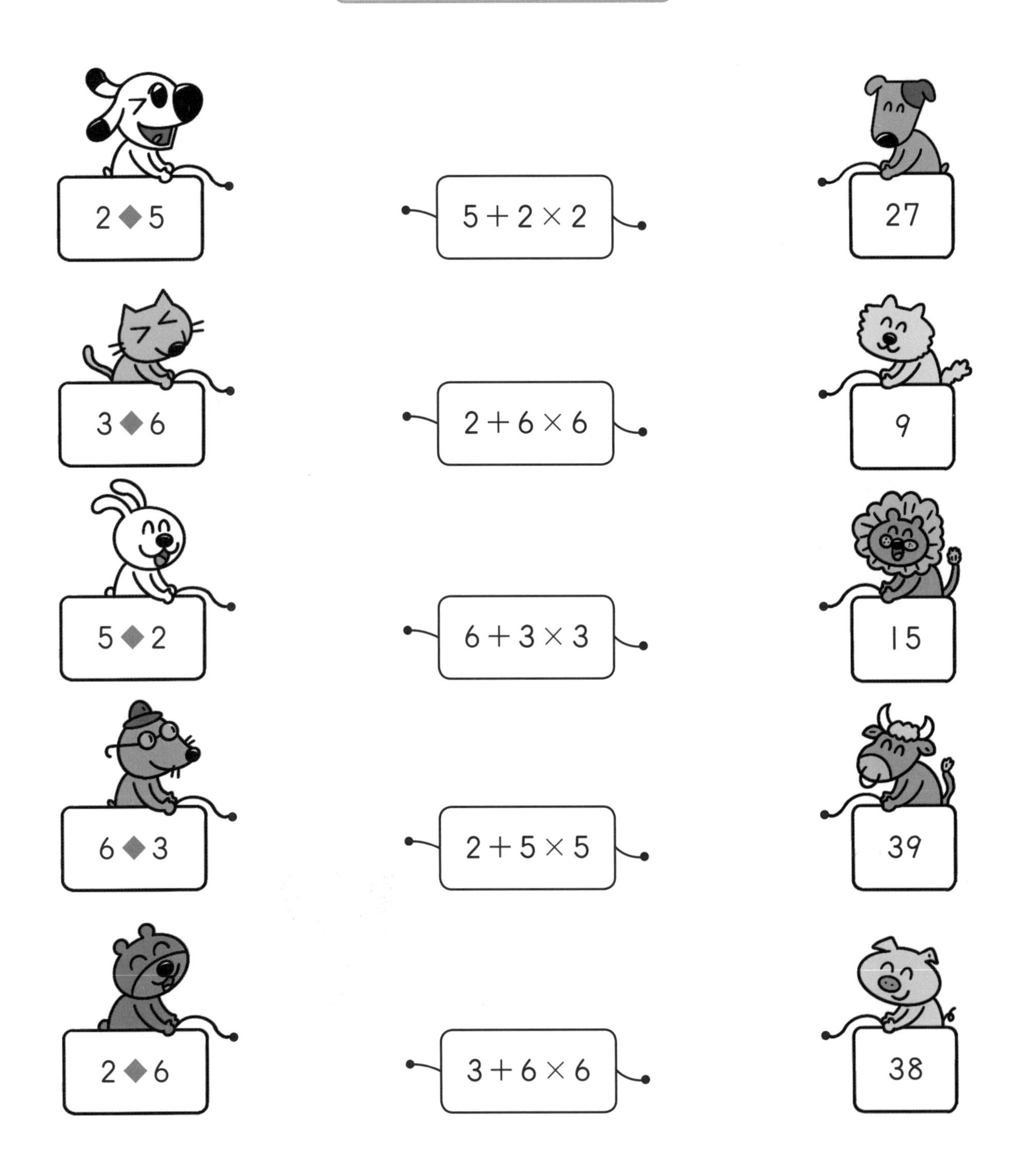

계산 순서가 달라지는 위치에 (　　)로 묶어

✪ 올바른 식이 되도록 (　　)로 묶기

$$5\times3+9\div3-2=18$$

1단계 (　　)로 묶는 여러 가지 방법을 생각합니다.

① $(5\times3)+9\div3-2$
맨 앞의 곱셈은 가장 먼저 계산하므로 (　)로 묶을 필요가 없어요.

② $5\times(3+9)\div3-2$
덧셈을 (　)로 묶으면 덧셈을 가장 먼저 계산해야 하므로 계산 순서가 달라져요.

③ $5\times3+(9\div3)-2$
덧셈과 뺄셈 사이에 있는 나눗셈은 (　)로 묶어도 계산 결과가 달라지지 않아요.

④ $5\times3+9\div(3-2)$
뺄셈을 (　)로 묶으면 뺄셈을 가장 먼저 계산해야 하므로 계산 순서가 달라져요.

2단계 위의 ②와 ④의 식을 계산하여 올바른 식을 찾습니다.

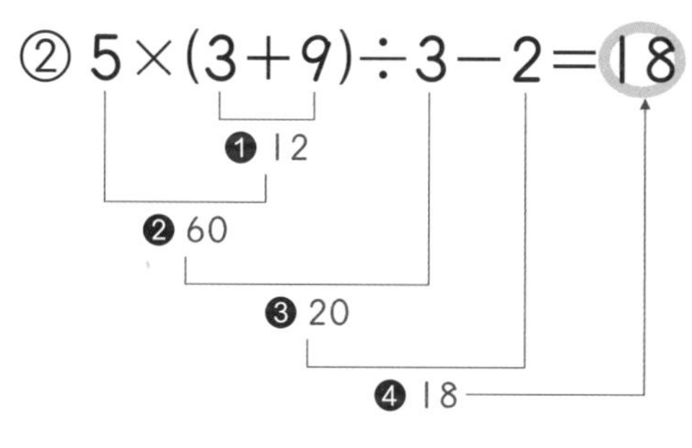

④ $5\times3+9\div(3-2)=24$
❶ 1
❷ 15
❸ 9
❹ 24

➡ $5\times(3+9)\div3-2=18$

(　)로 묶었을 때 계산 순서가 달라지는 식 중에서 올바른 값이 나오는 것을 찾으면 돼요.

A

(   )로 묶을 때 수가 3개 들어오게도 묶을 수 있어요.

올바른 식이 되도록 (   )로 묶어 보세요.

❶ 9 + 5 − 2 + 4 = 8

주어진 식에서
가장 먼저 계산하는 부분을
(   )로 묶을 필요는 없겠죠?

❷ 28 − 9 + 15 + 7 = 11

❸ 29 − 6 + 4 − 3 = 16

❹ 80 − 20 − 5 + 25 = 30

❺ 32 − 16 + 7 − 5 = 4

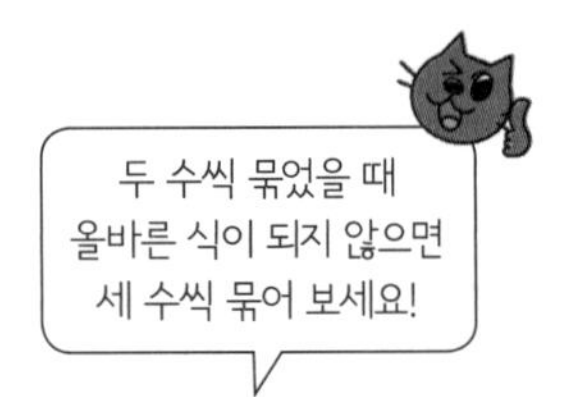
두 수씩 묶었을 때
올바른 식이 되지 않으면
세 수씩 묶어 보세요!

❻ 46 − 23 − 14 + 8 = 29

❼ 63 − 45 − 17 + 9 = 26

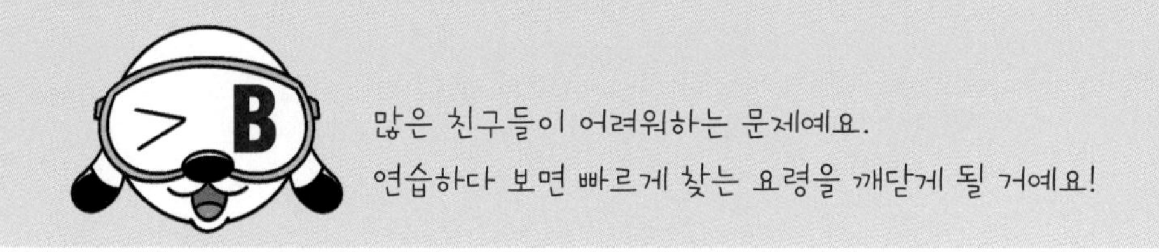

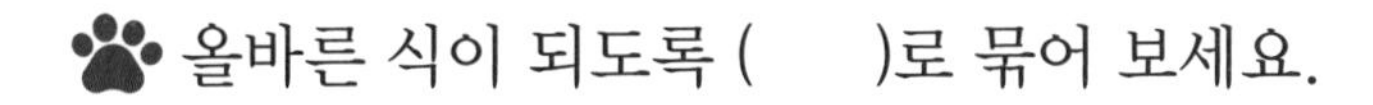
올바른 식이 되도록 (   )로 묶어 보세요.

❶ $6 \times 4 \div 2 \times 3 = 4$

❷ $48 \div 8 \times 2 \times 4 = 12$

❸ $5 \times 12 \div 6 \div 2 = 20$

❹ $36 \div 18 \div 9 \times 5 = 90$

❺ $54 \div 25 - 7 \times 13 = 39$

❻ $6 \times 2 + 8 \div 4 = 15$

❼ $41 - 24 \div 4 + 2 = 33$

❽ $85 - 5 \times 14 + 9 = 6$

이번 연습을 통해 여러분의 사고력이 쑥쑥 커질 거예요!

올바른 식이 되도록 (　　)로 묶어 보세요.

❶ $6 + 3 \times 5 \div 9 + 7 = 12$

❷ $45 \div 9 - 4 + 2 \times 3 = 15$

❸ $4 \times 15 - 18 + 9 \div 3 = 51$

❹ $2 + 7 \times 11 - 9 \div 3 = 96$

❺ $5 + 2 \times 32 \div 24 - 8 = 9$

❻ $2 \times 40 \div 6 + 4 - 3 = 5$

❼ $72 \div 4 + 8 \times 16 - 7 = 90$

❽ $31 - 6 \times 14 \div 3 + 9 = 24$

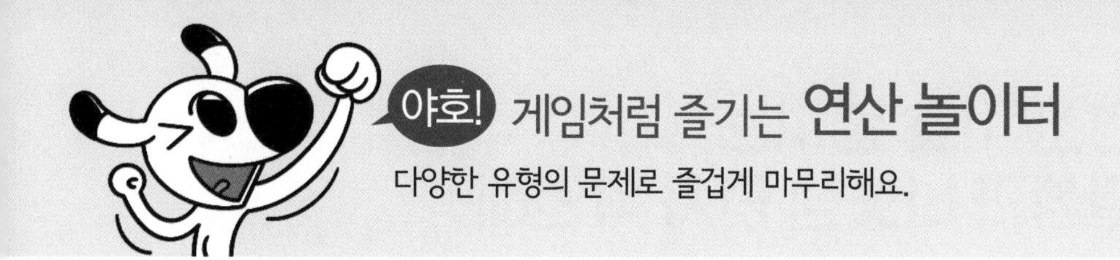
야호! 게임처럼 즐기는 연산 놀이터
다양한 유형의 문제로 즐겁게 마무리해요.

올바른 식이 되도록 (   )로 묶으려고 합니다. 알맞은 위치에 화살표를 표시해 보세요.

$40 - 5 \div 7 + 9 = 14$

( )

$9 + 3 \times 12 - 4 \div 2 = 21$

( )

연산 기호 넣기는 뺄셈과 나눗셈 먼저 확인해

✪ 올바른 식이 되도록 알맞은 연산 기호 써넣기

+, −, ×, ÷를 넣어 올바른 식을 만듭니다.

$3\times2 \bigcirc 12-8=10$

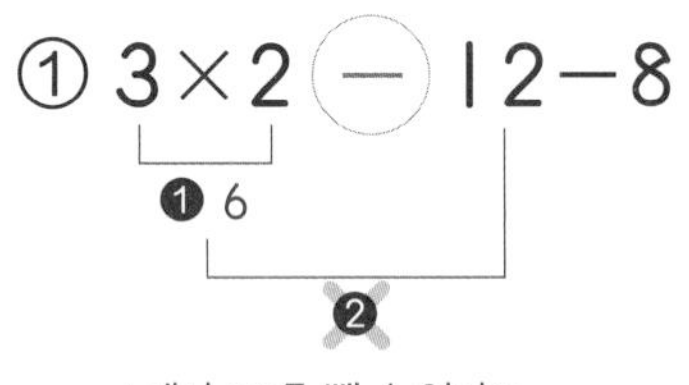

6에서 12를 뺄 수 없어요.

큰 수에서 작은 수를 빼야 해요.

÷를 넣었을 때 나누어떨어지는 계산이 맞나요?

② 3×2 ÷ 12−8

❶ 6

❷

6을 12로 나눌 수 없어요.

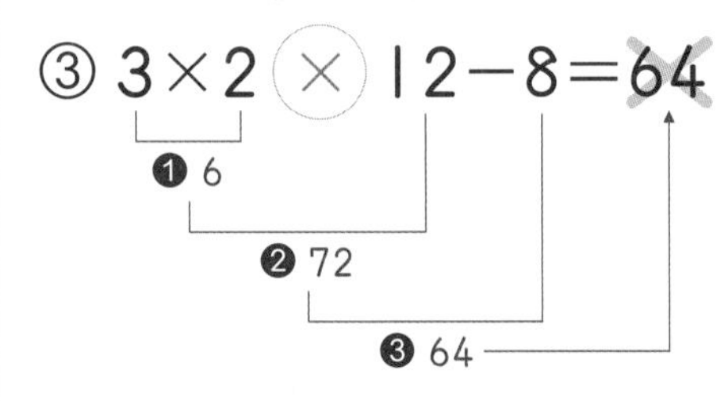

계산 결과가 주어진 식과 달라요.

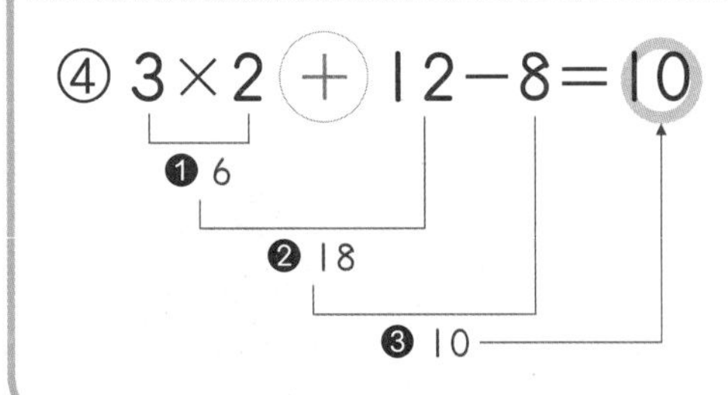

➡ $3\times2+12-8=10$

A

등식이 성립하게 하는 연산 기호를 찾을 때
모든 기호를 다 넣어 계산해 볼 수도 있지만 빠르게 찾는 요령을 익혀 보세요.

올바른 식이 되도록 ◯ 안에 알맞은 연산 기호를 써넣으세요.

❶ $16+8 \bigcirc 5=19$

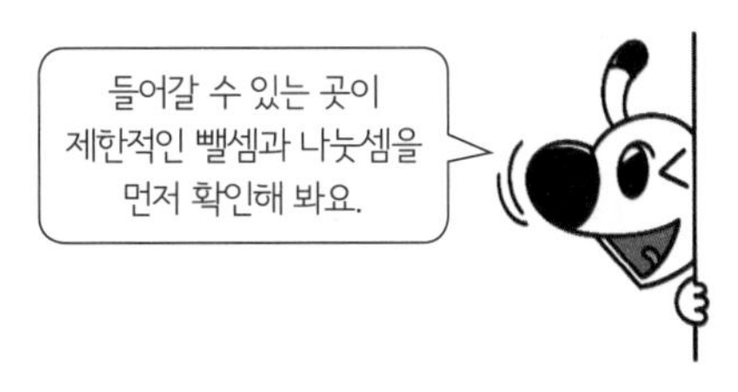
들어갈 수 있는 곳이
제한적인 뺄셈과 나눗셈을
먼저 확인해 봐요.

❷ $2 \bigcirc 7\times4=30$

❸ $3 \bigcirc 8-9=15$

❹ $54 \bigcirc 6\times5=45$

❺ $41 \bigcirc 48\div12=37$

❻ $68-4 \bigcirc 13=16$

❼ $60-(24 \bigcirc 13)=23$

큰 수에서 작은 수를 뺄 수 있을 때 뺄셈 기호를 넣어 보고,
나누어떨어질 수 있을 때 나눗셈 기호를 넣어 확인해요.

올바른 식이 되도록 ◯ 안에 알맞은 연산 기호를 써넣으세요.

❶ 9 ◯ 16 ÷ 2 − 5 = 12

❷ 7 + 5 × 9 ◯ 3 = 22

❸ 25 − 8 ◯ 7 ÷ 4 = 11

❹ 15 × 4 ◯ 5 + 7 = 19

❺ 40 ◯ 19 + 12 ÷ 6 = 23

❻ 50 ÷ 2 − 23 ◯ 5 = 7

❼ (8 + 4) ◯ 3 − 16 = 20

❽ 32 − 69 ◯ (15 + 8) = 29

곱셈을 넣을 때 수가 너무 커지면
모두 계산해 보지 않고도 곱셈을 제외할 수 있어요.

올바른 식이 되도록 ◯ 안에 알맞은 연산 기호를 써넣으세요.

❶ $5 \bigcirc 6 + 32 \div 4 \times 3 = 35$

❷ $10 \times 5 \bigcirc 9 \div 3 + 8 = 55$

❸ $19 + 13 - 12 \bigcirc 4 \times 2 = 26$

❹ $8 \bigcirc 9 \div 12 + 8 - 3 = 11$

❺ $36 \div 9 \bigcirc 9 \times 2 - 8 = 14$

❻ $5 \times 16 \bigcirc 56 \div 7 + 9 = 81$

❼ $3 \bigcirc (14 - 6) + 48 \div 8 = 30$

❽ $(7 + 25) \bigcirc 8 \times 6 - 15 = 9$

야호! 게임처럼 즐기는 연산 놀이터

다양한 유형의 문제로 즐겁게 마무리해요.

4개의 숫자 4와 연산 기호를 이용하여 수를 만드는 게임을 하고 있습니다. ○ 안에 알맞은 연산 기호를 써넣어 식을 완성해 보세요.

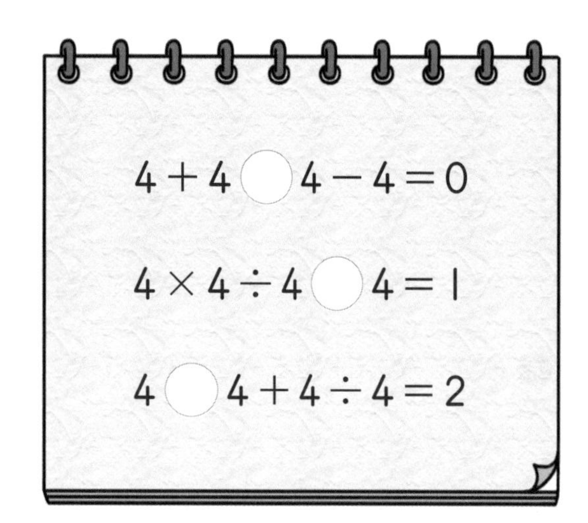

+, −, ×, ÷ 중 하나를 써넣어
0, 1, 2가 나오는 식을 만들어 봐요.

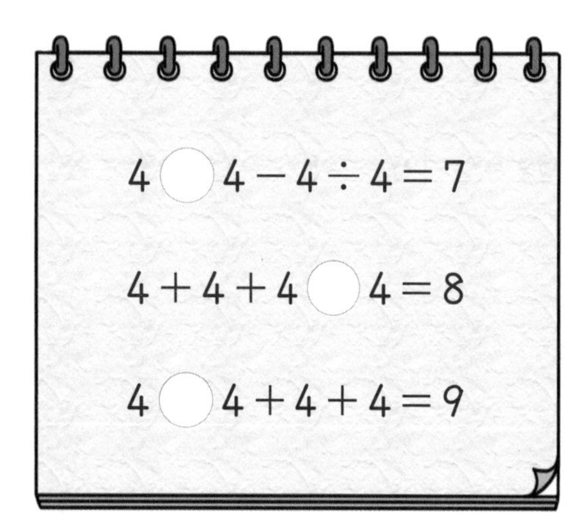

7, 8, 9가 나오는 식이 되려면
어떤 연산 기호를 써넣어야 할까요?

4개의 숫자 4와 연산 기호를 이용하여
0부터 수를 만들어 가는 게임을
포 포즈(four fours) 게임이라고 해요.

바빠 혼합 계산
20

어떤 수를 구할 땐, 계산할 수 있는 부분을 먼저 계산해

✪ ●에 알맞은 수 구하기

$$● \times 3 - 6 \div 2 = 9$$

1단계 계산 순서를 표시합니다.

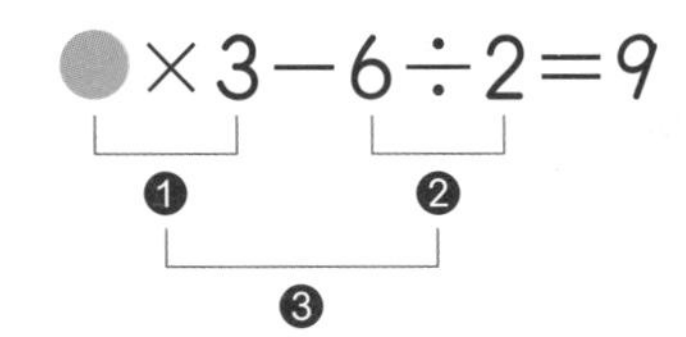
●×3−6÷2=9
❶
❷
❸

❷ 6÷2를 먼저
계산할 수 있어요.

2단계 ●×3을 한 덩어리로 생각하고 계산 순서를 거꾸로 하여 구합니다.

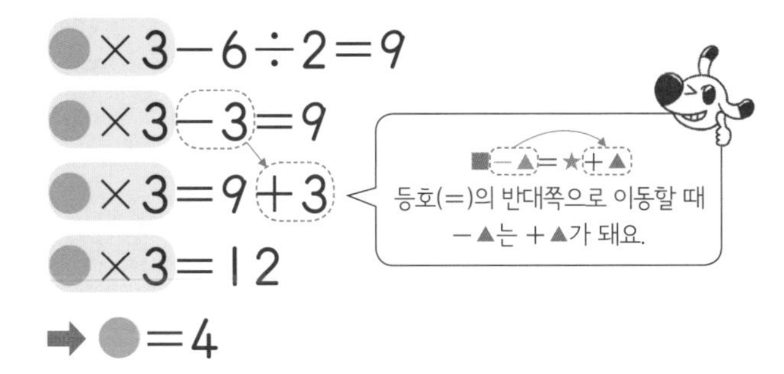
●×3−6÷2=9
●×3−3=9
●×3=9+3
●×3=12
➡ ●=4
■−▲=★ ■=★+▲
등호(=)의 반대쪽으로 이동할 때
−▲는 +▲가 돼요.

3단계 답이 맞는지 확인합니다.

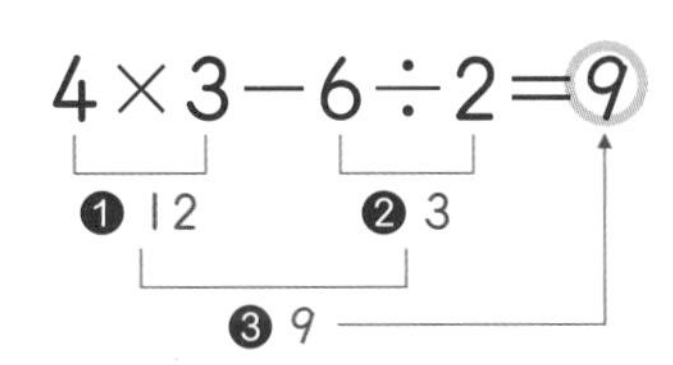
4×3−6÷2=9
❶ 12
❷ 3
❸ 9

확인
어떤 수를 구한 다음
답이 맞는지 확인까지 하면
완벽하겠죠?

잠깐! 퀴즈

- □ 안에 알맞은 수에 ○표 하세요.

$72 \div \square + 3 \times 2 = 14$ □ 안에 알맞은 수는 (4 , 6 , 9)입니다.

덧셈과 뺄셈의 관계, 곱셈과 나눗셈의 관계를 떠올려 보세요.

□+▲=● ➡ □=●−▲　　□−▲=● ➡ □=●+▲

□×■=★ ➡ □=★÷■　　□÷■=★ ➡ □=★×■

□ 안에 알맞은 수를 써넣으세요.

❶ □+40÷8=12 (□+5=12, □=12−5)

등호(=)의 반대쪽으로 이동할 때 덧셈은 뺄셈으로, 뺄셈은 덧셈으로, 곱셈은 나눗셈으로, 나눗셈은 곱셈으로 바꾼다고 기억해요.

❷ □−72÷8=5

❸ 5×9÷□=3

❹ 36÷□×3=27

❺ 8+48÷□=11

❻ 6×(17−□)=54 (17−□=54÷6, 17−□=9, □=17−9)

❼ 64÷(□×2)=4

많은 친구들이 어려워하는 문제예요.
□ 안의 값을 구한 다음 답이 맞는지 확인하는 습관을 길러 보세요!

□ 안에 알맞은 수를 써넣으세요.

❶ $\square + 2 \times 8 - 7 = 12$

❷ $\square + 3 \times 15 \div 5 = 18$

❸ $34 + \square - 72 \div 9 = 33$

❹ $4 \times \square + 56 \div 14 = 52$

❺ $18 + \square \div 7 - 15 = 7$

❻ $50 - 2 \times \square + 17 = 45$

❼ $4 \times 5 - (7 + \square) = 5$

❽ $55 \div (\square - 9) + 8 = 13$

이번 연습을 통해 여러분의 사고력이 쑥쑥 커질 거예요!

□ 안에 알맞은 수를 써넣으세요.

❶ $7 \times \square - 12 + 8 \div 4 = 25$

❷ $\square - 3 \times 4 \div 2 + 9 = 26$

❸ $36 \div 6 \times 4 + \square - 15 = 18$

❹ $49 \div \square + 6 \times 3 - 16 = 9$

❺ $14 + 5 \times \square - 18 \div 3 = 48$

❻ $50 - 4 \times 8 + \square \div 5 = 25$

❼ $(\square - 7) \times 6 + 24 \div 4 = 60$

❽ $84 \div (\square \times 3) - 2 + 27 = 32$

도전! 땅 짚고 헤엄치는 문장제

기초 문장제로 연산의 기본 개념을 익혀 봐요!

어떤 수를 □라 하여 식으로 나타내고 어떤 수를 구하세요.

❶ 어떤 수에서 6과 3의 곱을 뺐더니 5가 되었습니다. 어떤 수는 얼마일까요?

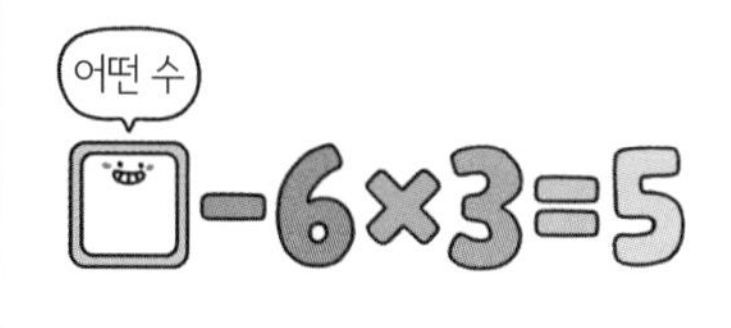

식 ______

답 ______

❷ 28을 7로 나누고 어떤 수를 곱했더니 60이 되었습니다. 어떤 수는 얼마일까요?

식 ______

답 ______

❸ 5에 어떤 수를 곱하고 32를 8로 나눈 몫을 뺐더니 36이 되었습니다. 어떤 수는 얼마일까요?

식 ______

답 ______

❹ 어떤 수에 45를 9로 나눈 몫을 더하고 4와 6의 곱을 뺐더니 8이 되었습니다. 어떤 수는 얼마일까요?

식 ______

답 ______

속닥속닥

❶ 문장을 끊어 읽으면 식으로 나타내기 쉬워요.

어떤 수에서 / 6과 3의 곱을 / 뺐더니 / 5가 되었습니다.

□ 6×3 − =5

곱하거나 더하는 수가 클수록 계산 결과가 커져

✪ 숫자 카드로 계산 결과가 가장 크게 되는 식 만들기

곱하거나 더하는 수가 클수록, 나누거나 빼는 수가 작을수록 계산 결과가 커집니다.

2 < 5 < 7
7 × 5 − 2
계산 결과가 가장 크려면?
곱셈 부분에 가장 큰 수와 둘째로 큰 수를 넣어야 해요.

➡ $5 \times 7 - 2 = 33$ 또는 $7 \times 5 - 2 = 33$

✪ 숫자 카드로 계산 결과가 가장 작게 되는 식 만들기

곱하거나 더하는 수가 작을수록, 나누거나 빼는 수가 클수록 계산 결과가 작아집니다.

3 < 6 < 9
3 × 6 ÷ 9
계산 결과가 가장 작으려면?
몫이 작아지도록 나누는 수에 큰 수를 넣어 계산해요.

➡ $3 \times 6 \div 9 = 2$ 또는 $6 \times 3 \div 9 = 2$

A

곱셈은 곱하는 두 수가 클수록 곱이 커져요.
나눗셈은 나누어지는 수가 클수록, 나누는 수가 작을수록 몫이 커져요.

숫자 카드를 한 번씩 사용하여 계산 결과가 가장 큰 자연수가 되도록 식을 만들고, 계산하세요.

❶
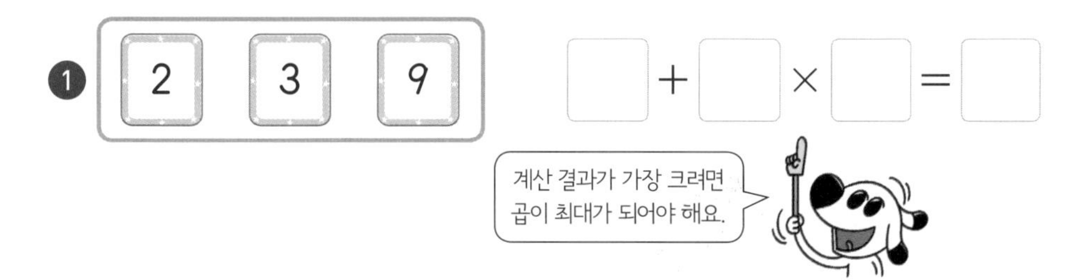
2 3 9
□ + □ × □ = □
계산 결과가 가장 크려면
곱이 최대가 되어야 해요.

❷

4 7 8
□ × □ − □ = □

❸

2 8 10
□ × □ ÷ □ = □

❹
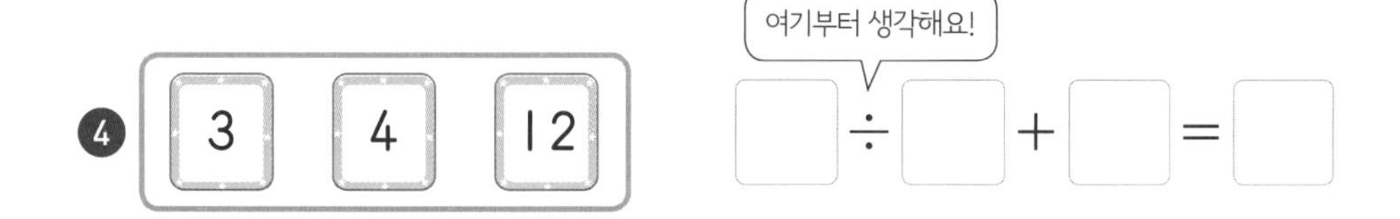
3 4 12
여기부터 생각해요!
□ ÷ □ + □ = □

❺ 2 8 16

□ ÷ □ × □ = □

곱셈은 곱하는 두 수가 작을수록 곱이 작아져요.
나눗셈은 나누어지는 수가 작을수록, 나누는 수가 클수록 몫이 작아져요.

숫자 카드를 한 번씩 사용하여 계산 결과가 가장 작은 자연수가 되도록 식을 만들고, 계산하세요.

❷ 3 9 18

여기부터 생각해요!

□ + □ ÷ □ = □

❹ 4 6 24

□ ÷ □ + □ = □

❺ 5 8 20

□ × □ ÷ □ = □

덧셈은 더하는 두 수가 클수록 합이 커져요.
뺄셈은 빼지는 수가 클수록, 빼는 수가 작을수록 차가 커져요.

숫자 카드를 한 번씩 사용하여 계산 결과가 가장 큰 자연수가 되도록 식을 만들고, 계산하세요.

❶ 

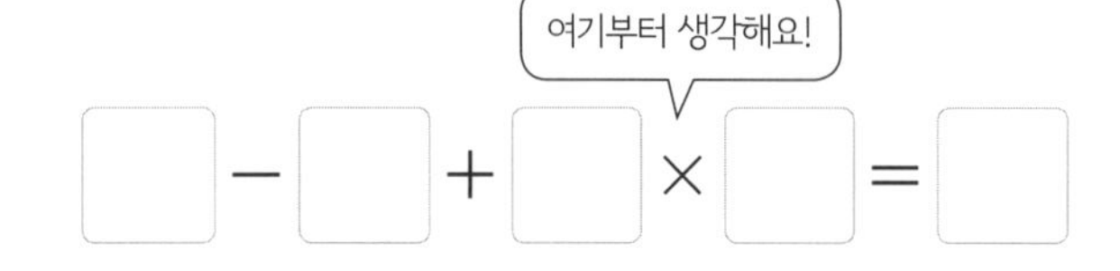
여기부터 생각해요!

❷ 4 5 6 8

$\square + \square \div \square - \square = \square$

❸ 3 4 7 9

$\square \div \square \times \square - \square = \square$

❹ 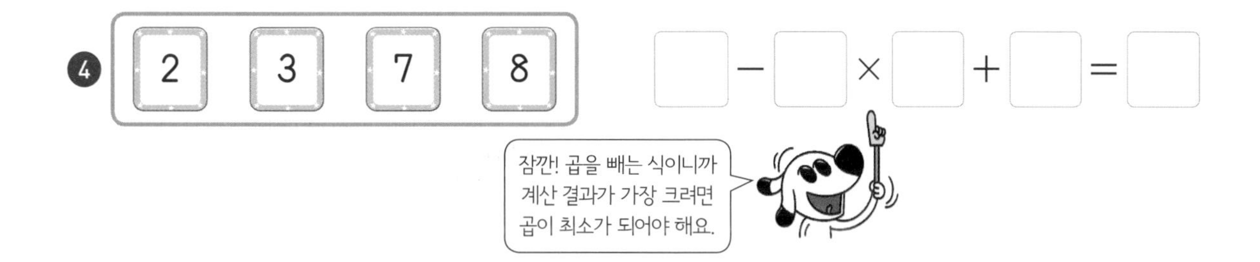
2
3
7
8
잠깐! 곱을 빼는 식이니까
계산 결과가 가장 크려면
곱이 최소가 되어야 해요.

❺ 
3
6
9
10

덧셈은 더하는 두 수가 작을수록 합이 작아져요.
뺄셈은 빼지는 수가 작을수록, 빼는 수가 클수록 차가 작아져요.

숫자 카드를 한 번씩 사용하여 계산 결과가 가장 작은 자연수가 되도록 식을 만들고, 계산하세요.

❶ 

❷ 

$\square \div \square + \square - \square = \square$

❸ 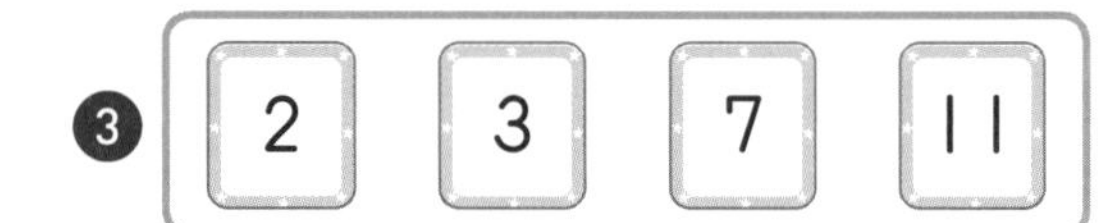

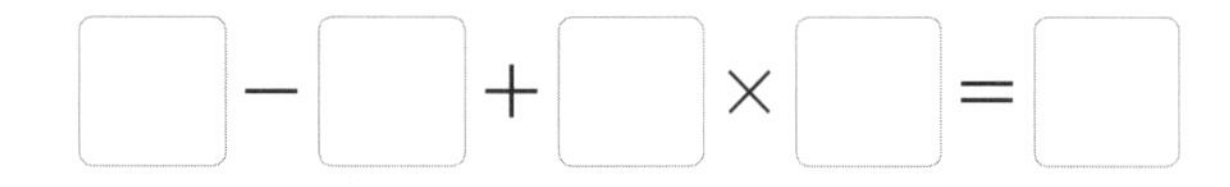

❹ 

$\square - \square \div \square + \square = \square$

❺ 

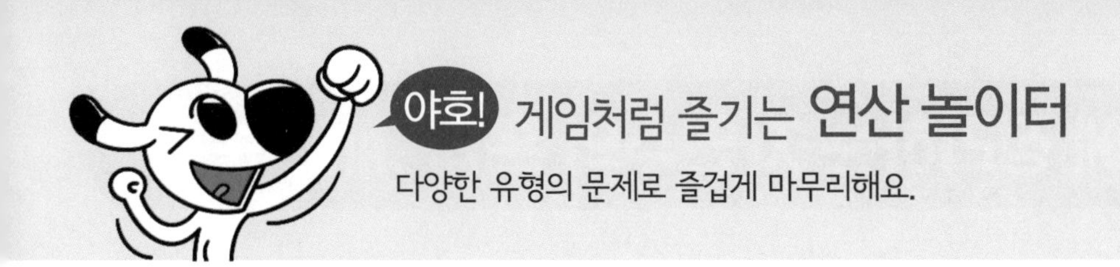
야호! 게임처럼 즐기는 연산 놀이터
다양한 유형의 문제로 즐겁게 마무리해요.

노트북을 켜려면 비밀번호를 알아야 합니다. 숫자 카드를 한 번씩 사용하여 식을 만들 때 숫자 카드의 숫자를 차례로 이어 쓰면 비밀번호입니다. 빈칸에 알맞은 수를 써넣으세요. (단, 계산 결과는 자연수입니다.)

2
3
5
8
계산 결과가 가장 클 때
□+□÷□−□=□

계산 결과가 가장 작을 때
□+□÷□−□=□

한눈에 정리하는 자연수의 혼합 계산 순서

괄호가 없는 계산

덧셈과 뺄셈은
앞에서부터 차례로!
30 − 3 + 18

곱셈과 나눗셈은
앞에서부터 차례로!
36 ÷ 4 × 3

곱셈 먼저!
덧셈과 뺄셈은
앞에서부터 차례로!

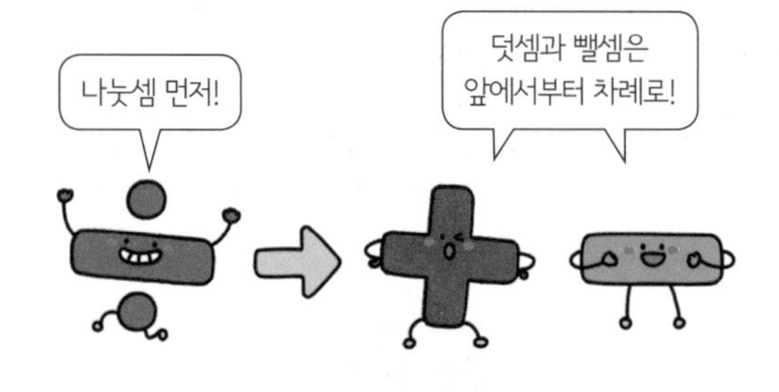
나눗셈 먼저!
덧셈과 뺄셈은
앞에서부터 차례로!

우리 먼저
앞에서부터 차례로!
그다음 우리도
앞에서부터 차례로!

괄호가 있는 계산

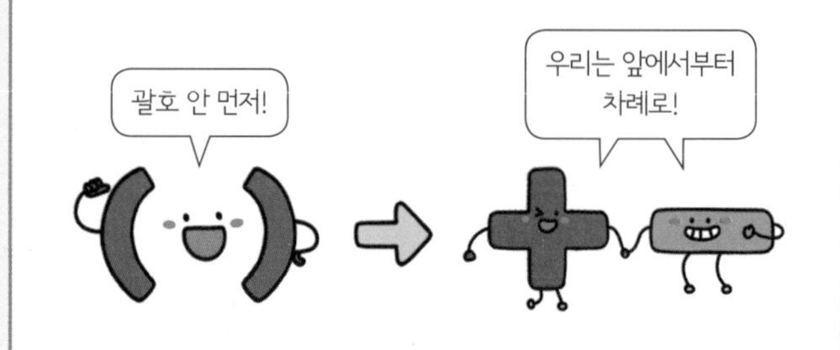
괄호 안 먼저!
우리는 앞에서부터
차례로!

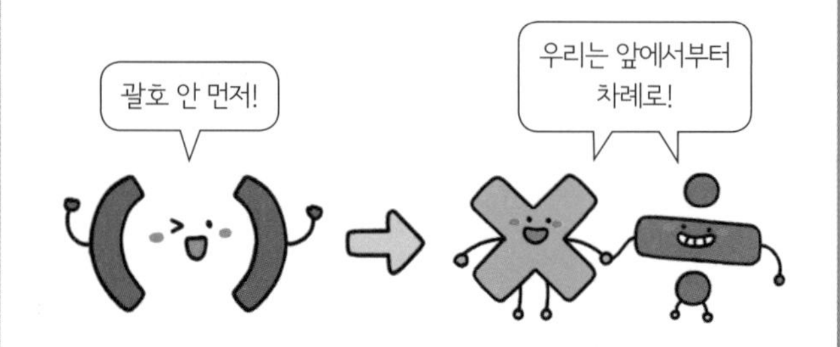
괄호 안 먼저!
우리는 앞에서부터
차례로!

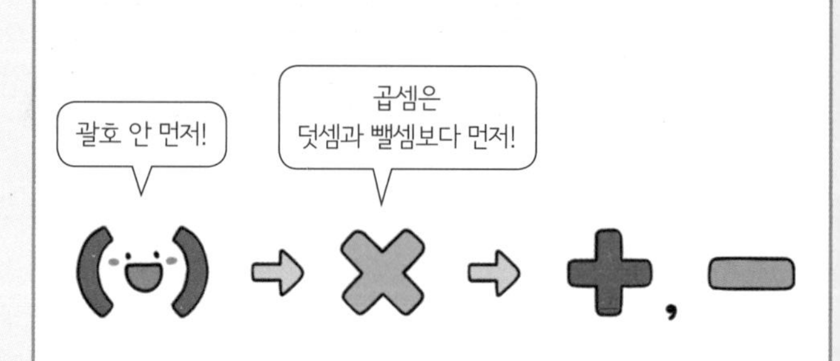
괄호 안 먼저!
곱셈은
덧셈과 뺄셈보다 먼저!

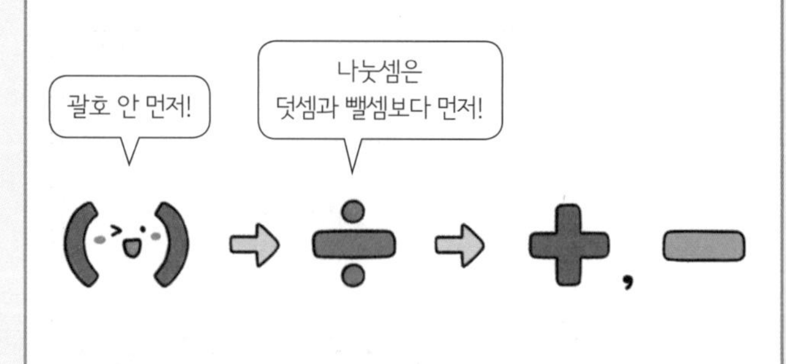
괄호 안 먼저!
나눗셈은
덧셈과 뺄셈보다 먼저!

초등 수학 공부, 이렇게 하면 효과적!

"펑펑 내려야 눈이 쌓이듯 공부도 집중해야 실력이 쌓인다!"

학교 다닐 때는? 학기별 연산책 '바빠 교과서 연산'

'바빠 교과서 연산'부터 시작하세요. 학기별 진도에 딱 맞춘 쉬운 연산책이니까요! 방학 동안 다음 학기 선행을 준비할 때도 '바빠 교과서 연산'으로 시작하세요! 교과서 순서대로 빠르게 공부할 수 있어, 첫 번째 수학 책으로 추천합니다.

시험이나 서술형 대비는? '나 혼자 푼다! 수학 문장제'

학교 시험을 대비하고 싶다면 '나 혼자 푼다! 수학 문장제'로 공부하세요. 너무 어렵지도 쉽지도 않은 딱 적당한 난이도로, 빈칸을 채우면 풀이 과정이 완성됩니다! 막막하지 않아요~ 요즘 학교 시험 풀이 과정을 손쉽게 연습할 수 있습니다.

방학 때는? 10일 완성 영역별 연산책 '바빠 연산법'

내가 부족한 영역만 골라 보충할 수 있어요! 예를 들어 4학년인데 나눗셈이 어렵다면 나눗셈만, 분수가 어렵다면 분수만 골라 훈련하세요. 방학 때나 학습 결손이 생겼을 때, 취약한 연산 구멍을 빠르게 메꿀 수 있어요!

바빠 연산 영역 :
덧셈, 뺄셈, 구구단, 시계와 시간, 길이와 시간 계산, 곱셈, 나눗셈, 약수와 배수, 분수, 소수, 자연수의 혼합 계산, 분수와 소수의 혼합 계산, 평면도형 계산, 입체도형 계산, 비와 비례, 방정식, 확률과 통계

바빠 시리즈 초등 학년별 추천 도서

학년	학기별 연산책 바빠 교과서 연산 학기 중, 선행용으로 추천!	나 혼자 푼다! 수학 문장제 학교 시험 서술형 완벽 대비!
1학년	· 바쁜 1학년을 위한 빠른 **교과서 연산 1-1** · 바쁜 1학년을 위한 빠른 **교과서 연산 1-2**	· 나 혼자 푼다! **수학 문장제 1-1** · 나 혼자 푼다! **수학 문장제 1-2**
2학년	· 바쁜 2학년을 위한 빠른 **교과서 연산 2-1** · 바쁜 2학년을 위한 빠른 **교과서 연산 2-2**	· 나 혼자 푼다! **수학 문장제 2-1** · 나 혼자 푼다! **수학 문장제 2-2**
3학년	· 바쁜 3학년을 위한 빠른 **교과서 연산 3-1** · 바쁜 3학년을 위한 빠른 **교과서 연산 3-2**	· 나 혼자 푼다! **수학 문장제 3-1** · 나 혼자 푼다! **수학 문장제 3-2**
4학년	· 바쁜 4학년을 위한 빠른 **교과서 연산 4-1** · 바쁜 4학년을 위한 빠른 **교과서 연산 4-2**	· 나 혼자 푼다! **수학 문장제 4-1** · 나 혼자 푼다! **수학 문장제 4-2**
5학년	· 바쁜 5학년을 위한 빠른 **교과서 연산 5-1** · 바쁜 5학년을 위한 빠른 **교과서 연산 5-2**	· 나 혼자 푼다! **수학 문장제 5-1** · 나 혼자 푼다! **수학 문장제 5-2**
6학년	· 바쁜 6학년을 위한 빠른 **교과서 연산 6-1** · 바쁜 6학년을 위한 빠른 **교과서 연산 6-2**	· 나 혼자 푼다! **수학 문장제 6-1** · 나 혼자 푼다! **수학 문장제 6-2**

'바빠 교과서 연산'과
'나 혼자 문장제'를
함께 풀면
한 학기 수학 완성!

학기별 계산력 강화 프로그램
바쁜 5학년을 위한 빠른 교과서 연산
5-2학기
5분 공부해도 15분 공부한 효과!

초등학생을 위한 빠른 학습법 – 서술형 기본서
나 혼자 푼다! 수학 문장제 초등 5-2
나 혼자 푼다! 수학 문장제 초등 5-1

중학 수학까지 연결되는 혼합 계산 끝내기

★ 바쁜 친구들이 즐거워지는 빠른 학습법 ★
바빠
연산법
시리즈

징검다리 교육연구소, 호사라 지음

정답 및 풀이

한 권으로 총정리!

- 혼합 계산의 기초
- 괄호가 있는 계산
- 혼합 계산의 응용

5학년 필독서

이지스에듀

① 정답을 확인한 후 틀린 문제는 ☆표를 쳐 놓으세요~.

② 그런 다음 연습장에 틀린 문제를 옮겨 적으세요.

③ 그리고 그 문제들만 한 번 더 풀어 보세요.

시간은 얼마 걸리지 않아요. 그러나 이때 실력이 확 붙는 거예요.
아는 문제를 여러 번 다시 푸는 건 시간 낭비예요.
내가 틀린 문제만 모아서 풀면 아무리 바쁘더라도
수학 실력을 키울 수 있어요!

비결은
간단해!

바쁜 초등학생을 위한 빠른 자연수의 혼합 계산

정답 및 풀이

먼저 푸는
계산을 덩어리로
묶는 게 비법!
2+3×4
덩어리 묶음 계산법!

14~15쪽

바빠 혼합 계산

01 덧셈과 뺄셈이 섞인 식은 앞에서부터!

덧셈과 뺄셈이 섞여 있는 식은 [앞] 에서부터 차례로 계산합니다.

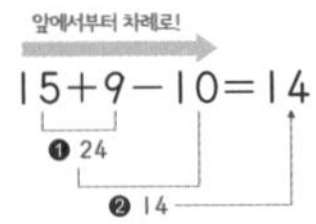

15+9−10의 계산
앞에서부터 차례로!
15+9−10=14
❶ 24
❷ 14

앞에서부터 차례로 계산!
❶ 15 + 9 = 24
❷ 24 − 10 = 14

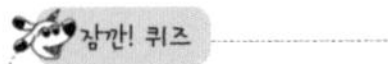

30−3+18의 계산
앞에서부터 차례로!
30−3+18=45
❶ 27
❷ 45

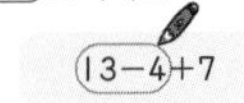

앗! 실수
30−3+18=9(×)
❶ 21
❷ 9

계산 순서가 바뀌면 틀린 답이 나오니 주의해요!

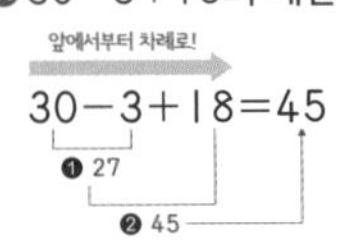

내가 앞에 있으니 내가 먼저야!
30−3+18

잠깐! 퀴즈

• 먼저 계산해야 할 부분에 ◯표 하세요.

(13−4)+7

정답 13−4에 ◯표

A

덧셈과 뺄셈이 섞여 있는 식은 묻지도 따지지도 말고 앞에서부터 차례로 계산하면 돼요.

계산 순서를 표시하며 계산하세요.

❶ 32 − 14 + 8 = 26 (① 18, ② 26)

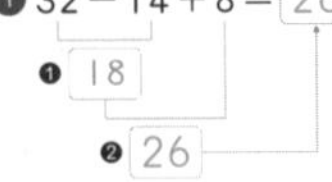

계산 순서를 표시하는 게 혼합 계산을 잘하는 첫 번째 비결이에요!

❷ 24 + 35 − 16 = 43

❸ 51 − 28 + 17 = 40

계산 순서를 표시하면서 계산해요!

❹ 38 + 26 − 45 = 19

❺ 73 − 19 + 35 = 89

❻ 25 + 86 − 10 = 101

❼ 92 − 37 + 26 = 81

❽ 72 + 28 − 62 = 38

❾ 110 − 75 + 38 = 73

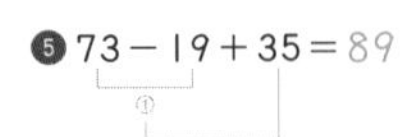

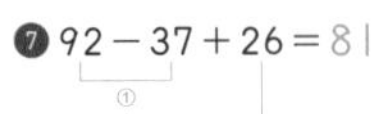

16~17쪽

B

덧셈과 뺄셈이 여러 개 섞여 있어도 앞에서부터 차근차근 계산하면 돼요.

계산 순서를 표시하며 계산하세요.

❶ 7 + 20 − 8 + 23 = 42 (① 27, ② 19, ③ 42)

❷ 31 + 12 + 25 − 19 = 49 (① 43, ② 68, ③ 49)

❸ 18 + 27 + 42 − 32 = 55

❹ 46 + 45 − 26 − 11 = 54

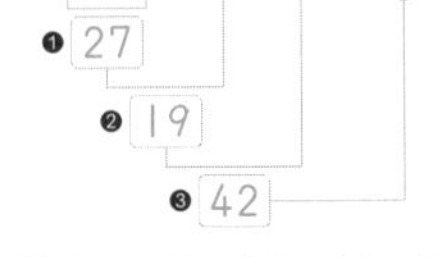

계산 순서를 표시하면서 계산해요!

❺ 48 + 19 − 34 − 20 = 13

❻ 63 + 18 − 40 + 39 = 80

❼ 52 − 29 − 18 + 65 = 70

❽ 75 − 27 + 42 − 15 = 75

❾ 82 − 14 + 26 − 48 = 46

❿ 107 − 35 − 17 + 29 = 84

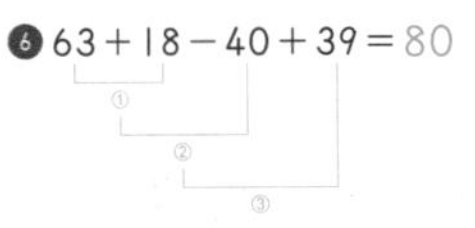

도전! 땅 짚고 헤엄치는 문장제

기초 문장제로 연산의 기본 개념을 익혀 봐요!

• + ➡ 합, 더하고, 더한
• − ➡ 차, 빼고, 뺀

식을 읽은 문장을 완성하세요.

❶ 45 + 3 − 6

➡ 45와 3 의 합에서 6 을 뺍니다.

❷ 59 − 34 + 5

➡ 59 와 34의 차에 5 를 더합니다.

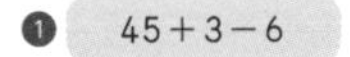

하나의 식으로 나타내고 계산하세요.

문장을 /로 끊어 읽어 봐요.

❸ 47과 15의 합에서 26을 뺀 수

식 47 (+) 15 (−) 26 = 36

답 36

❹ 64에서 36을 빼고 19를 더한 수

식 64 − 36 + 19 = 47

답 47

속닥속닥

❸ 문장을 끊어 읽으면 하나의 식으로 나타내기 쉬워요.

47과 15의 합에서 / 26을 뺀 수
47+15 / −26

18~19쪽

02 곱셈과 나눗셈이 섞인 식도 앞에서부터!

곱셈과 나눗셈이 섞여 있는 식은 앞에서부터 차례로 계산합니다.

12×3÷2의 계산

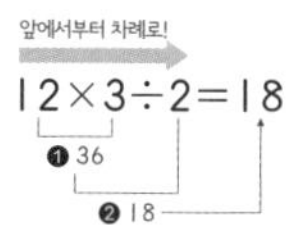

앞에서부터 차례로!

$12\times3\div2=18$

❶ 36 ❷ 18

36÷4×3의 계산

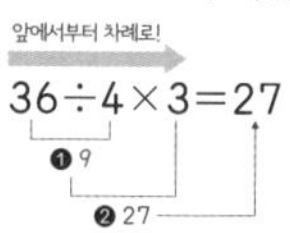

앞에서부터 차례로!

$36\div4\times3=27$

❶ 9 ❷ 27

앗! 실수
36÷4×3=3(×)
계산 순서를 틀리면 답은 안드로메다로……

내가 앞에 있으니 내가 먼저야!

잠깐! 퀴즈

• 먼저 계산해야 할 부분에 ◯표 하세요.

(30÷5)×2

정답 30÷5에 표

 A

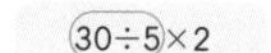

곱셈과 나눗셈이 섞여 있는 식은 앞에서부터 차근차근 계산하면 돼요.

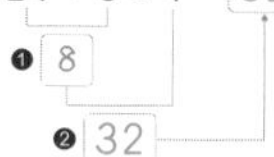

계산 순서를 표시하며 계산하세요.

❶ $24\div3\times4=32$ (❶ 8, ❷ 32)

계산 순서만 잘 표시해도 이미 반은 해결한 거예요.

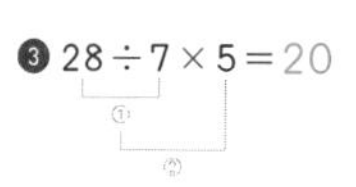

❷ $13\times4\div2=26$

❸ $28\div7\times5=20$

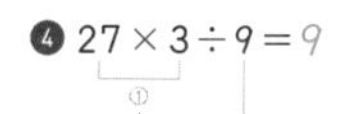

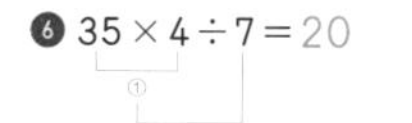

❹ $27\times3\div9=9$

❺ $42\div6\times8=56$

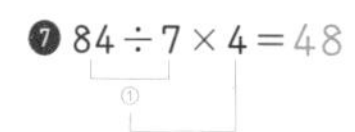

❻ $35\times4\div7=20$

❼ $84\div7\times4=48$

❽ $36\times5\div12=15$

❾ $96\div8\times6=72$

20~21쪽

곱셈과 나눗셈이 여러 개 섞여 있어도 앞에서부터 차근차근 계산하면 돼요.

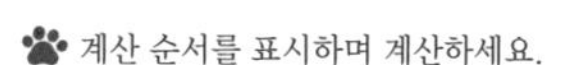

계산 순서를 표시하며 계산하세요.

❶ $35\times2\div5\times3=42$ (❶ 70, ❷ 14, ❸ 42)

❷ $48\div6\times8\div4=16$ (❶ 8, ❷ 64, ❸ 16)

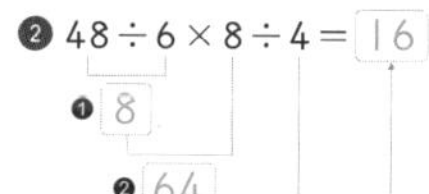

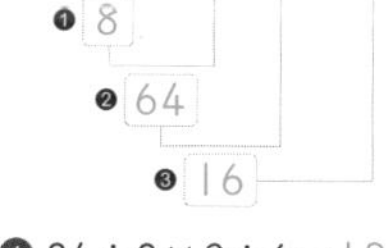

❸ $8\times3\times6\div12=12$

❹ $24\div2\times9\div6=18$

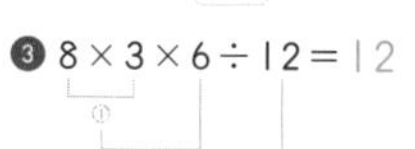

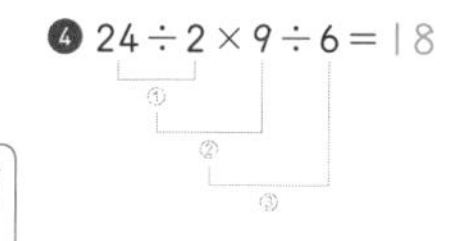

❺ $45\times2\div15\times9=54$

❻ $64\div16\times22\div8=11$

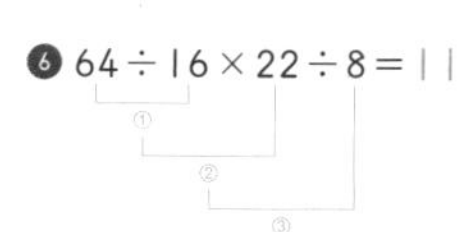

❼ $4\times18\times3\div6=36$

❽ $112\div4\div7\times17=68$

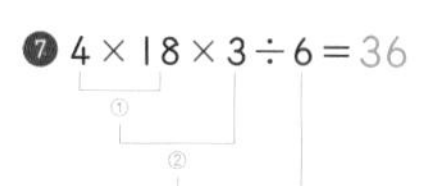

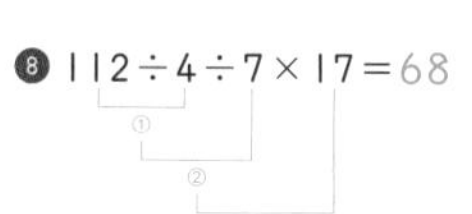

❾ $50\times3\div25\times14=84$

❿ $108\div3\div9\times23=92$

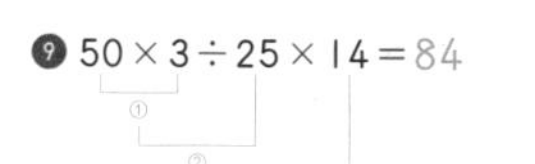

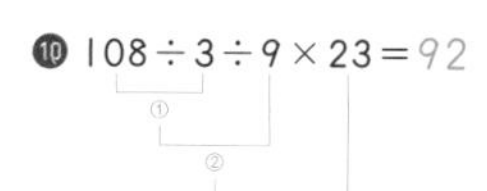

도전! 땅 짚고 헤엄치는 문장제

기초 문장제로 연산의 기본 개념을 익혀 봐요!

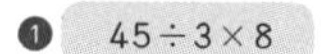

식을 읽은 문장을 완성하세요.

• × ➡ 곱한, ●배
• ÷ ➡ 나눈 몫

❶ 45÷3×8

➡ 45를 3 으로 나눈 몫에 8 을 곱합니다.

❷ 9×12÷4

➡ 9 와 12의 곱을 4 로 나눕니다.

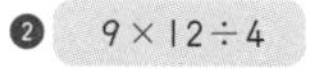

하나의 식으로 나타내고 계산하세요.

❸ 18에 3을 곱한 수를 6으로 나눈 몫

식 $18\times3\div6=9$

답 9

❹ 100을 25로 나눈 몫의 3배인 수

식 $100\div25\times3=12$

답 12

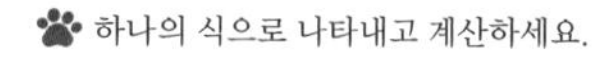

숙다숙다

❸ 문장을 끊어 읽으면 하나의 식으로 나타내기 쉬워요.

18에 3을 곱한 수를 / 6으로 나눈 몫
18×3 / ÷6

03 덧셈, 뺄셈, 곱셈이 섞인 식은 곱셈 먼저!

덧셈, 뺄셈, 곱셈이 섞여 있는 식은 곱셈 먼저 계산합니다.

✪ $16+5\times3-24$의 계산

곱셈 먼저!

$16+5\times3-24=7$

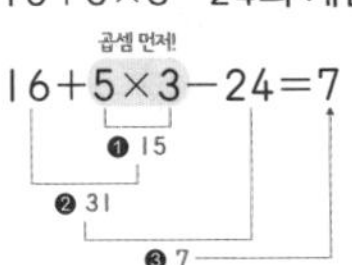

곱셈 먼저 계산하면
덧셈과 뺄셈이 섞여 있는 식처럼 간단해져요.
앞에서부터 차례로!
16+15−24=7
❶ 31
❷ 7

✪ $40-11+13\times2$의 계산

곱셈 먼저!

$40-11+13\times2=55$

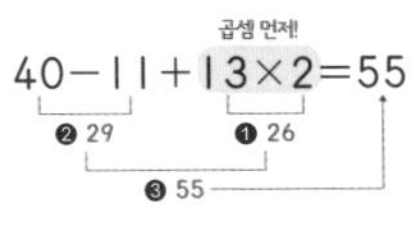

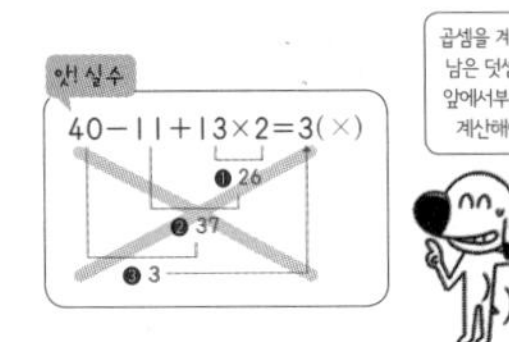

잠깐! 퀴즈

• 가장 먼저 계산해야 할 부분에 ◯표 하세요.

$25+7-(2\times6)$

정답 2×6에 ◯표

쉬운 덧셈, 뺄셈부터 계산하고 싶겠지만 그러면 답이 완전히 달라져요.
곱셈을 먼저 계산해야 해요.

곱셈 부분을 ◯로 묶고 계산하세요.

❶ $30-(4\times6)+5=11$

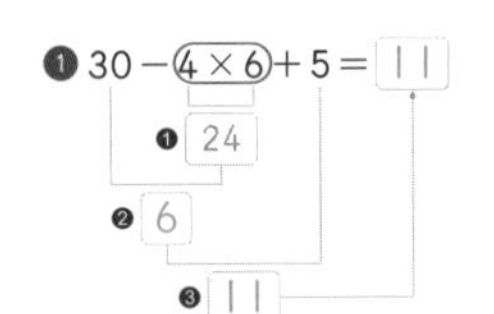

❷ $(12\times3)+7-25=18$

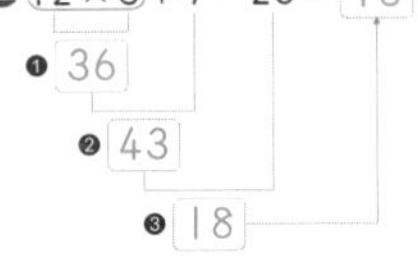

❸ $33-19+(2\times8)=30$

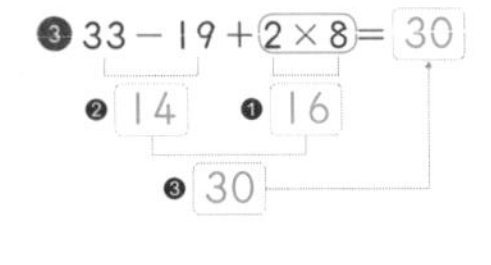

❹ $28+(5\times7)-16=47$

❺ $35-16+(6\times9)=73$

❻ $(4\times14)+8-25=39$

❼ $52-(9\times4)+28=44$

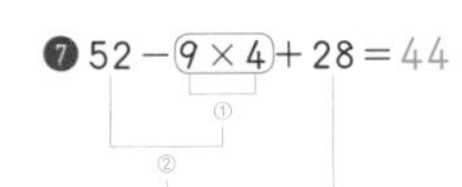

❽ $68+(4\times8)-57=43$

❾ $91-(34\times2)+39=62$

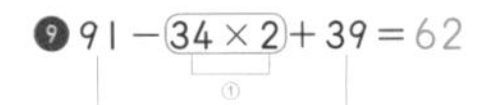

계산 순서를 표시하지 않고 암산하면 실수하기 쉬워요.
자신이 있더라도 계산 순서를 표시하는 습관이 중요해요!

곱셈 부분을 ◯로 묶고 계산하세요.

❶ $(14\times2)-9+15=34$

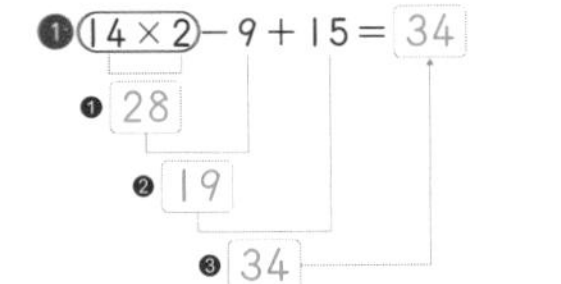

❷ $43+20-(4\times12)=15$

❷ 63 ❶ 48 ❸ 15

❸ $52-(13\times3)+27=40$

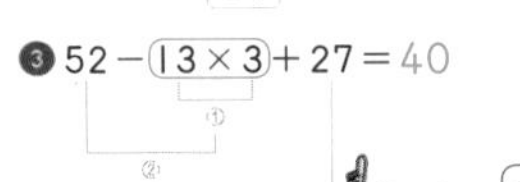

❹ $(3\times25)+18-45=48$

❺ $65-46+(15\times5)=94$

❻ $38+(17\times2)-26=46$

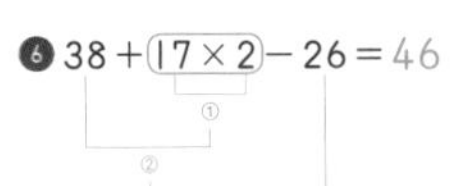

❼ $(16\times4)+28-57=35$

❽ $80-61+(6\times12)=91$

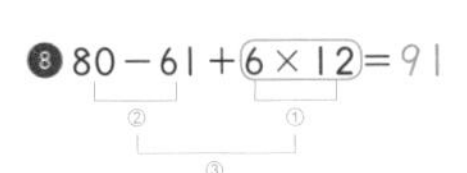

❾ $76+(3\times18)-43=87$

❿ $100-73+(13\times5)=92$

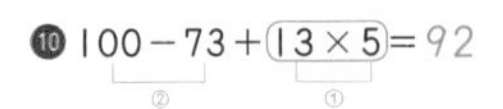

곱셈이 여러 군데 있으면 곱셈끼리 먼저 계산하고,
남은 덧셈과 뺄셈은 앞에서부터 차례로 계산하면 돼요.

곱셈 부분을 각각 ◯로 묶고 계산하세요.

❶ $(5\times7)-(2\times13)+2=11$

❶ 35 ❷ 26 ❸ 9 ❹ 11

❷ $(21\times2)-9+(4\times3)=45$

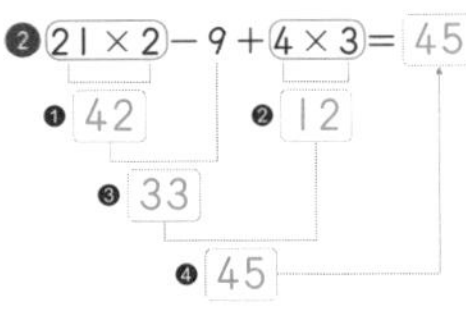

❸ $60+(3\times5)-(11\times3)=42$

❹ $(9\times4)+(15\times2)-28=38$

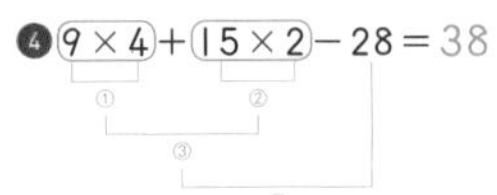

❺ $(4\times17)-29+(8\times6)=87$

❻ $50-(18\times2)+(6\times14)=98$

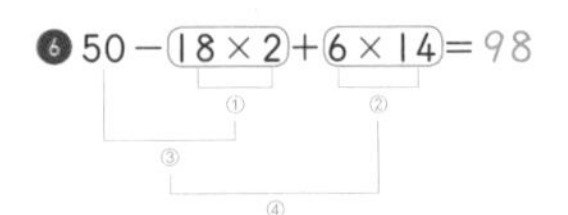

❼ $(13\times6)-(7\times8)+48=70$

❽ $55+(12\times5)-(9\times9)=34$

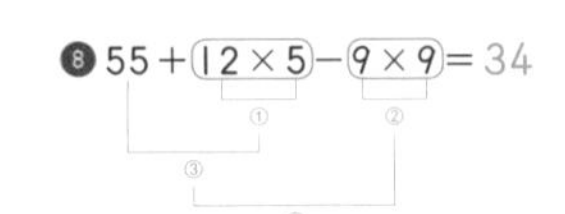

❾ $(5\times24)-(19\times3)+37=100$

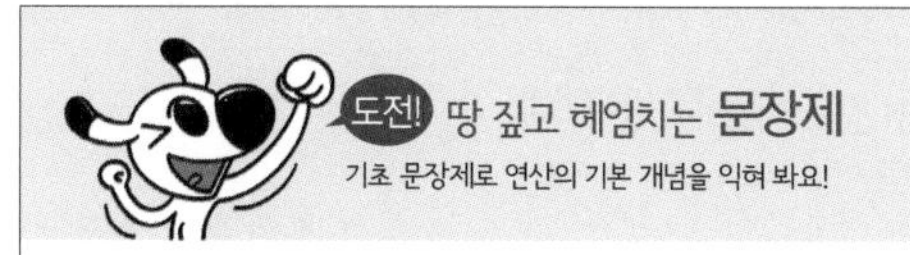

도전! 땅 짚고 헤엄치는 문장제
기초 문장제로 연산의 기본 개념을 익혀 봐요!

26~27쪽

식을 읽은 문장을 완성하세요.

❶ 27 + 4 × 8 − 5

➡ 27에 4 와 8의 곱을 더하고 5 를 뺍니다.

❷ 42 − 6 + 3 × 12

➡ 42 와 6의 차에 3 의 12배인 수를 더합니다.

• + ➡ 합, 더하고, 더한
• − ➡ 차, 빼고, 뺀
• × ➡ 곱한, ●배

하나의 식으로 나타내고 계산하세요.

❸ 60에서 7과 3의 곱을 빼고 15를 더한 수

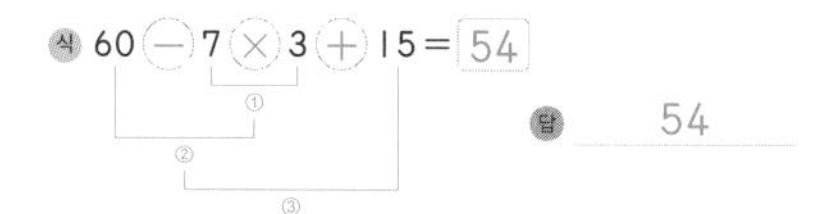

식 60 − 7 × 3 + 15 = 54　　답 54

❹ 8에 14의 3배인 수를 더하고 26을 뺀 수

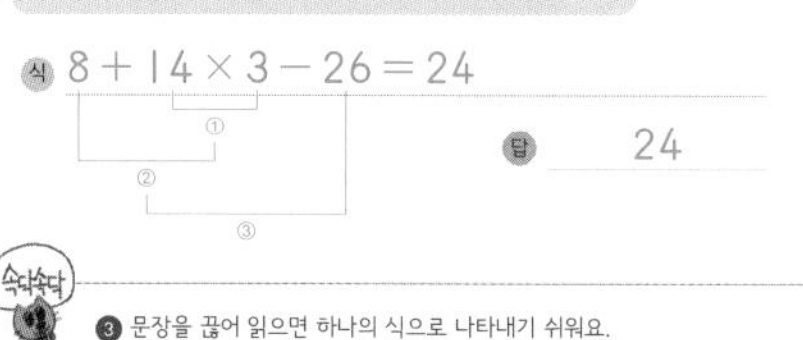

식 8 + 14 × 3 − 26 = 24　　답 24

문장을 /로 끊어 읽어 봐요.

숙덕숙덕 ❸ 문장을 끊어 읽으면 하나의 식으로 나타내기 쉬워요.
60에서 / 7과 3의 곱을 / 빼고 / 15를 더한 수
60　7×3　−　+15

04 덧셈, 뺄셈, 나눗셈이 섞인 식은 나눗셈 먼저!

덧셈, 뺄셈, 나눗셈이 섞여 있는 식은 나눗셈 먼저 계산합니다.

20 + 35 ÷ 7 − 12의 계산

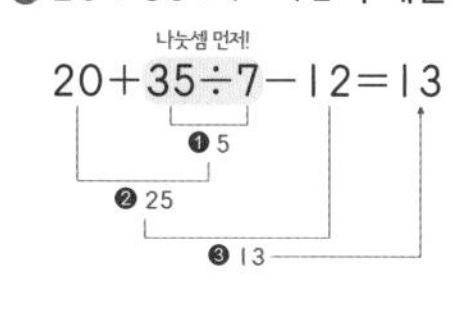

나눗셈 먼저!
20+35÷7−12=13
❶ 5
❷ 25
❸ 13
나눗셈 먼저 계산하면 덧셈과 뺄셈이 섞여 있는 식처럼 간단해져요.
앞에서부터 차례로!
20+5−12=13
❶ 25
❷ 13

45 − 17 + 42 ÷ 3의 계산

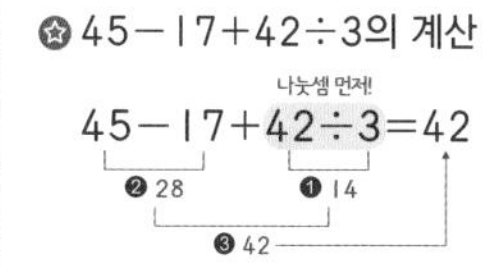

나눗셈 먼저!
45−17+42÷3=42
❷ 28
❶ 14
❸ 42

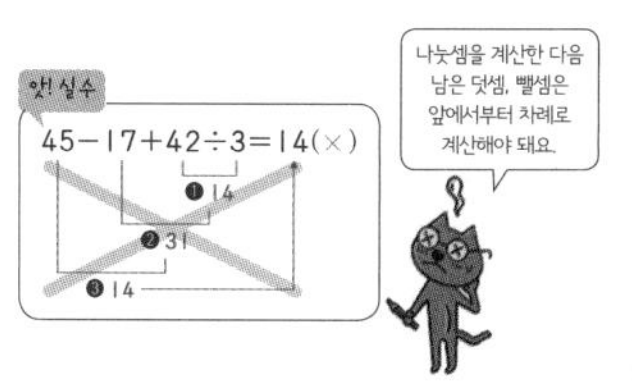

앗! 실수
45−17+42÷3=14(×)
❶ 14
❷ 31
❸ 14
나눗셈을 계산한 다음 남은 덧셈, 뺄셈은 앞에서부터 차례로 계산해야 돼요.

나눗셈 먼저!
덧셈과 뺄셈은 앞에서부터 차례로!

잠깐! 퀴즈

• 가장 먼저 계산해야 할 부분에 ◯표 하세요.

24 + 8 − (25 ÷ 5)

정답 25÷5에 ◯표

28~29쪽

쉬운 덧셈, 뺄셈부터 계산하고 싶겠지만 그러면 답이 완전히 달라져요.
나눗셈을 먼저 계산해야 해요.

나눗셈 부분을 ◯로 묶고 계산하세요.

❶ 12 − (18 ÷ 6) + 7 = 16

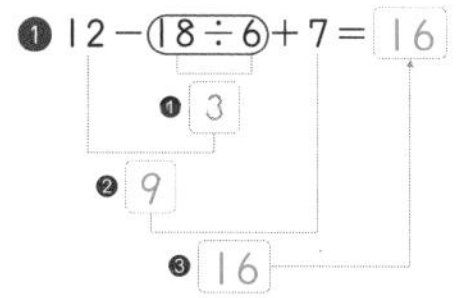

❶ 3 ❷ 9 ❸ 16

가장 먼저 계산하는 나눗셈을 한 덩어리로 생각하고 묶어요!

❷ (75 ÷ 3) + 20 − 16 = 29
❶ 25 ❷ 45 ❸ 29

❸ 45 − 27 + (72 ÷ 8) = 27

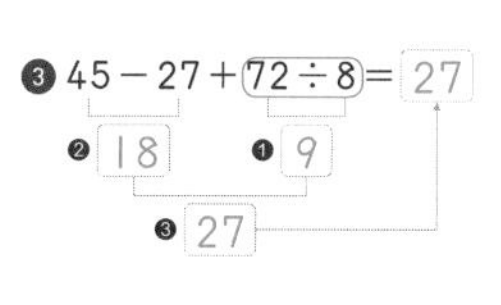

❷ 18 ❶ 9 ❸ 27

❹ 39 + (84 ÷ 7) − 32 = 19

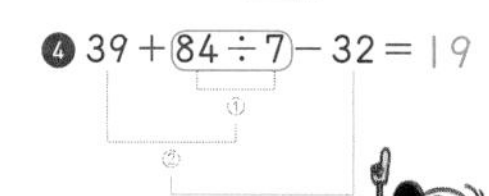

계산 순서도 표시하면서 계산하고 있죠?

❺ (78 ÷ 6) − 9 + 48 = 52

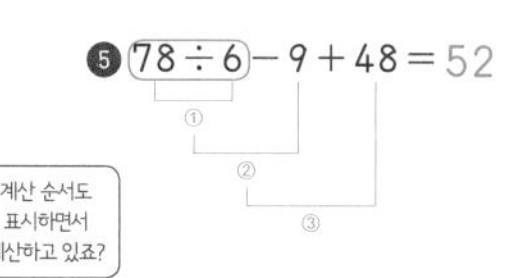

❻ 53 − 15 + (39 ÷ 13) = 41

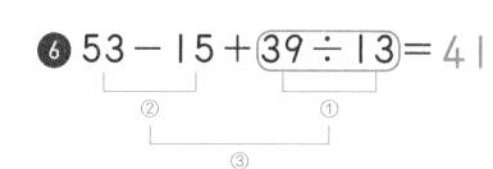

❼ 73 − (87 ÷ 3) + 19 = 63

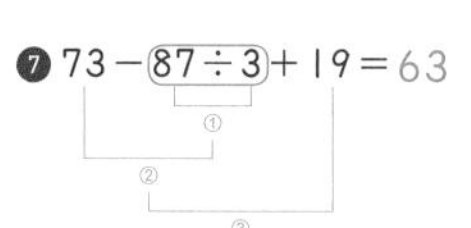

❽ (140 ÷ 4) + 46 − 37 = 44

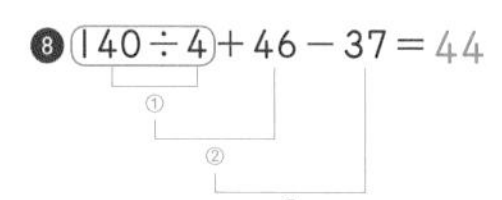

❾ 36 + (320 ÷ 5) − 53 = 47

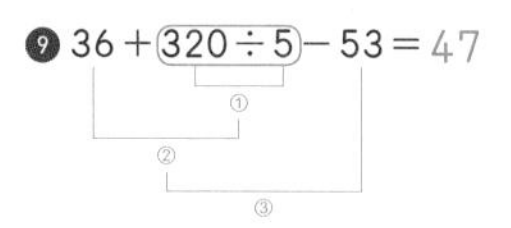

계산 순서를 표시하지 않고 암산하면 실수하기 쉬워요.
자신이 있더라도 계산 순서를 표시하는 습관이 중요해요!

나눗셈 부분을 ◯로 묶고 계산하세요.

❶ (72 ÷ 9) + 24 − 15 = 17
❶ 8 ❷ 32 ❸ 17

❷ 40 − 11 + (68 ÷ 4) = 46

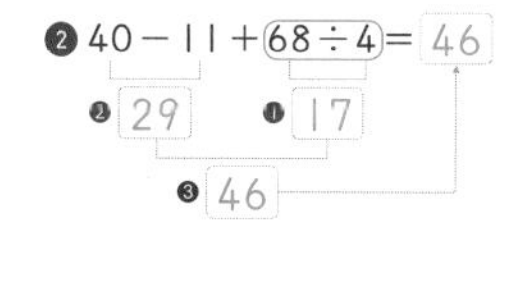

❷ 29 ❶ 17 ❸ 46

❸ 39 + (84 ÷ 3) − 25 = 42

계산 순서도 표시하면서 계산해요!

❹ (64 ÷ 4) + 34 − 38 = 12

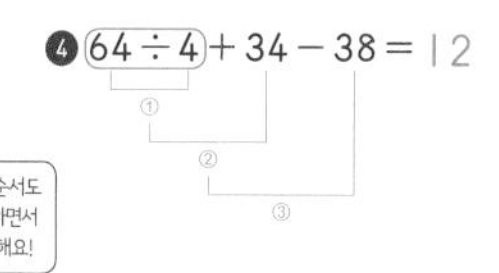

❺ 90 − 45 + (90 ÷ 5) = 63

❻ (108 ÷ 9) − 8 + 17 = 21

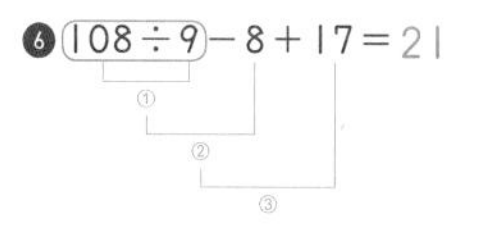

❼ 32 − (78 ÷ 13) + 9 = 35

❽ 57 − 29 + (84 ÷ 14) = 34

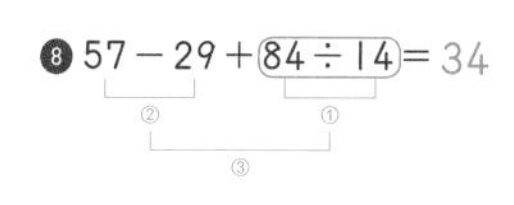

❾ (144 ÷ 6) − 16 + 48 = 56

❿ 76 + 19 − (119 ÷ 7) = 78

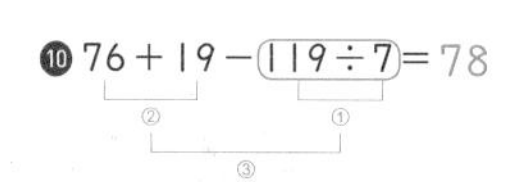

나눗셈이 여러 군데 있으면 나눗셈끼리 먼저 계산하고, 남은 덧셈과 뺄셈은 앞에서부터 차례로 계산하면 돼요.

나눗셈 부분을 각각 ◯로 묶고 계산하세요.

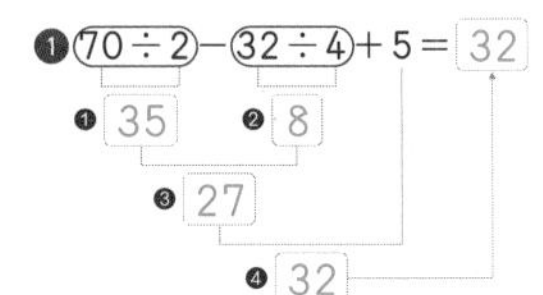

❶ (70÷2)−(32÷4)+5=32 / ❶ 35 ❷ 8 ❸ 27 ❹ 32

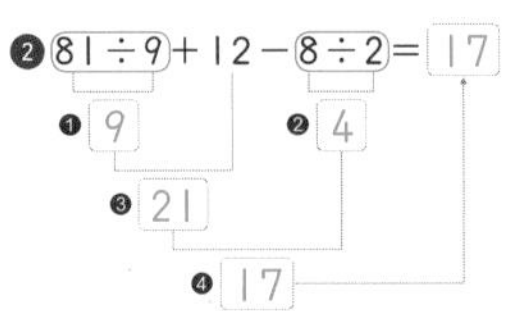

❷ (81÷9)+12−(8÷2)=17 / ❶ 9 ❷ 4 ❸ 21 ❹ 17

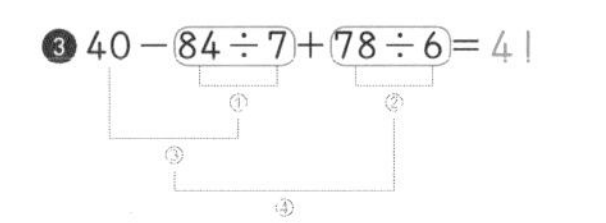

❸ 40−(84÷7)+(78÷6)=41

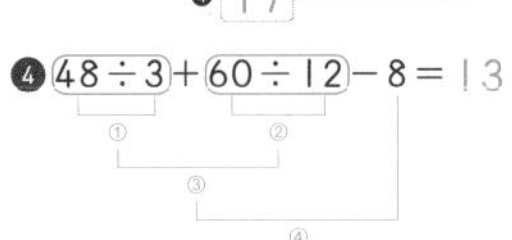

❹ (48÷3)+(60÷12)−8=13

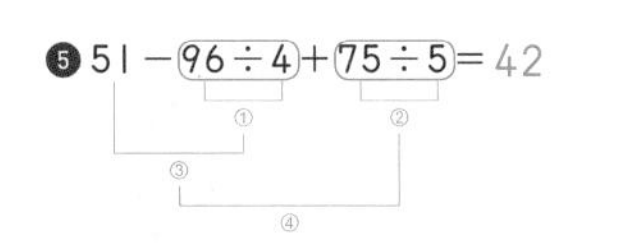

❺ 51−(96÷4)+(75÷5)=42

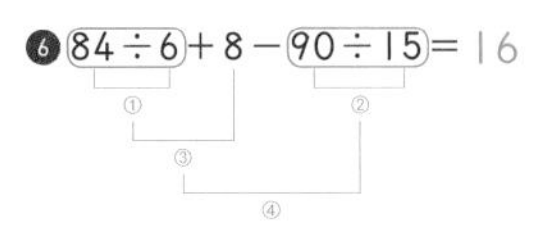

❻ (84÷6)+8−(90÷15)=16

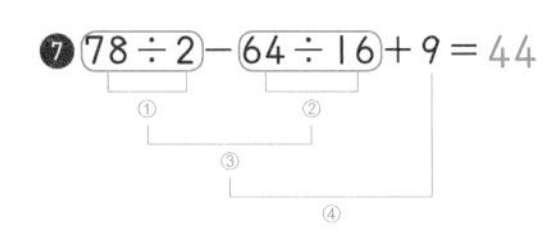

❼ (78÷2)−(64÷16)+9=44

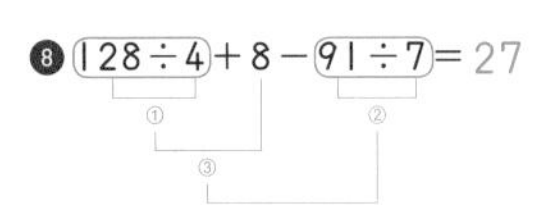

❽ (128÷4)+8−(91÷7)=27

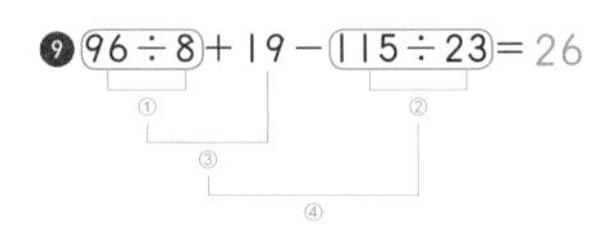

❾ (96÷8)+19−(115÷23)=26

나눗셈을 덩어리로 묶으면 덧셈과 뺄셈이 섞여 있는 간단한 식이 돼요. '덩어리 계산법'을 기억해요!

도전! 땅 짚고 헤엄치는 문장제

기초 문장제로 연산의 기본 개념을 익혀 봐요!

식을 읽은 문장을 완성하세요.

❶ 13+40÷8−6

➡ 13에 40을 8로 나눈 몫을 더하고 6을 뺍니다.

❷ 50−7+36÷12

➡ 50과 7의 차에 36을 12로 나눈 몫을 더합니다.

• + ➡ 합, 더하고, 더한
• − ➡ 차, 빼고, 뺀
• ÷ ➡ 나눈 몫

하나의 식으로 나타내고 계산하세요.

❸ 27과 18의 합에서 42를 6으로 나눈 몫을 뺀 수

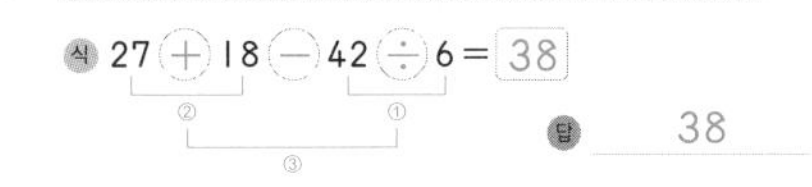

식 27+18−42÷6=38

답 38

문장을 /로 끊어 읽어 봐요.

❹ 80에서 34를 2로 나눈 몫을 빼고 4를 더한 수

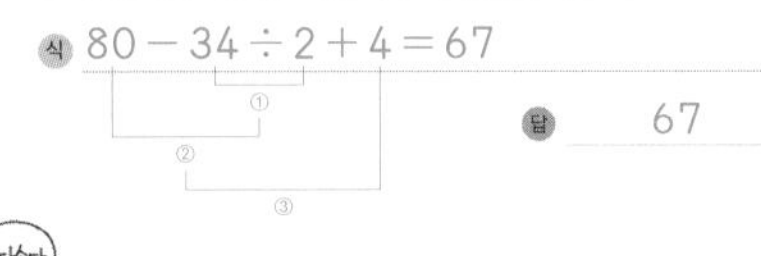

식 80−34÷2+4=67

답 67

속닥속닥

❸ 문장을 끊어 읽으면 하나의 식으로 나타내기 쉬워요.
27과 18의 합에서 / 42를 6으로 나눈 몫을 / 뺀 수
27+18 / 42÷6

바빠 혼합 계산

05 곱셈과 나눗셈은 덧셈과 뺄셈보다 먼저!

덧셈, 뺄셈, 곱셈, 나눗셈이 섞여 있는 식은 곱셈 과 나눗셈 먼저 계산합니다.

30+45÷3−12×2의 계산

나눗셈, 곱셈 먼저!
30+45÷3−12×2=21
❶ 15 ❷ 24 ❸ 45 ❹ 21

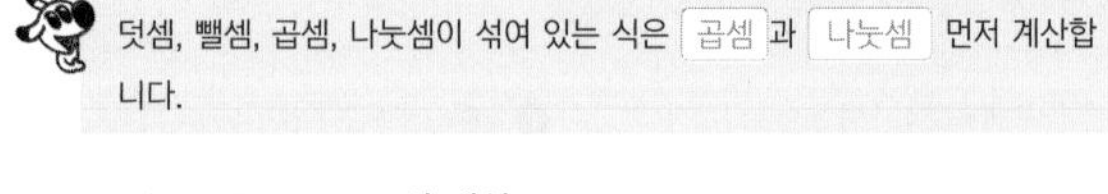

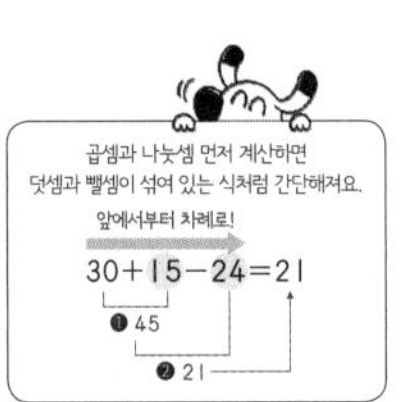
곱셈과 나눗셈 먼저 계산하면 덧셈과 뺄셈이 섞여 있는 식처럼 간단해져요.
앞에서부터 차례로!
30+15−24=21
❶ 45
❷ 21

24−8×3÷12+10의 계산

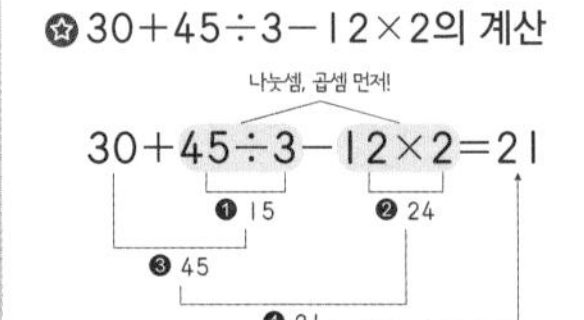

곱셈, 나눗셈 먼저!
24−8×3÷12+10=32
❶ 24 ❷ 2 ❸ 22 ❹ 32

곱셈과 나눗셈이 연달아 나오면 하나의 큰 덩어리로 생각하고 먼저 계산하면 돼요.

우리 먼저 앞에서부터 차례로!
그다음 우리도 앞에서부터 차례로!

덧셈과 뺄셈이 곱셈과 나눗셈을 만나면 계산 순서를 양보해야 해요. 이럴 땐 곱셈, 나눗셈을 먼저! 덧셈, 뺄셈은 나중에 계산해요.

곱셈, 나눗셈 부분을 각각 ◯로 묶고 계산하세요.

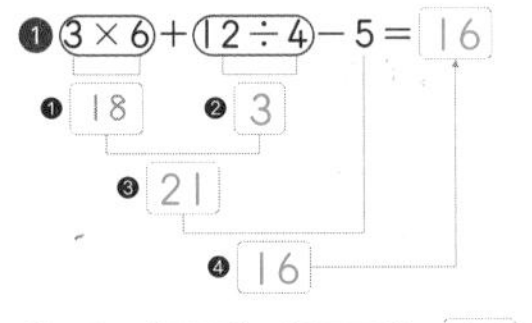

❶ (3×6)+(12÷4)−5=16 / ❶ 18 ❷ 3 ❸ 21 ❹ 16

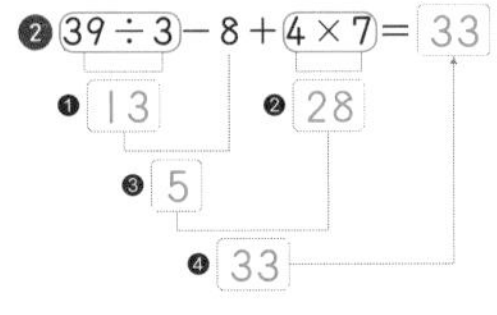

❷ (39÷3)−8+(4×7)=33 / ❶ 13 ❷ 28 ❸ 5 ❹ 33

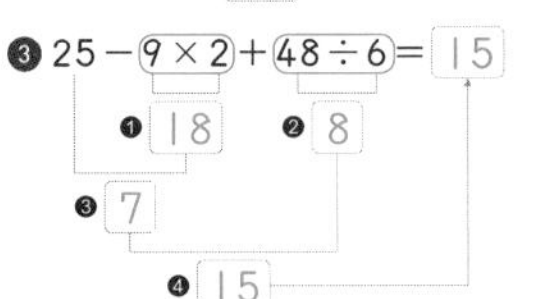

❸ 25−(9×2)+(48÷6)=15 / ❶ 18 ❷ 8 ❸ 7 ❹ 15

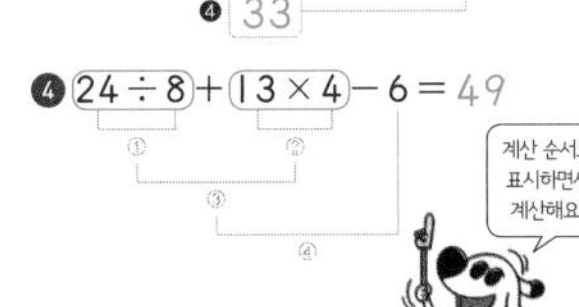

❹ (24÷8)+(13×4)−6=49

계산 순서도 표시하면서 계산해요!

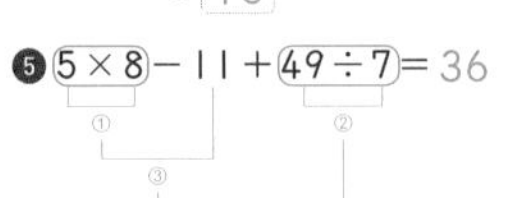

❺ (5×8)−11+(49÷7)=36

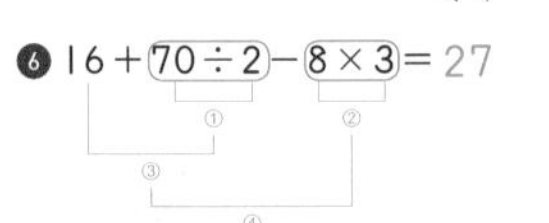

❻ 16+(70÷2)−(8×3)=27

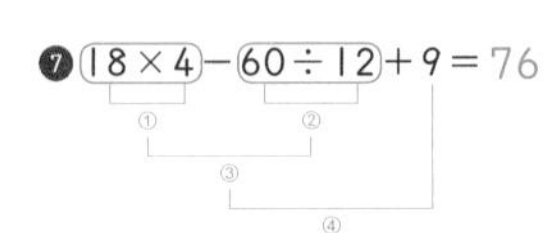

❼ (18×4)−(60÷12)+9=76

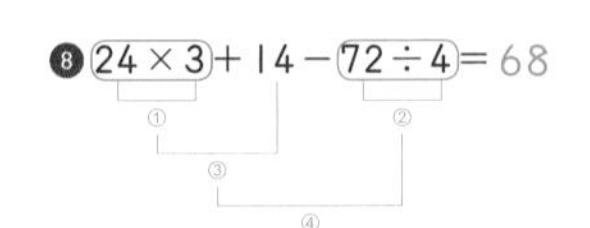

❽ (24×3)+14−(72÷4)=68

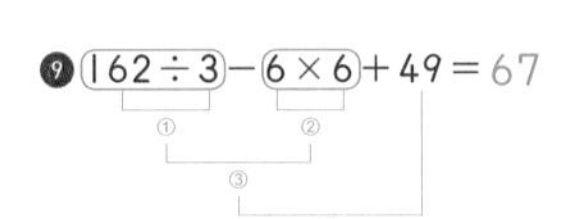

❾ (162÷3)−(6×6)+49=67

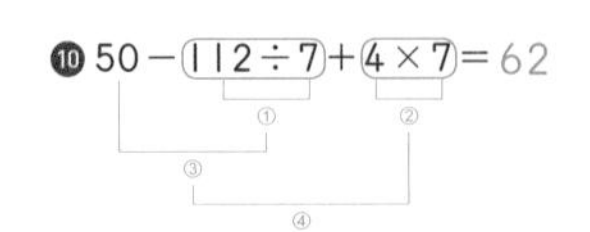

❿ 50−(112÷7)+(4×7)=62

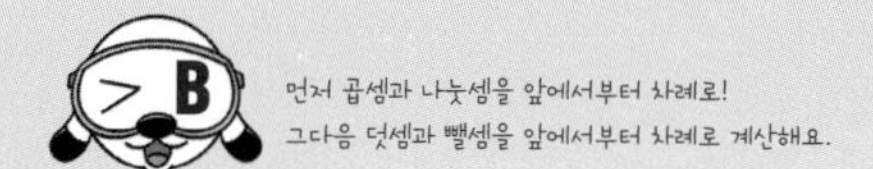
B

먼저 곱셈과 나눗셈을 앞에서부터 차례로!
그다음 덧셈과 뺄셈을 앞에서부터 차례로 계산해요.

곱셈, 나눗셈 부분을 각각 ◯로 묶고 계산하세요.

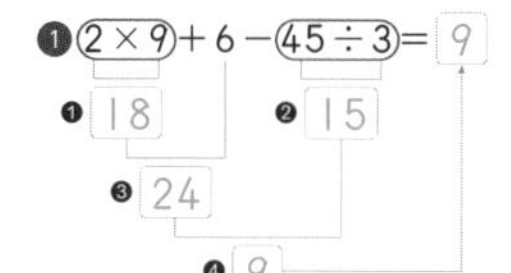

❶ (2×9)+6−(45÷3)=9
❶ 18 ❷ 15 ❸ 24 ❹ 9

❷ (84÷4)−(3×5)+27=33
❶ 21 ❷ 15 ❸ 6 ❹ 33

❸ 30−(64÷16)+(7×4)=54

❹ (56÷8)+46−(18×2)=17

계산 순서도 표시하면서 계산해요!

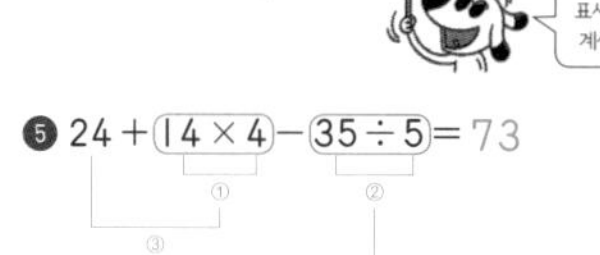

❺ 24+(14×4)−(35÷5)=73

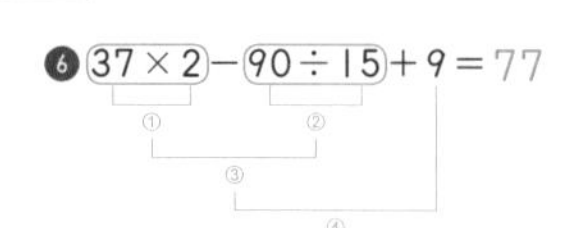

❻ (37×2)−(90÷15)+9=77

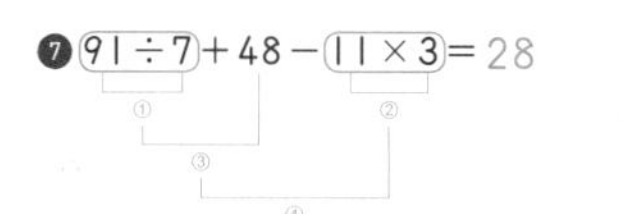

❼ (91÷7)+48−(11×3)=28

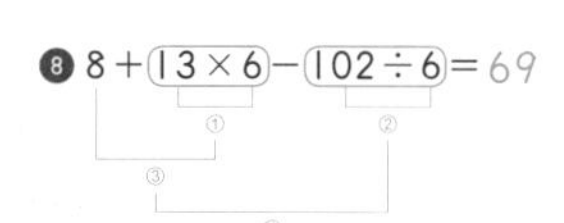

❽ 8+(13×6)−(102÷6)=69

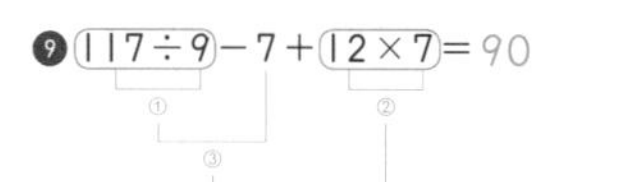

❾ (117÷9)−7+(12×7)=90

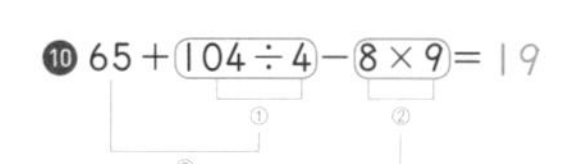

❿ 65+(104÷4)−(8×9)=19

C

곱셈, 나눗셈이 연달아 나오면 하나의 큰 묶음으로 생각하고
먼저 그 묶음 안을 앞에서부터 차례로 계산하면 돼요.

곱셈, 나눗셈 부분을 ◯로 묶고 계산하세요.

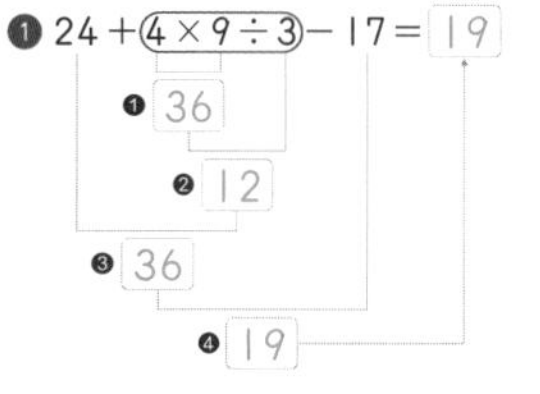

❶ 24+(4×9÷3)−17=19
❶ 36 ❷ 12 ❸ 36 ❹ 19

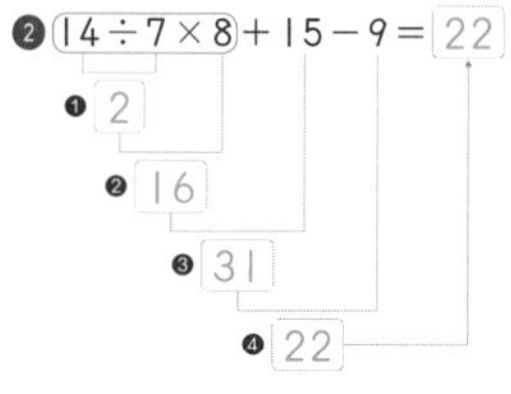

❷ (14÷7×8)+15−9=22
❶ 2 ❷ 16 ❸ 31 ❹ 22

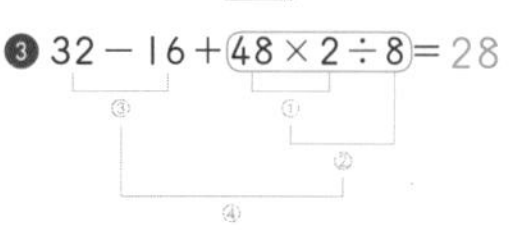

❸ 32−16+(48×2÷8)=28

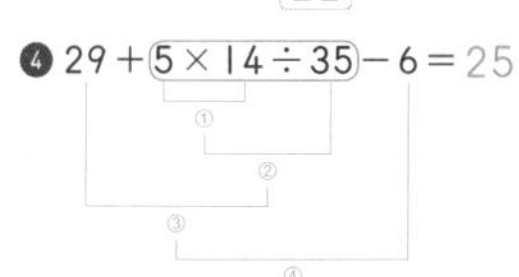

❹ 29+(5×14÷35)−6=25

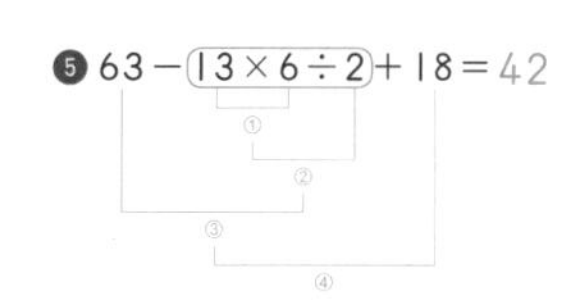

❺ 63−(13×6÷2)+18=42

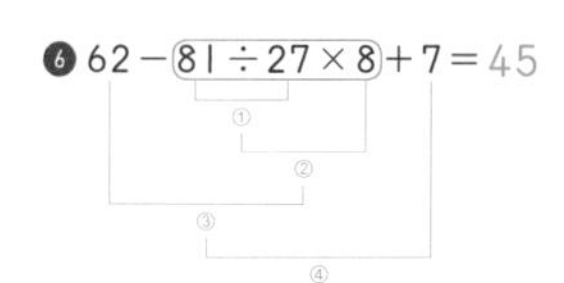

❻ 62−(81÷27×8)+7=45

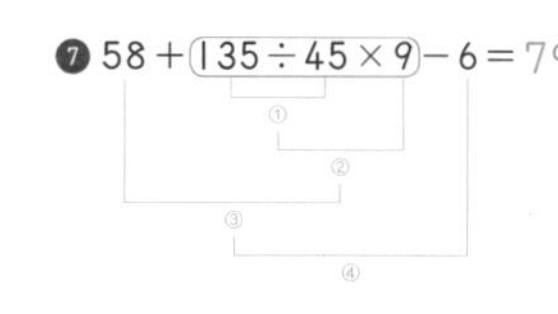

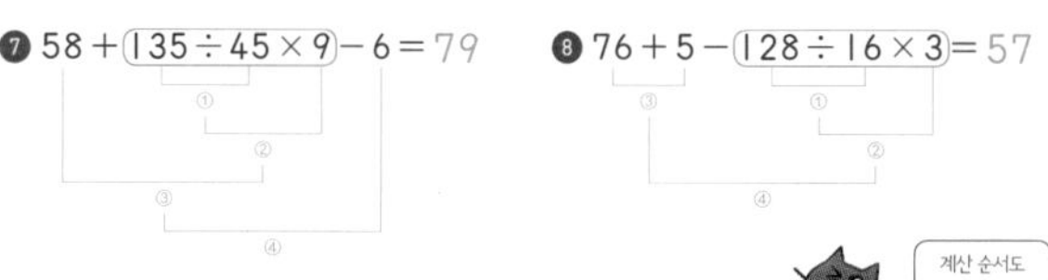

❼ 58+(135÷45×9)−6=79

❽ 76+5−(128÷16×3)=57

계산 순서도 표시하면서 계산하고 있죠?

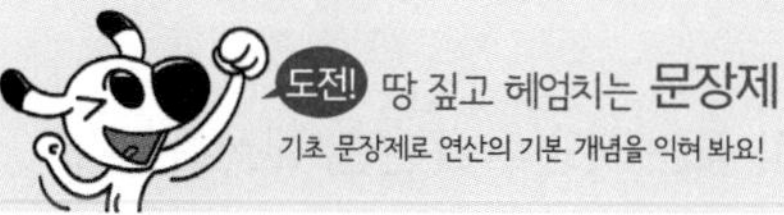

도전! 땅 짚고 헤엄치는 문장제
기초 문장제로 연산의 기본 개념을 익혀 봐요!

식을 읽은 문장을 완성하세요.

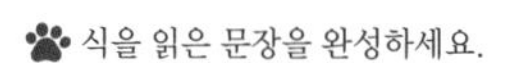

❶ 70÷2+8−7×4
➡ 70 을 2로 나눈 몫에 8을 더하고 7 의 4배인 수를 뺍니다.

❷ 10−3+6×5÷15
➡ 10과 3의 차에 6과 5 의 곱을 15 로 나눈 몫을 더합니다.

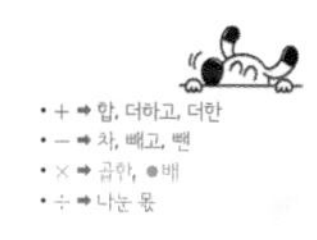

• + ➡ 합, 더하고, 더한
• − ➡ 차, 빼고, 뺀
• × ➡ 곱, ●배
• ÷ ➡ 나눈 몫

하나의 식으로 나타내고 계산하세요.

❸ 30을 6으로 나눈 몫에 9의 2배를 더하고 5를 뺀 수

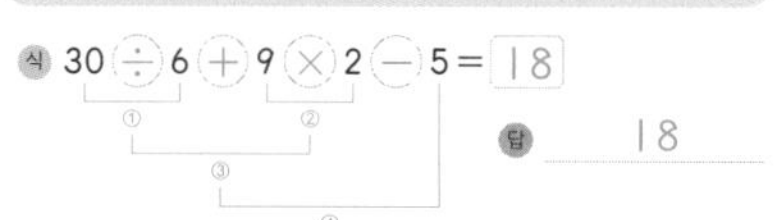

식 30÷6+9×2−5=18
답 18

문장을 /로 끊어 읽어 봐요.

❹ 8의 7배와 25의 합에서 20을 5로 나눈 몫을 뺀 수

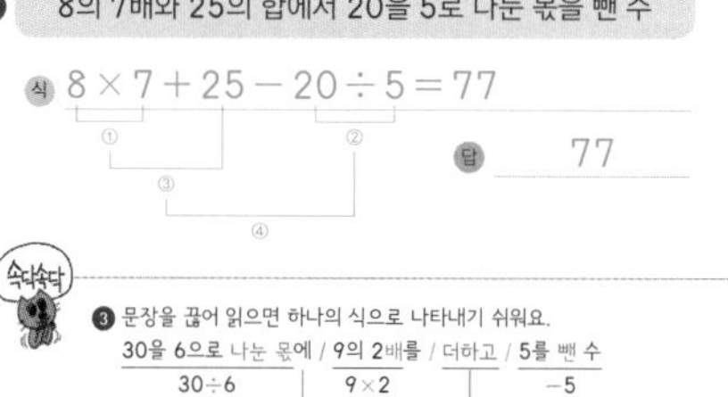

식 8×7+25−20÷5=77
답 77

속닥속닥
❸ 문장을 끊어 읽으면 하나의 식으로 나타내기 쉬워요.
30을 6으로 나눈 몫에 / 9의 2배를 / 더하고 / 5를 뺀 수
30÷6 / 9×2 / + / −5

섞어 연습하기
06 괄호가 없는 자연수의 혼합 계산 종합 문제

계산하세요.

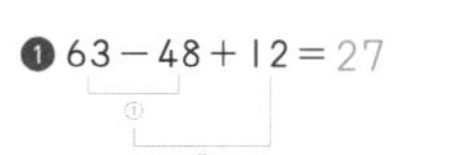

❶ 63−48+12=27

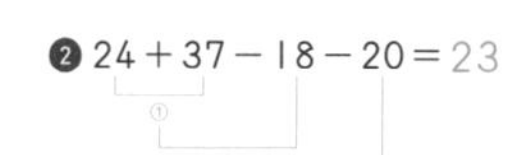

❷ 24+37−18−20=23

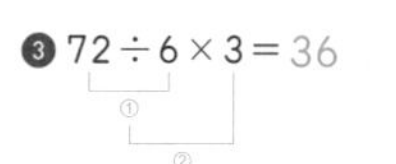

❸ 72÷6×3=36

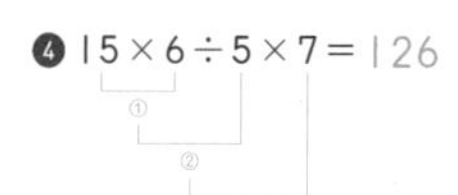

❹ 15×6÷5×7=126

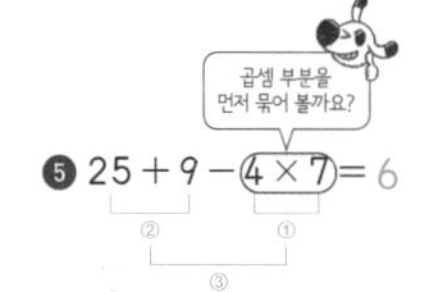
곱셈 부분을 먼저 묶어 볼까요?

❺ 25+9−(4×7)=6

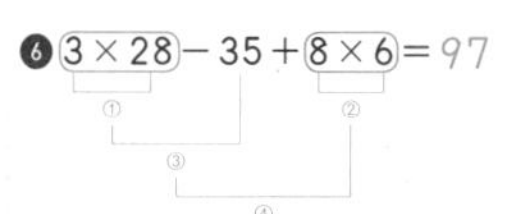

❻ (3×28)−35+(8×6)=97

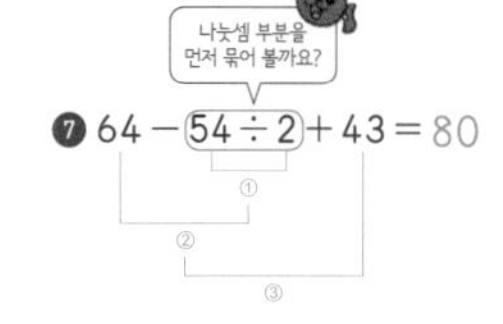
나눗셈 부분을 먼저 묶어 볼까요?

❼ 64−(54÷2)+43=80

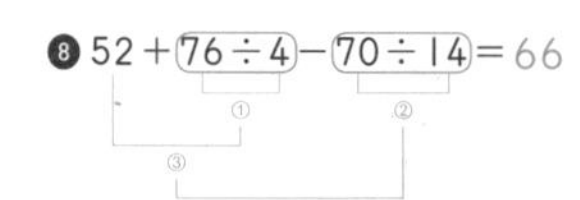

❽ 52+(76÷4)−(70÷14)=66

38~39쪽

계산하세요.

❶ 42 ÷ 3 − 4 × 2 + 9 = 15

❷ 9 × 9 + 10 − 45 ÷ 5 = 82

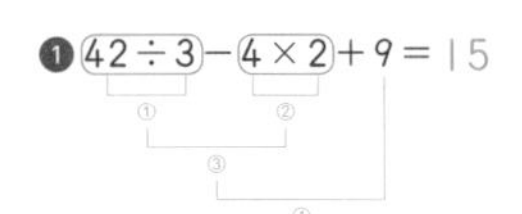

❸ 32 × 3 + 91 ÷ 7 − 40 = 69

❹ 25 − 84 ÷ 12 + 13 × 6 = 96

❺ 53 − 90 ÷ 6 + 4 × 7 = 66

❻ 5 × 19 + 9 − 78 ÷ 13 = 98

❼ 64 + 5 × 24 ÷ 15 − 38 = 34

❽ 74 − 5 + 96 ÷ 16 × 4 = 93

계산을 바르게 한 친구를 찾아 ○표 하세요.

❶

( )

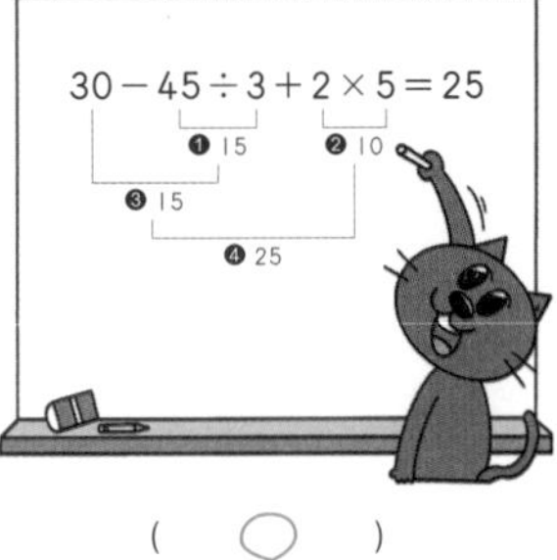

(○)

❷

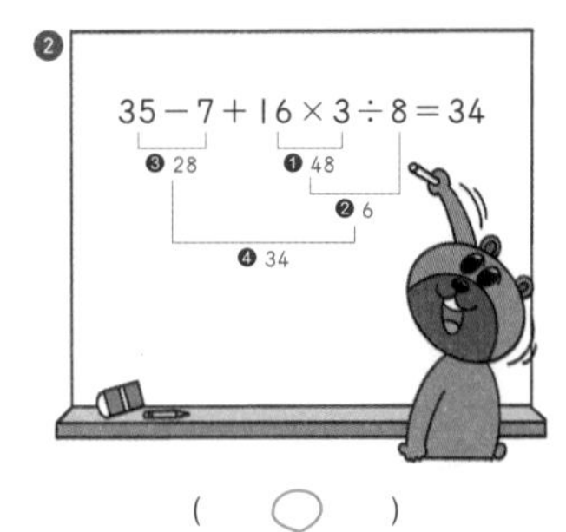

(○)

( )

40~41쪽

06

로켓에 적힌 식의 답을 구하면 도착하는 행성을 찾을 수 있습니다. 로켓이 도착할 행성을 찾아 선으로 이어 보세요.

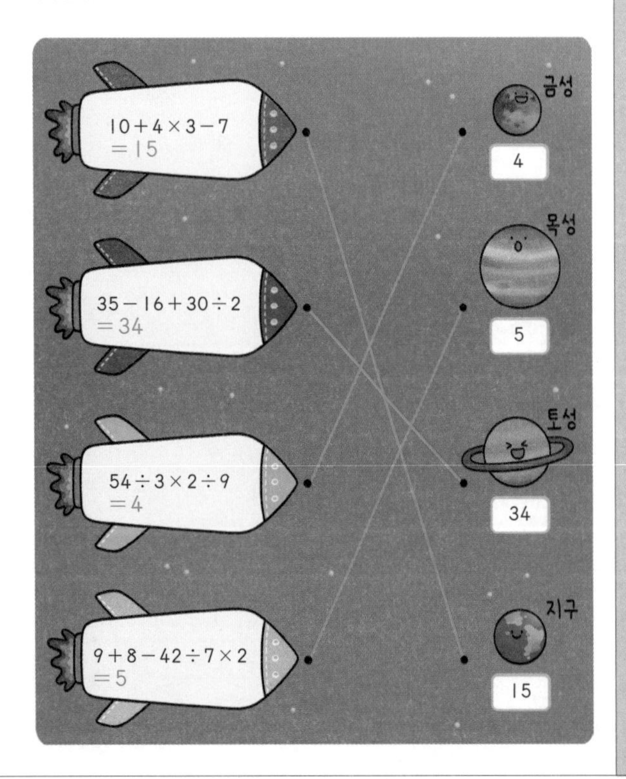

07 괄호가 없는 자연수의 혼합 계산 문장제

괄호가 없는 자연수의 혼합 계산 문장제

사탕 30개가 있습니다. 학생 6명에게 4개씩 나누어 주고 17개를 더 사 왔습니다. 지금 있는 사탕은 몇 개일까요?

1단계 문장을 /로 끊어 읽고 조건을 수와 연산 기호로 나타냅니다.

사탕 30개가 있습니다. / ➡ 30

학생 6명에게 4개씩 나누어 주고 / ➡ −6×4 (6×4)

17개를 더 사 왔습니다. / ➡ +17 (+17)

지금 있는 사탕은 몇 개일까요?

2단계 하나의 식으로 나타냅니다.

30 (−) 6 (×) 4 (+) 17

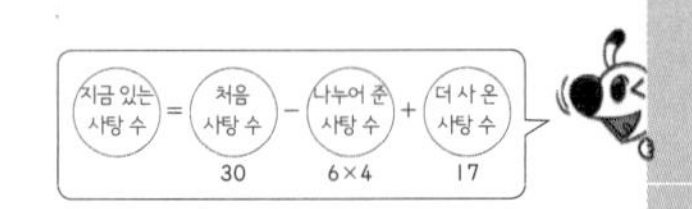

3단계 식을 순서에 맞게 계산하고 알맞은 단위를 붙여 답을 씁니다.

30 − 6 × 4 + 17 = 23

❶ 24 ❷ 6 ❸ 23

➡ 지금 있는 사탕 수: 23 개

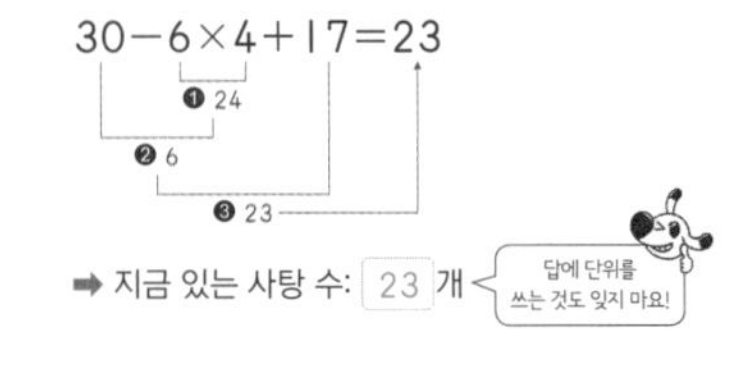

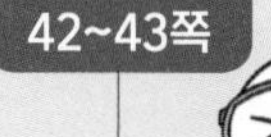
42~43쪽

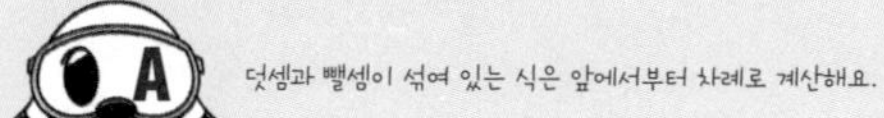
덧셈과 뺄셈이 섞여 있는 식은 앞에서부터 차례로 계산해요.

다음 문장을 읽고 하나의 식으로 나타내어 답을 구하세요.

❶ 지호는 초콜릿 26개 중에서 9개를 동생에게 주고, 15개를 더 샀습니다. 지호가 지금 가지고 있는 초콜릿은 몇 개일까요?

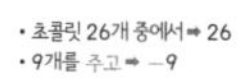

- 초콜릿 26개 중에서 ➡ 26
- 9개를 주고 ➡ −9
- 15개를 더 샀다 ➡ +15

식 $26 - 9 + 15 = 32$

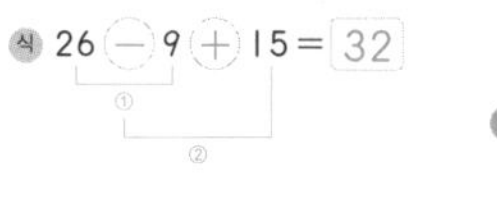

답 32 개

(단위를 꼭 써요!)

❷ 버스에 18명이 타고 있었는데 다음 정류장에서 5명이 더 탔고, 9명이 내렸습니다. 지금 버스에 타고 있는 사람은 몇 명일까요?

(탄 사람은 더하고, 내린 사람은 빼요!)

식 $18 + 5 - 9 = 14$

답 14명

❸ 우리 반은 남학생이 16명, 여학생이 15명입니다. 이 중에서 안경을 쓴 학생이 7명일 때 안경을 쓰지 않은 학생은 몇 명일까요?

('전체 학생 수'에서 '안경을 쓴 학생 수'를 빼면 '안경을 쓰지 않은 학생 수'가 나와요.)

식 $16 + 15 - 7 = 24$

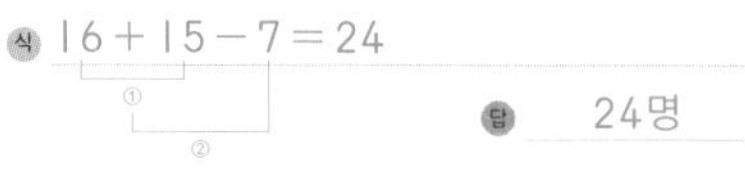

답 24명

B 곱셈과 나눗셈이 섞여 있는 식은 앞에서부터 차례로 계산해요.

다음 문장을 읽고 하나의 식으로 나타내어 답을 구하세요.

❶ 한 줄에 10개인 곶감 6줄을 5개의 바구니에 똑같이 나누어 담으려고 합니다. 한 바구니에 담을 수 있는 곶감은 몇 개일까요?

- 한 줄에 10개인 곶감 6줄 ➡ 10×6
- 5개의 바구니에 똑같이 나누어 담았다 ➡ ÷5

식 $10 \times 6 \div 5 = 12$

답 12 개

(단위를 꼭 써요!)

❷ 연필 1타는 12자루입니다. 연필 2타를 3명에게 똑같이 나누어 준다면 한 명에게 줄 수 있는 연필은 몇 자루일까요?

식 $12 \times 2 \div 3 = 8$

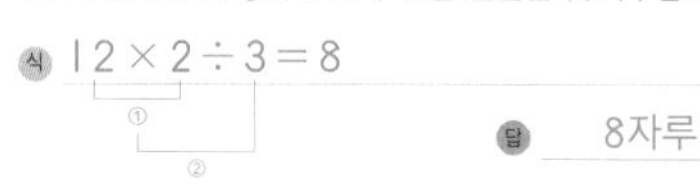

답 8자루

❸ 사과 72개를 6상자에 똑같이 나누어 담았습니다. 이 중 3상자에 담은 사과는 모두 몇 개일까요?

- 한 상자에 담은 사과 수 ➡ 72÷6 개

식 $72 \div 6 \times 3 = 36$

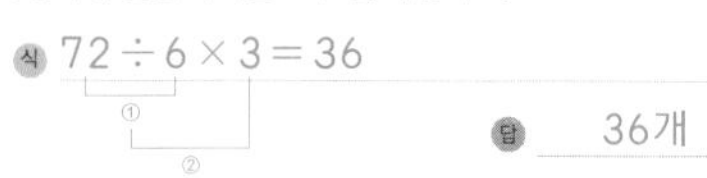

답 36개

44~45쪽

덧셈, 뺄셈, 곱셈이 섞여 있는 식은 곱셈 먼저!

다음 문장을 읽고 하나의 식으로 나타내어 답을 구하세요.

❶ 한 봉지에 14개씩 들어 있는 귤 6봉지가 있습니다. 그중에서 15개를 먹고 8개를 더 사 왔다면 지금 있는 귤은 몇 개일까요?

- 귤이 14개씩 6봉지 ➡ 14×6
- 그중에서 15개를 먹고 ➡ −15
- 8개를 더 사 왔다 ➡ +8

식 $14 \times 6 - 15 + 8 = 77$

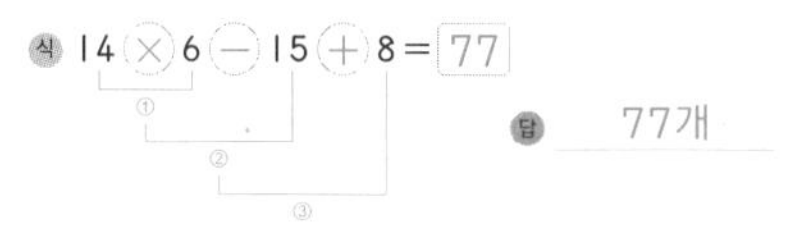

답 77개

(먹은 건 빼고 사 온 건 더해요!)

❷ 빨간색 딱지가 13개, 파란색 딱지가 19개 있습니다. 친구 6명이 4개씩 가져갔다면 남은 딱지는 몇 개일까요?

식 $13 + 19 - 6 \times 4 = 8$

답 8개

❸ 주머니에 구슬이 30개 들어 있습니다. 구슬을 3개씩 7번 덜어 냈다가 5개를 다시 넣었습니다. 지금 주머니에 들어 있는 구슬은 몇 개일까요?

식 $30 - 3 \times 7 + 5 = 14$

답 14개

D 덧셈, 뺄셈, 나눗셈이 섞여 있는 식은 나눗셈 먼저!
덧셈, 뺄셈, 곱셈, 나눗셈이 섞여 있는 식은 곱셈과 나눗셈 먼저 앞에서부터 차례로 계산해요.

다음 문장을 읽고 하나의 식으로 나타내어 답을 구하세요.

❶ 감 80개를 5상자에 똑같이 나누어 담았습니다. 첫 번째 상자에서 감 8개를 꺼냈다가 3개를 다시 넣었습니다. 첫 번째 상자에 들어 있는 감은 모두 몇 개일까요?

- 감 80개를 5상자에 똑같이 나누어 담았다 ➡ 80÷5
- 8개를 꺼냈다 ➡ −8
- 3개를 다시 넣었다 ➡ +3

식 $80 \div 5 - 8 + 3 = 11$

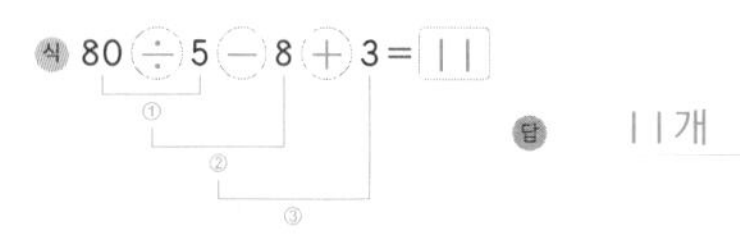

답 11개

❷ 색종이 64장을 4모둠이 똑같이 나누어 가졌습니다. 그중 진우네 모둠에서는 색종이를 7장 쓰고 선생님께 4장을 더 받았습니다. 지금 진우네 모둠이 가지고 있는 색종이는 몇 장일까요?

(쓴 건 빼고 받은 건 더해요!)

식 $64 \div 4 - 7 + 4 = 13$

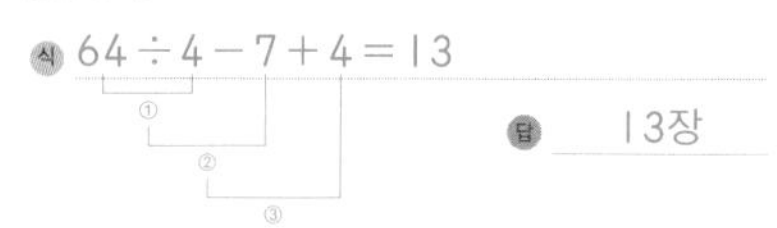

답 13장

❸ 붙임딱지 48장을 8모둠이 똑같이 나누어 가졌습니다. 예인이네 모둠이 붙임딱지를 3장씩 2묶음 더 받고 그중 10장을 썼습니다. 지금 예인이네 모둠이 가지고 있는 붙임딱지는 몇 장일까요?

식 $48 \div 8 + 3 \times 2 - 10 = 2$

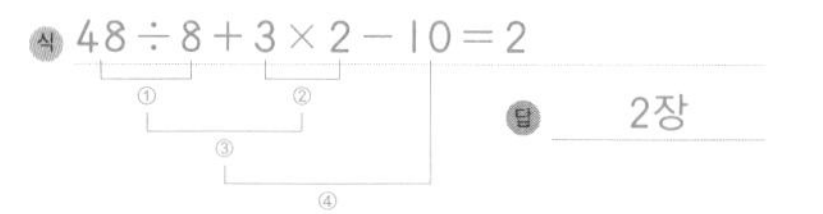

답 2장

첫째 마당까지 다 풀다니~ 정말 멋져요!

바빠 혼합 계산
08

( ) 안을 가장 먼저! 덧셈과 뺄셈은 앞에서부터

48~49쪽

덧셈과 뺄셈이 섞여 있고 (괄호)가 있는 식은 ( ) 안을 가장 먼저 계산합니다.

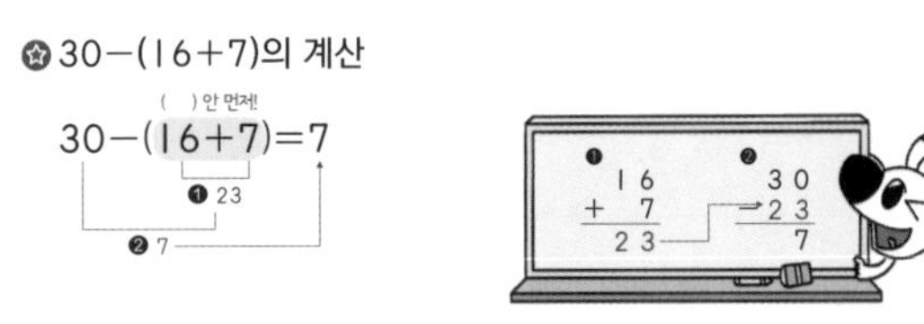

30−(16+7)의 계산

( ) 안 먼저!

30−(16+7)=7

❶ 23 ❷ 7

( ) 안 먼저 계산!

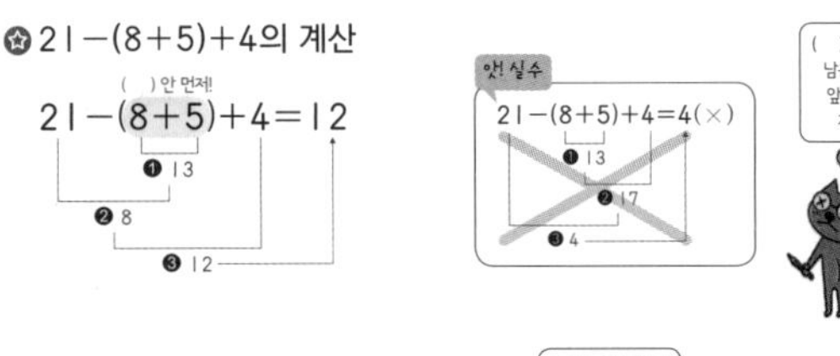

21−(8+5)+4의 계산

( ) 안 먼저!

21−(8+5)+4=12

❶ 13 ❷ 8 ❸ 12

앗! 실수
21−(8+5)+4=4(×)
( ) 안을 계산한 다음 남은 덧셈과 뺄셈은 앞에서부터 차례로 계산해야 돼요.

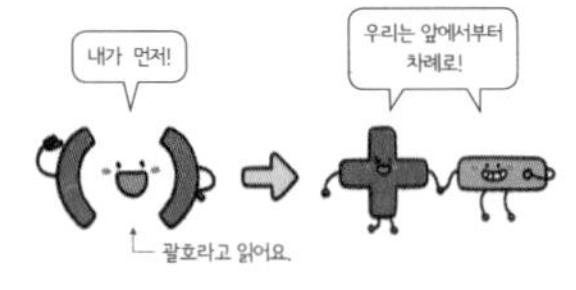

내가 먼저!
우리는 앞에서부터 차례로!
괄호라고 읽어요.

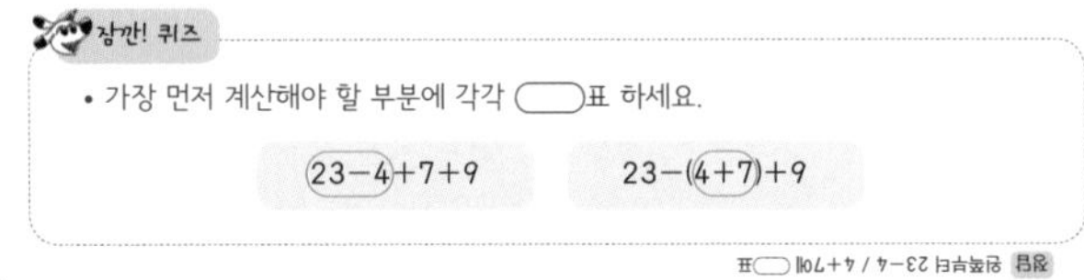

잠깐! 퀴즈

• 가장 먼저 계산해야 할 부분에 각각 ◯표 하세요.

(23−4)+7+9 23−(4+7)+9

정답 23−4 / 4+7에 ◯표

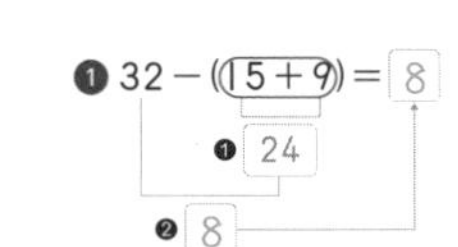

A
덧셈과 뺄셈이 섞여 있는 식이라고 무조건 앞에서부터 계산하면 안 돼요.
( )가 있으면 ( ) 안의 계산이 가장 먼저예요!
( ) 안을 한 덩어리로 생각하고 묶은 다음 가장 먼저 계산해요!
32−(15+9)

( ) 안을 ◯로 묶고 계산하세요.

❶ 32−(15+9)=8 (❶ 24, ❷ 8)

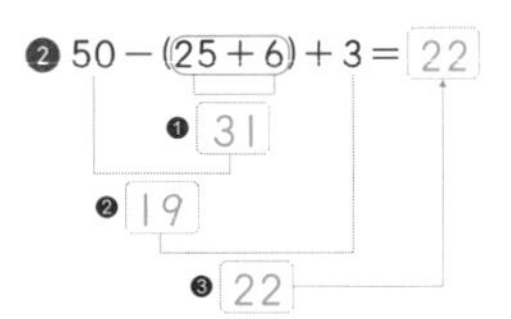

❷ 50−(25+6)+3=22 (❶ 31, ❷ 19, ❸ 22)

❸ 23+37−(18+15)=27 (❶ 33, ❷ 60, ❸ 27)

❹ 65−(23+14)=28

❺ 70−(54−30)+38=84

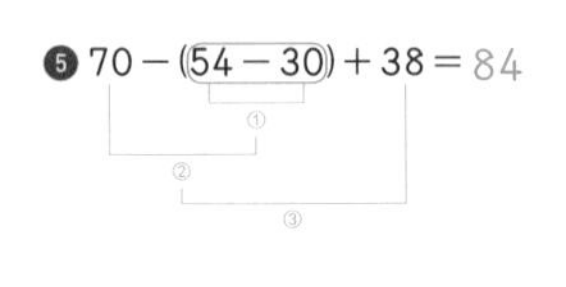

계산 순서도 표시하면서 계산해요!

❻ 36+28−(90−45)=19

❼ 74−(25+17)−19=13

❽ 69−(72−55)+38=90

❾ 95−14−(49+16)=16

50~51쪽

B
계산 순서를 표시하지 않고 암산하면 실수하기 쉬워요.
자신이 있더라도 계산 순서를 표시하는 습관이 중요해요!

( ) 안을 ◯로 묶고 계산하세요.

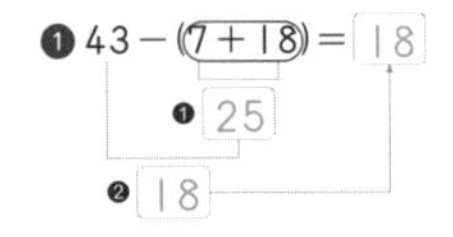
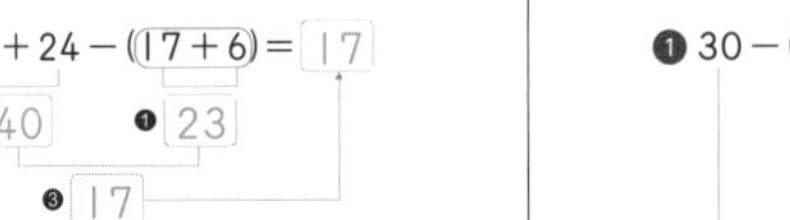

❶ 43−(7+18)=18 (❶ 25, ❷ 18)

❷ 16+24−(17+6)=17 (❶ 23, ❷ 40, ❸ 17)

❸ 53−(8+26)+3=22

❹ 13+37−(30−19)=39

계산 순서도 표시하면서 계산해요!

❺ 52−(32−4)+8=32

❻ 8+56−(45−27)=46

❼ 61−(9+13)+16=55

❽ 25+57−(29+28)=25

❾ 90−18−(47+16)=9

❿ 102−(18+37)−9=38

C
( )를 하나의 큰 수이니라고 생각하고
( ) 안의 혼합 계산 먼저 차근차근하면 돼요.

( ) 안을 ◯로 묶고 계산하세요.

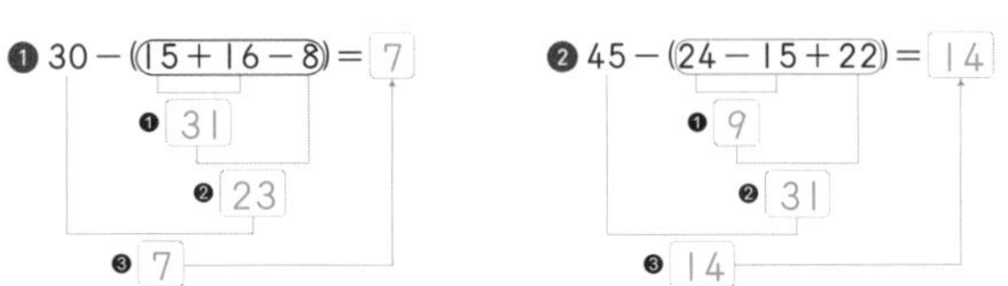

❶ 30−(15+16−8)=7 (❶ 31, ❷ 23, ❸ 7)

❷ 45−(24−15+22)=14 (❶ 9, ❷ 31, ❸ 14)

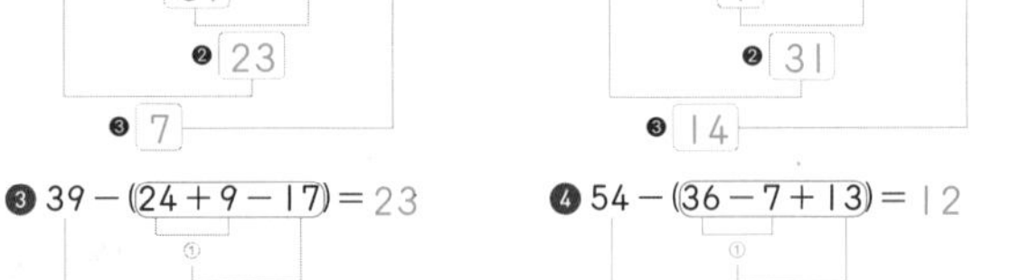

❸ 39−(24+9−17)=23

❹ 54−(36−7+13)=12

❺ 70−(48−12+25)=9

❻ 63−(18+23−16)=38

❼ 81−(52−34+8)=55

❽ 92−(46+29−37)=54

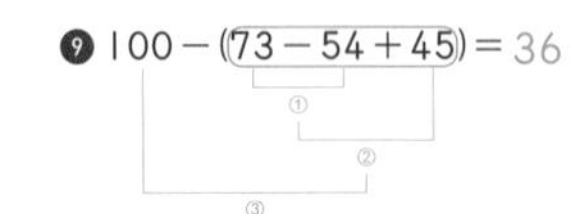

❾ 100−(73−54+45)=36

( ) 안을 덩어리로 묶으면 간단한 뺄셈식이 돼요.
'덩어리 계산법'을 기억해요!

52~53쪽

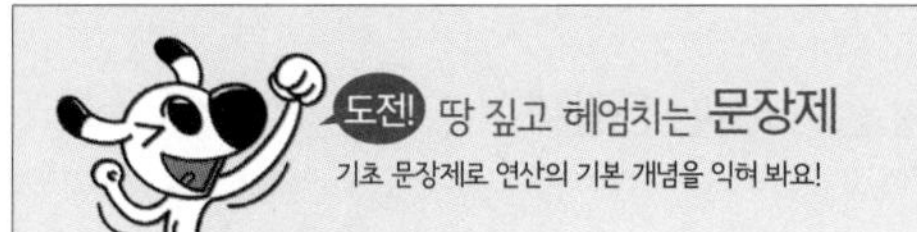

도전! 땅 짚고 헤엄치는 문장제

기초 문장제로 연산의 기본 개념을 익혀 봐요!

식을 읽은 문장을 완성하세요.

❶ 36－(14＋15)

➡ 36 에서 14와 15 의 합을 뺍니다.

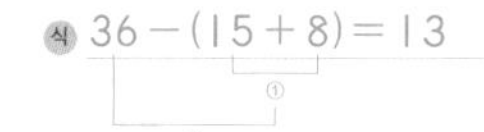

❷ 25＋9－(22－3)

➡ 25에 9 를 더하고 22 와 3의 차를 뺍니다.

밑줄 친 부분을 ( ) 안에 넣어 하나의 식으로 나타내고 계산하세요.

❸ 36에서 15와 8의 합을 뺀 수

식 36－(15＋8)＝13　답 13

❹ 50에서 24와 6의 차를 빼고 3을 더한 수

식 50－(24－6)＋3＝35　답 35

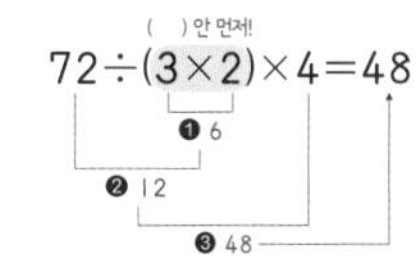

• ＋ ➡ 합, 더하고, 더한
• － ➡ 차, 빼고, 뺀

36에서 빼야 하는 부분은 '15와 8의 합'이에요. 밑줄 친 부분을 한 덩어리로 생각하고 ( )로 묶어요.

속닥속닥

❸ 문장을 끊어 읽으면 하나의 식으로 나타내기 쉬워요.
36에서 / 15와 8의 합을 / 뺀 수
36 (15＋8) －

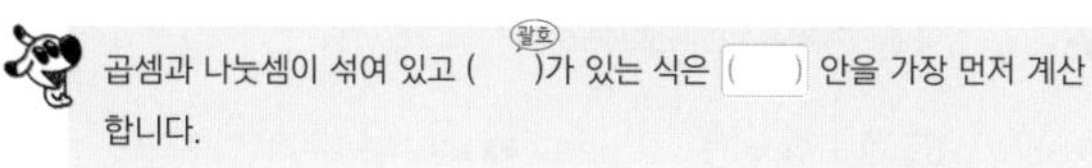

09 ( ) 안을 가장 먼저! 곱셈과 나눗셈은 앞에서부터

곱셈과 나눗셈이 섞여 있고 (괄호)가 있는 식은 ( ) 안을 가장 먼저 계산합니다.

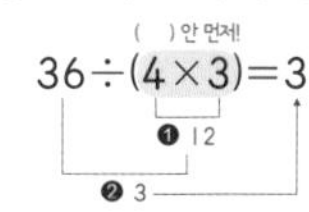

36÷(4×3)의 계산

36÷(4×3)＝3 (( ) 안 먼저! ❶ 12 ❷ 3)

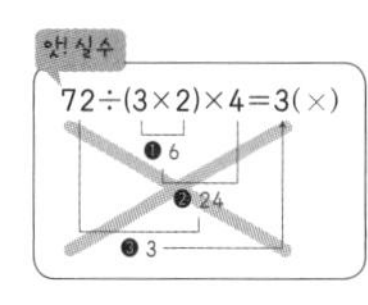

( ) 안 먼저 계산!

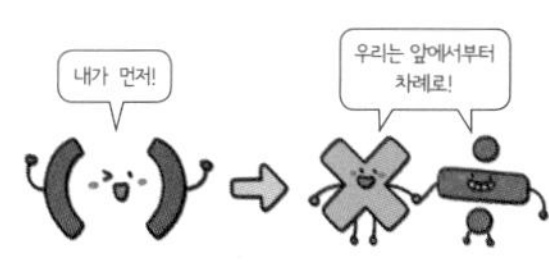

72÷(3×2)×4의 계산

72÷(3×2)×4＝48 (( ) 안 먼저! ❶ 6 ❷ 12 ❸ 48)

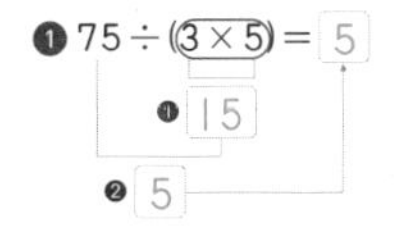

앗! 실수
72÷(3×2)×4＝3(×)

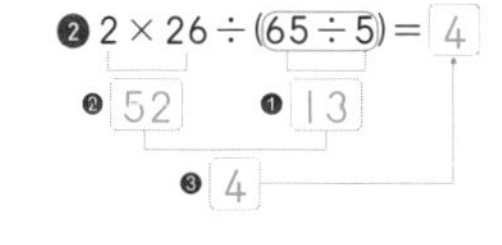

( ) 안을 계산한 다음 남은 곱셈과 나눗셈은 앞에서부터 차례로 계산해야 돼요.
내가 먼저!
우리는 앞에서부터 차례로!

잠깐! 퀴즈

• 가장 먼저 계산해야 할 부분에 각각 ◯표 하세요.

48÷2×8×5　　48÷(2×8)×5

정답 48÷2 / 2×8에 ◯표

54~55쪽

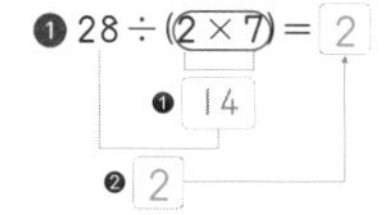

A

곱셈과 나눗셈이 섞여 있는 식이라고 무조건 앞에서부터 계산하면 안 돼요. ( )가 있으면 ( ) 안이 가장 먼저예요!

( ) 안을 ◯로 묶고 계산하세요.

❶ 28÷(2×7)＝2 (❶ 14 ❷ 2)

( ) 안을 한 덩어리로 생각하고 묶은 다음 가장 먼저 계산해요!
28÷(2×7)

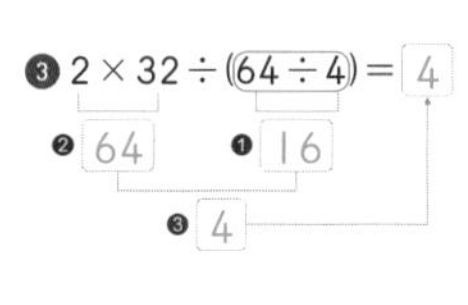

❷ 60÷(4×3)×5＝25 (❶ 12 ❷ 5 ❸ 25)

❸ 2×32÷(64÷4)＝4 (❶ 16 ❷ 64 ❸ 4)

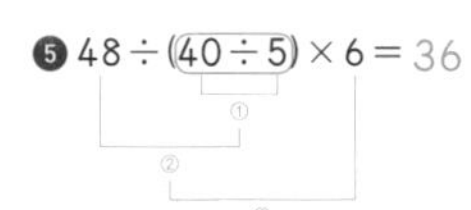

❹ 72÷(6×4)＝3

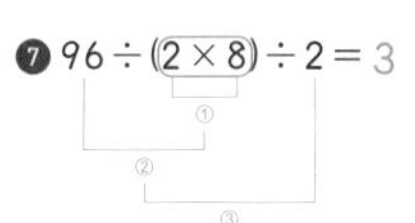

계산 순서도 표시하면서 계산해요!

❺ 48÷(40÷5)×6＝36

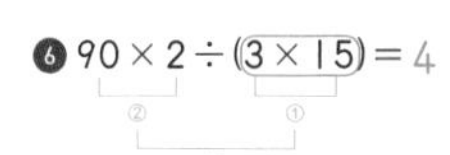

❻ 90×2÷(3×15)＝4

❼ 96÷(2×8)÷2＝3

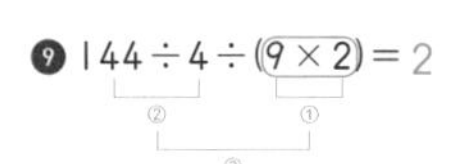

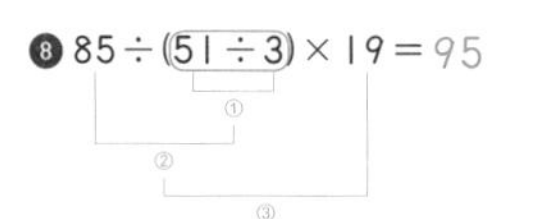

❽ 85÷(51÷3)×19＝95

❾ 144÷4÷(9×2)＝2

계산 순서를 표시하지 않고 암산하면 실수하기 쉬워요. 자신이 있더라도 계산 순서를 표시하는 습관이 중요해요!

( ) 안을 ◯로 묶고 계산하세요.

❶ 75÷(3×5)＝5 (❶ 15 ❷ 5)

❷ 2×26÷(65÷5)＝4 (❶ 13 ❷ 52 ❸ 4)

❸ 56÷(7×2)×12＝48

❹ 14×6÷(3×4)＝7

계산 순서도 표시하면서 계산해요!

❺ 42÷(30÷5)×8＝56

❻ 49×2÷(42÷3)＝7

❼ 84÷(4×7)×16＝48

❽ 108÷9÷(3×2)＝2

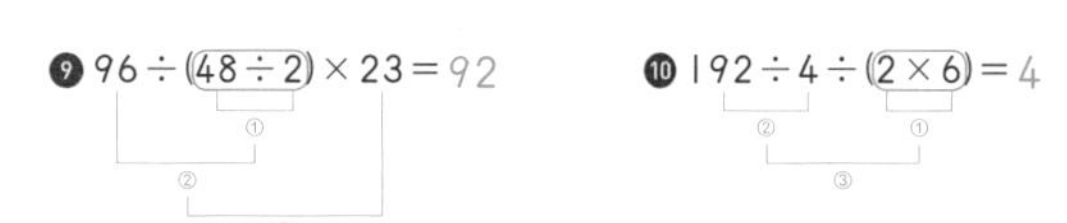

❾ 96÷(48÷2)×23＝92

❿ 192÷4÷(2×6)＝4

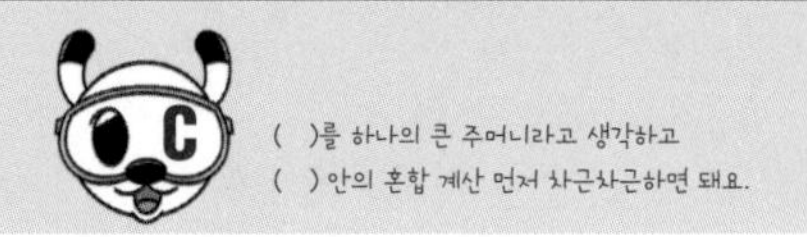
( )를 하나의 큰 주머니라고 생각하고
( ) 안의 혼합 계산 먼저 차근차근하면 돼요.

( ) 안을 ◯로 묶고 계산하세요.

❶ 35 ÷ (15 × 3 ÷ 9) = 7 — ❶ 45 ❷ 5 ❸ 7

❷ 48 ÷ (54 ÷ 9 × 4) = 2 — ❶ 6 ❷ 24 ❸ 2

❸ 78 ÷ (13 × 6 ÷ 3) = 3

❹ 90 ÷ (65 ÷ 13 × 3) = 6

❺ 70 ÷ (28 × 2 ÷ 4) = 5

❻ 96 ÷ (32 ÷ 8 × 3) = 8

❼ 108 ÷ (72 × 2 ÷ 8) = 6

❽ 140 ÷ (75 ÷ 15 × 7) = 4

❾ 104 ÷ (56 × 3 ÷ 21) = 13

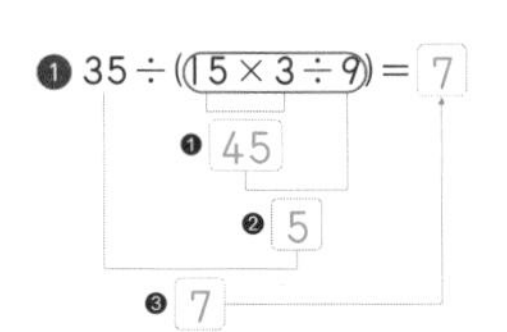
( ) 안을 덩어리로 묶으면 간단한 나눗셈식이 돼요. '덩어리 계산법'을 기억해요!

도전! 땅 짚고 헤엄치는 문장제

기초 문장제로 연산의 기본 개념을 익혀 봐요!

식을 읽은 문장을 완성하세요.

❶ 72 ÷ (6 × 4)

➡ 72를 6과 4의 곱으로 나눕니다.

❷ 14 × 3 ÷ (2 × 7)

➡ 14의 3배인 수를 2와 7의 곱으로 나눕니다.

• × ➡ 곱한, ●배
• ÷ ➡ 나눈 몫

밑줄 친 부분을 ( ) 안에 넣어 하나의 식으로 나타내고 계산하세요.

❸ 54를 3과 6의 곱으로 나눈 몫

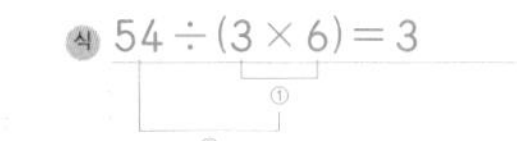

식 54 ÷ (3 × 6) = 3 답 3

54를 나누어야 하는 부분은 '3과 6의 곱'이에요. 밑줄 친 부분을 한 덩어리로 생각하고 ( )로 묶어요.

❹ 72를 4의 3배로 나눈 몫에 8을 곱한 수

식 72 ÷ (4 × 3) × 8 = 48 답 48

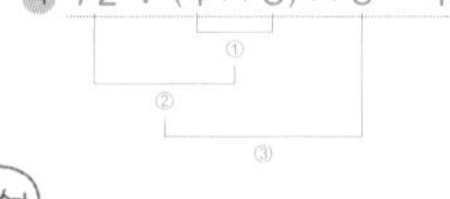
속닥속닥

❸ 문장을 끊어 읽으면 하나의 식으로 나타내기 쉬워요.
54를 3과 6의 곱으로 / 나눈 몫
54 (3 × 6) ÷

10 ( ) 안을 가장 먼저! 곱셈은 덧셈, 뺄셈보다 먼저!

바빠 혼합 계산

덧셈, 뺄셈, 곱셈이 섞여 있고 ( )가 있는 식은
( ) 안 ➡ 곱셈 ➡ 덧셈, 뺄셈 순서로 계산합니다.

✪ 3×(14+7)−9의 계산

( ) 안 먼저!
3×(14+7)−9=54 — ❶ 21 ❷ 63 ❸ 54

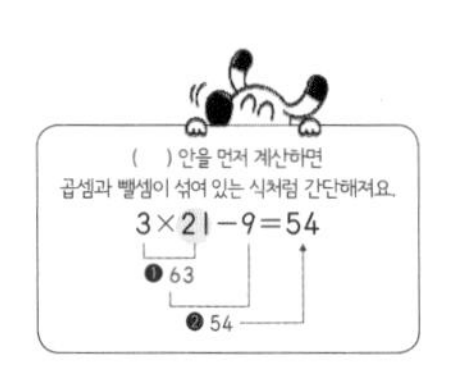
( ) 안을 먼저 계산하면
곱셈과 뺄셈이 섞여 있는 식처럼 간단해져요.
3×21−9=54
❶ 63
❷ 54

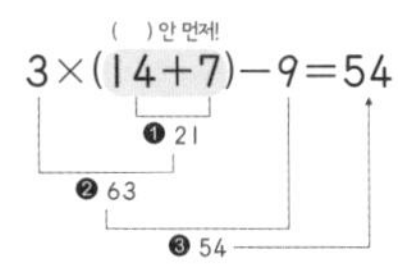

✪ 6+2×(15−8)의 계산

( ) 안 먼저!
6+2×(15−8)=20 — ❶ 7 ❷ 14 ❸ 20

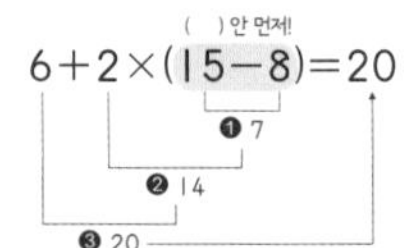

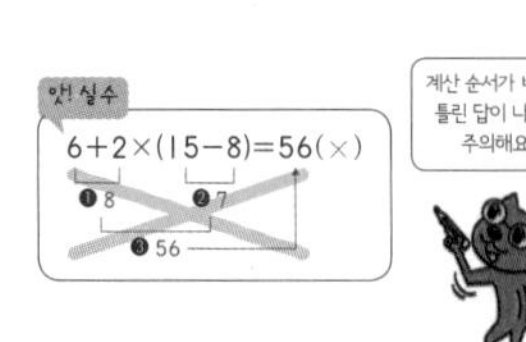
앗! 실수
6+2×(15−8)=56(×)
❶ 8 ❷ 7 ❸ 56
계산 순서가 바뀌면 틀린 답이 나오니 주의해요!

( ) ⇨ × ⇨ +, −

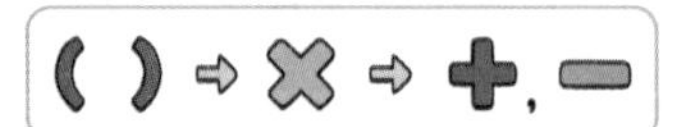

잠깐! 퀴즈

• 가장 먼저 계산해야 할 부분에 각각 ◯표 하세요.

84−3×8+14　　84−3×(8+14)

정답: 84−3×8+14에 3×8 / 8+14에 ◯표

덧셈, 뺄셈, 곱셈이 섞여 있는 식이라고 무조건 곱셈 먼저 계산하면 안 돼요.
( )가 있으면 ( ) 안이 가장 먼저예요!

( ) 안을 ◯로 묶고 계산하세요.

❶ 4 × (12 − 8) + 5 = 21 — ❶ 4 ❷ 16 ❸ 21

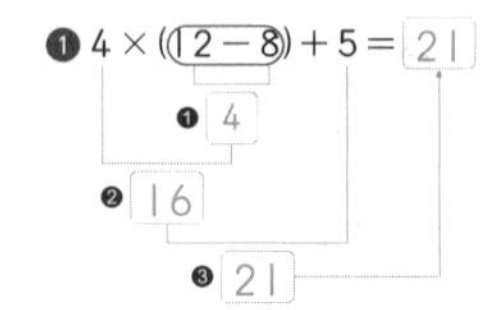

( ) 안을 묶은 다음 가장 먼저 계산해요.

❷ (5 + 14) × 3 − 27 = 30 — ❶ 19 ❷ 57 ❸ 30

❸ 50 − 2 × (6 + 17) = 4 — ❶ 23 ❷ 46 ❸ 4

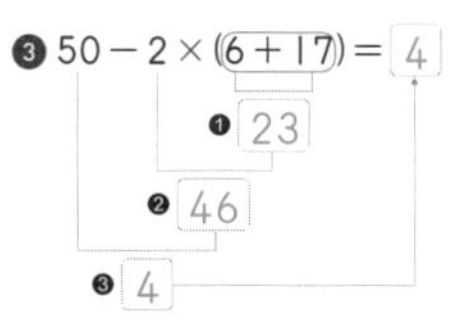

❹ 2 × (31 + 9) − 65 = 15

❺ 11 × 4 − (9 + 6) = 29

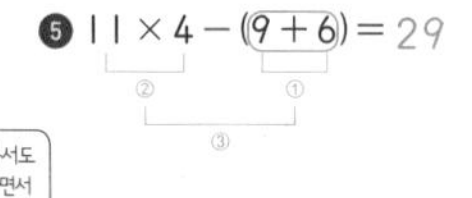
계산 순서도 표시하면서 계산해요!

❻ 25 + 7 × (36 − 28) = 81

❼ (72 − 65) × 6 + 18 = 60

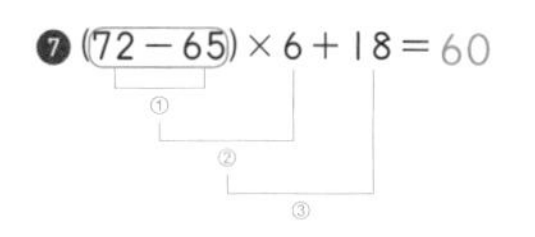

❽ 14 × (41 − 35) + 5 = 89

❾ 100 − (19 + 8) × 3 = 19

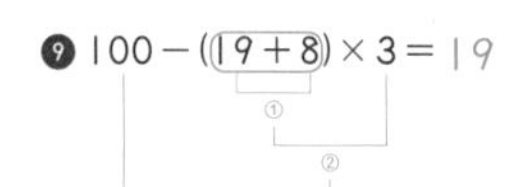

60~61쪽

B 덧셈이나 뺄셈일지라도 ( )로 묶여 있으면 가장 먼저 계산해요.

🐾 ( ) 안을 ⬭로 묶고 계산하세요.

❶ $(13-6)\times5+7=42$ ① 7 ② 35 ③ 42

❷ $28\times3-(9+15)=60$ ① 24 ② 84 ③ 60

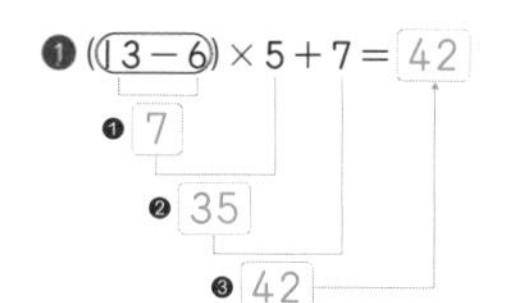

❸ $45-2\times(6+12)=9$

❹ $4\times(5+8)-36=16$

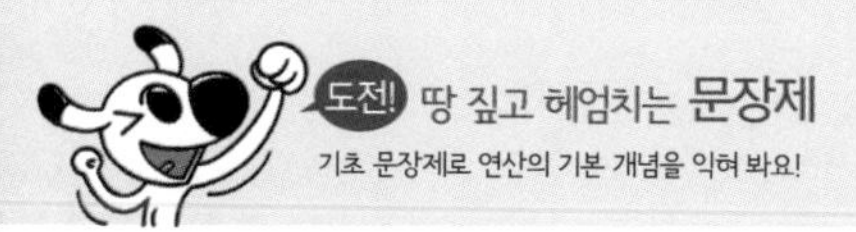

❺ $25\times2-(28+14)=8$

❻ $18+(12-7)\times13=83$

❼ $(14+9)\times4-56=36$

❽ $82-3\times(17+8)=7$

❾ $12+6\times(21-3)=120$

❿ $110-(9+7)\times6=14$

C ( )를 하나의 큰 주머니라고 생각하고 ( ) 안의 혼합 계산 먼저 차근차근하면 돼요.

🐾 ( ) 안을 ⬭로 묶고 계산하세요.

❶ $21-(3\times4+5)=4$ ① 12 ② 17 ③ 4

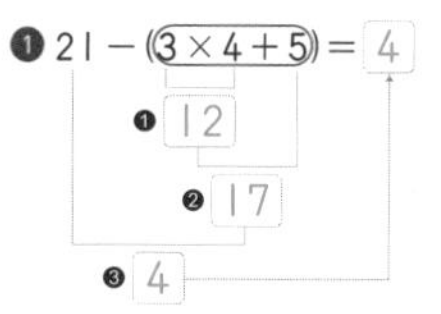

❷ $(8+13-6)\times4=60$ ① 21 ② 15 ③ 60

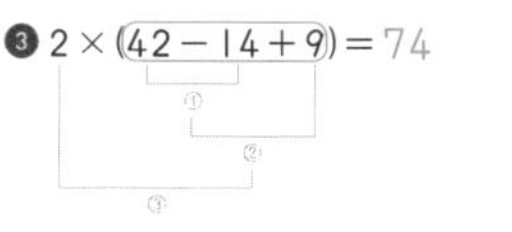

❸ $2\times(42-14+9)=74$

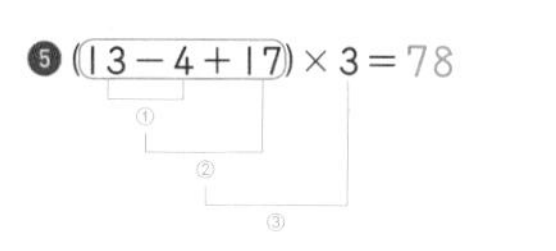

❹ $80-(28+12\times3)=16$

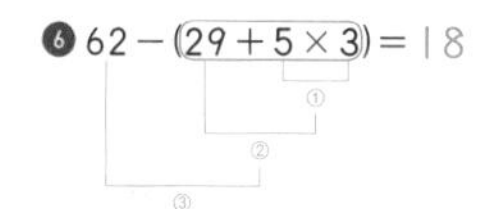

❺ $(13-4+17)\times3=78$

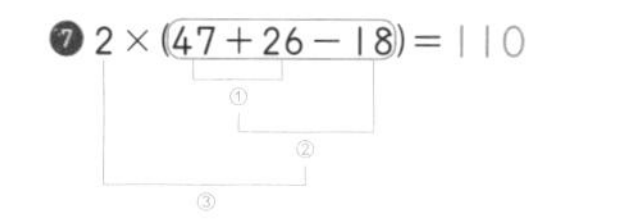

❻ $62-(29+5\times3)=18$

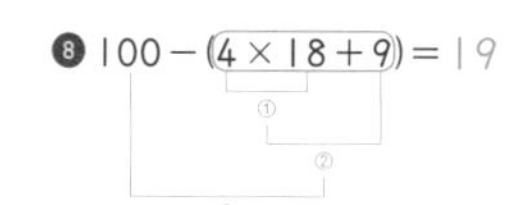

❼ $2\times(47+26-18)=110$

❽ $100-(4\times18+9)=19$

❾ $180-(92+14\times6)=4$

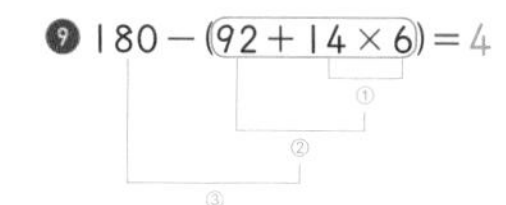

62~63쪽

도전! 땅 짚고 헤엄치는 문장제

기초 문장제로 연산의 기본 개념을 익혀 봐요!

🐾 식을 읽은 문장을 완성하세요.

❶ $7\times(10-8)+2$

➡ 7에 10과 8 의 차를 곱하고 2 를 더합니다.

❷ $(9+5)\times6-20$

➡ 9 와 5의 합에 6 을 곱하고 20을 뺍니다.

• + ➡ 합, 더하고, 더한
• − ➡ 차, 빼고, 뺀
• × ➡ 곱하 ●배

🐾 밑줄 친 부분을 ( ) 안에 넣어 하나의 식으로 나타내고 계산하세요.

❸ 12와 3의 차에 4를 곱하고 7을 더한 수

식 $(12-3)\times4+7=43$

답 43

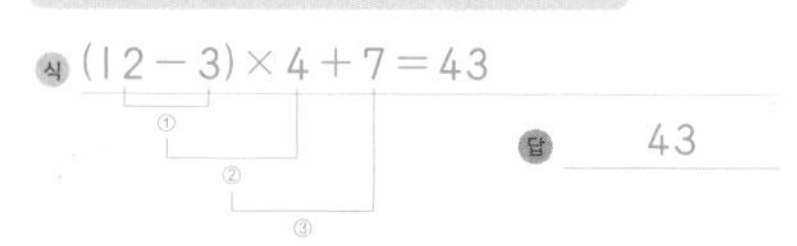

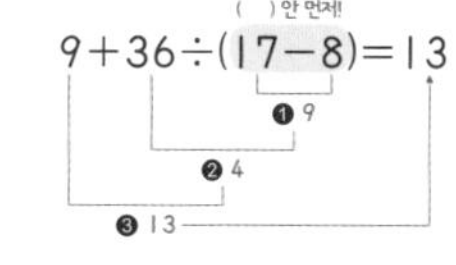

❹ 5에 7과 6의 합을 곱하고 28을 뺀 수

식 $5\times(7+6)-28=37$

답 37

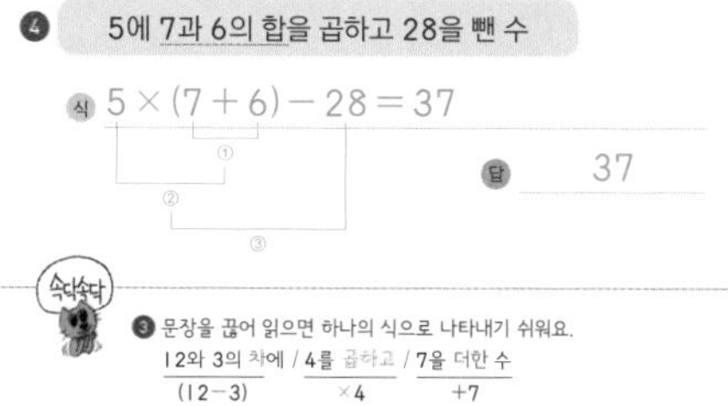

❸ 문장을 끊어 읽으면 하나의 식으로 나타내기 쉬워요.
12와 3의 차에 / 4를 곱하고 / 7을 더한 수
(12−3) / ×4 / +7

11 ( ) 안을 가장 먼저! 나눗셈은 덧셈, 뺄셈보다 먼저!

덧셈, 뺄셈, 나눗셈이 섞여 있고 ( )가 있는 식은
( ) 안 ➡ 나눗셈 ➡ 덧셈, 뺄셈 순서로 계산합니다.

✪ 65÷(4+9)−3의 계산

( ) 안 먼저!
$65\div(4+9)-3=2$ ① 13 ② 5 ③ 2

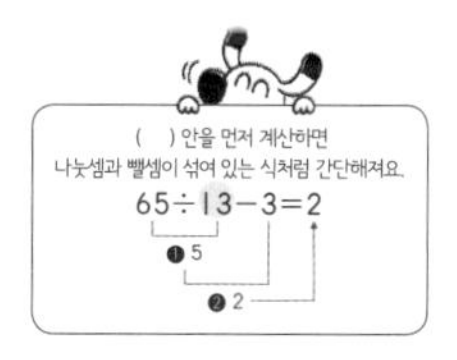

( ) 안을 먼저 계산하면
나눗셈과 뺄셈이 섞여 있는 식처럼 간단해져요.
65÷13−3=2
① 5
② 2

✪ 9+36÷(17−8)의 계산

( ) 안 먼저!
$9+36\div(17-8)=13$ ① 9 ② 4 ③ 13

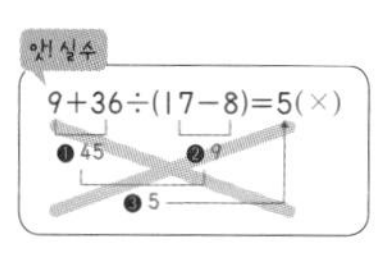

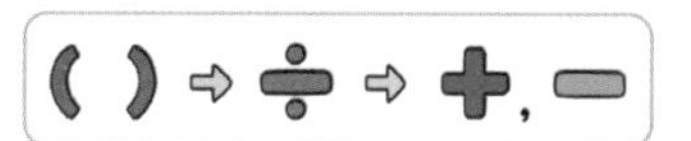

잠깐! 퀴즈

• 가장 먼저 계산해야 할 부분에 각각 ⬭표 하세요.

36÷12−3+5 36÷(12−3)+5

정답 왼쪽부터 36÷12 / 12−3에 ⬭표

64~65쪽

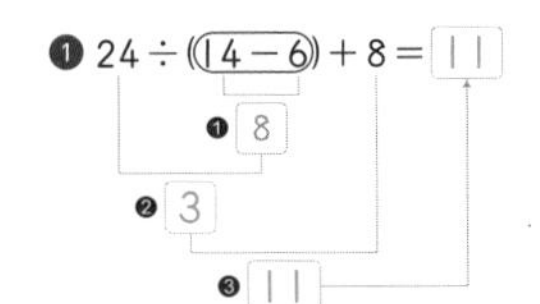

덧셈, 뺄셈, 나눗셈이 섞여 있는 식이라고 무조건 나눗셈 먼저 계산하면 안 돼요.
( )가 있으면 ( ) 안이 가장 먼저예요!

( ) 안을 ⬭로 묶고 계산하세요.

❶ 24 ÷ (14 − 6) + 8 = 11 (① 8, ② 3, ③ 11)

( ) 안을 묶은 다음 가장 먼저 계산해요.

❷ (38 + 7) ÷ 5 − 3 = 6 (① 45, ② 9, ③ 6)

❸ 20 − 36 ÷ (4 + 8) = 17 (① 12, ② 3, ③ 17)

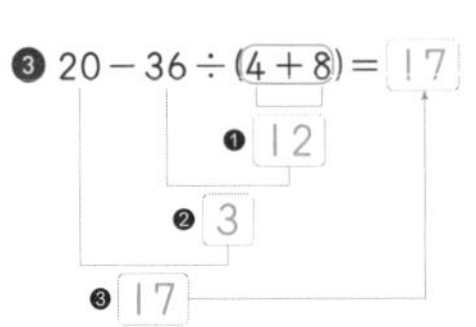

❹ 48 ÷ (26 − 18) + 9 = 15

❺ 16 + 75 ÷ (24 − 9) = 21

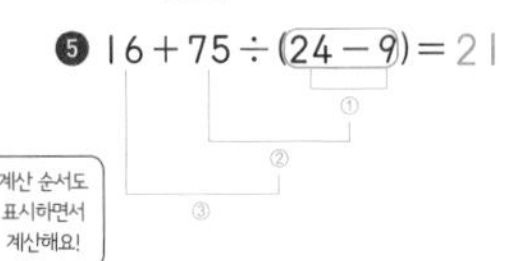

계산 순서도 표시하면서 계산해요!

❻ 59 + 81 ÷ (31 − 4) = 62

❼ 94 − (24 + 76) ÷ 4 = 69

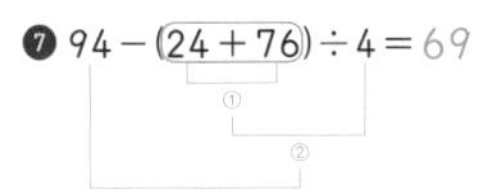

❽ 121 ÷ (4 + 7) − 8 = 3

❾ 63 − 120 ÷ (19 + 5) = 58

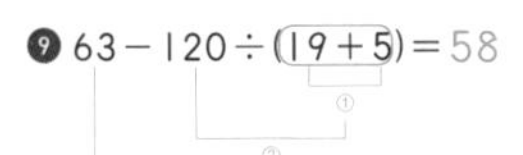

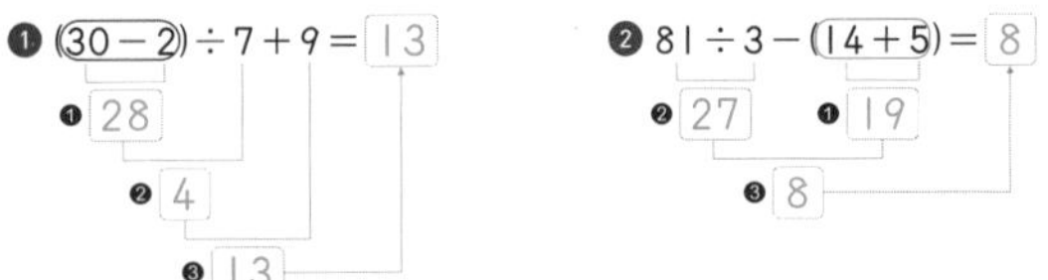

덧셈이나 뺄셈일지라도 ( )로 묶여 있으면 가장 먼저 계산해요.

( ) 안을 ⬭로 묶고 계산하세요.

❶ (30 − 2) ÷ 7 + 9 = 13 (① 28, ② 4, ③ 13)

❷ 81 ÷ 3 − (14 + 5) = 8 (① 27, ② 19, ③ 8)

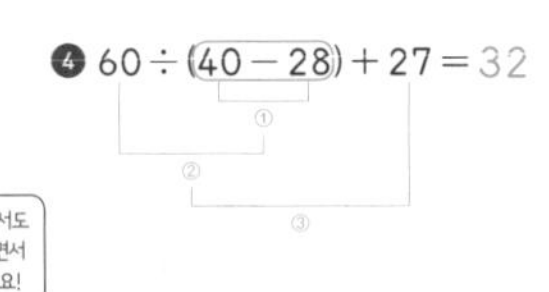

❸ 22 − 45 ÷ (9 + 6) = 19

❹ 60 ÷ (40 − 28) + 27 = 32

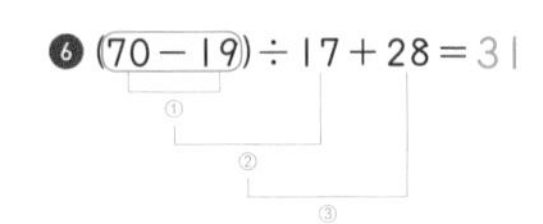

계산 순서도 표시하면서 계산해요!

❺ 41 − (27 + 29) ÷ 4 = 27

❻ (70 − 19) ÷ 17 + 28 = 31

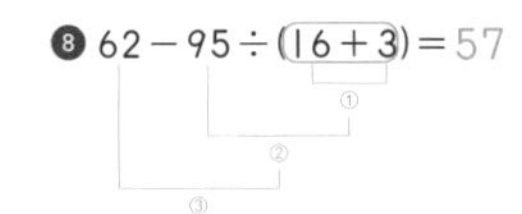

❼ 34 − (26 + 58) ÷ 14 = 28

❽ 62 − 95 ÷ (16 + 3) = 57

❾ 59 + 135 ÷ (33 − 18) = 68

❿ 108 ÷ (47 − 29) + 8 = 14

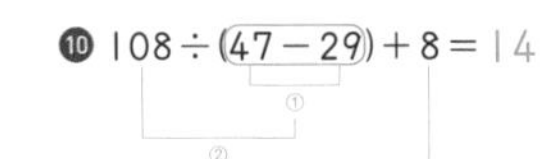

66~67쪽

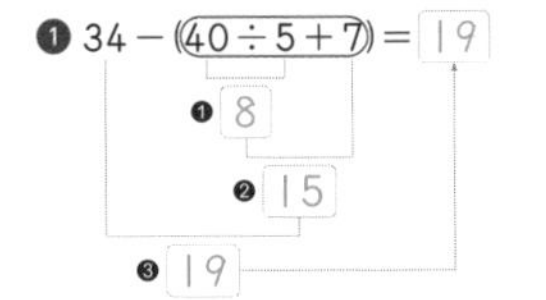

( )를 하나의 큰 주머니라고 생각하고
( ) 안의 혼합 계산 먼저 차근차근하면 돼요.

( ) 안을 ⬭로 묶고 계산하세요.

❶ 34 − (40 ÷ 5 + 7) = 19 (① 8, ② 15, ③ 19)

❷ (12 + 14 − 8) ÷ 6 = 3 (① 26, ② 18, ③ 3)

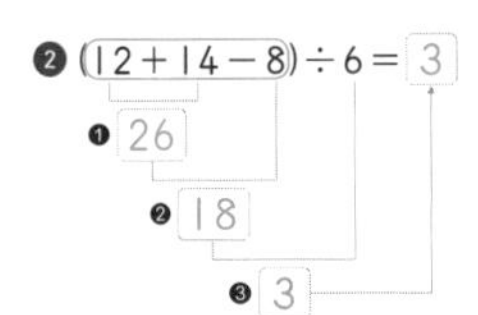

❸ 54 ÷ (41 − 23 + 9) = 2

❹ 60 − (28 + 75 ÷ 25) = 29

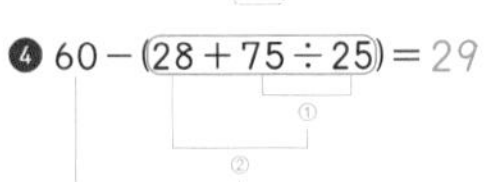

❺ 42 − (80 ÷ 16 + 19) = 18

❻ (17 + 46 − 7) ÷ 14 = 4

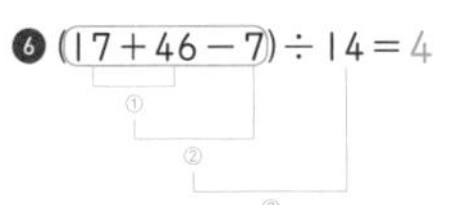

❼ (61 − 18 + 35) ÷ 13 = 6

❽ 100 − (78 ÷ 3 + 47) = 27

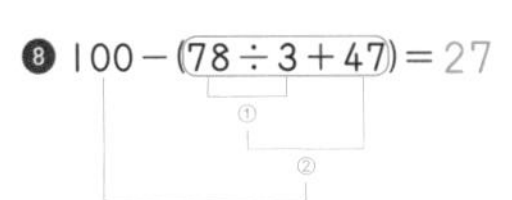

❾ 85 − (59 + 98 ÷ 14) = 19

( ) 안에서도 나눗셈 먼저! 덧셈, 뺄셈은 나중이에요.

도전! 땅 짚고 헤엄치는 문장제

기초 문장제로 연산의 기본 개념을 익혀 봐요!

식을 읽은 문장을 완성하세요.

❶ (27 + 9) ÷ 4 − 5

➡ 27과 9 의 합을 4 로 나눈 몫에서 5를 뺍니다.

❷ 60 ÷ (32 − 12) + 9

➡ 60 을 32와 12 의 차로 나눈 몫에 9를 더합니다.

- + ➡ 합, 더하고, 더한
- − ➡ 차, 빼고, 뺀
- ÷ ➡ 나눈 몫

밑줄 친 부분을 ( ) 안에 넣어 하나의 식으로 나타내고 계산하세요.

❸ 53과 4의 차를 7로 나눈 몫에 25를 더한 수

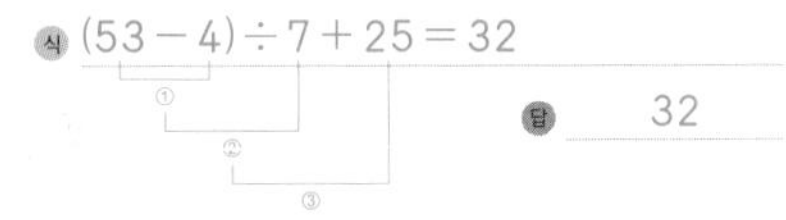

식 (53 − 4) ÷ 7 + 25 = 32

답 32

7로 나누어야 할 부분은 '53과 4의 차'예요. 밑줄 친 부분을 한 덩어리로 생각하고 ( )로 묶어요.

❹ 88을 9와 2의 합으로 나눈 몫에서 3을 뺀 수

식 88 ÷ (9 + 2) − 3 = 5

답 5

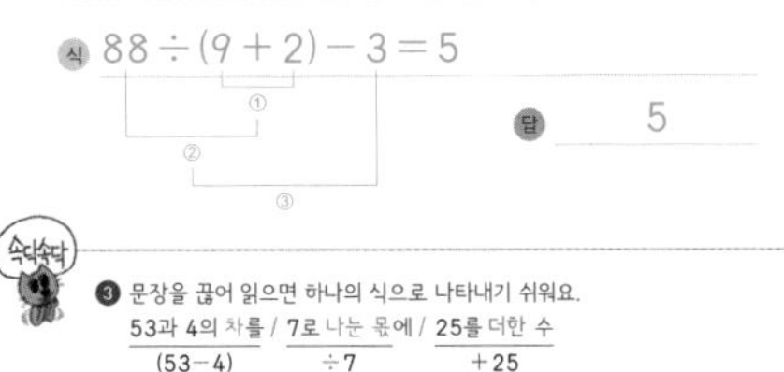

숙덕숙덕

❸ 문장을 끊어 읽으면 하나의 식으로 나타내기 쉬워요.
53과 4의 차를 / 7로 나눈 몫에 / 25를 더한 수
(53 − 4) / ÷ 7 / + 25

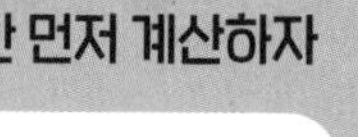

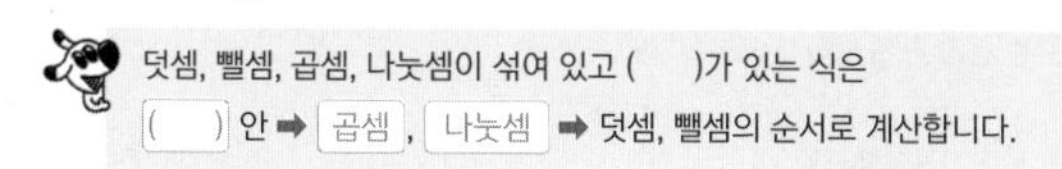

12 복잡한 식도 무조건 ( ) 안 먼저 계산하자

덧셈, 뺄셈, 곱셈, 나눗셈이 섞여 있고 ( )가 있는 식은
( ) 안 ➡ 곱셈, 나눗셈 ➡ 덧셈, 뺄셈의 순서로 계산합니다.

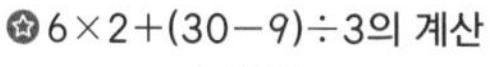

6×2+(30−9)÷3의 계산

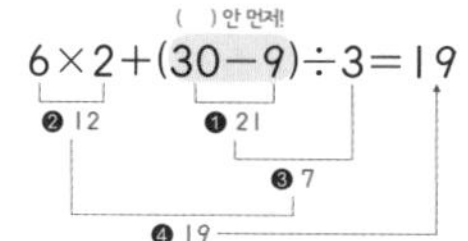

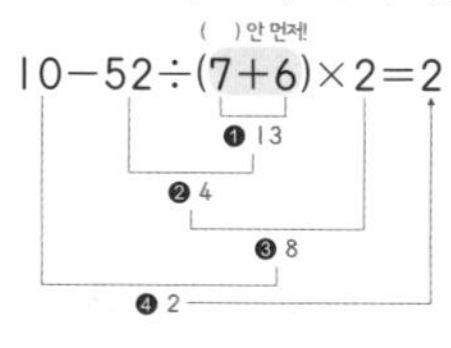

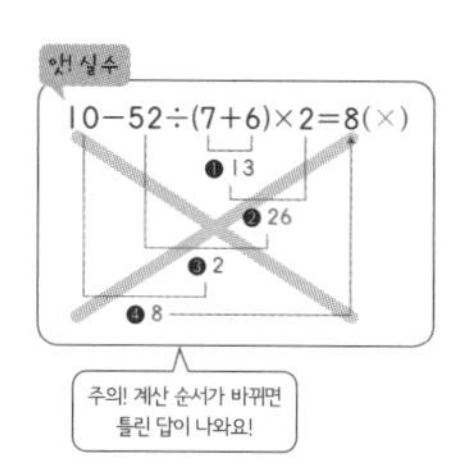

10−52÷(7+6)×2의 계산

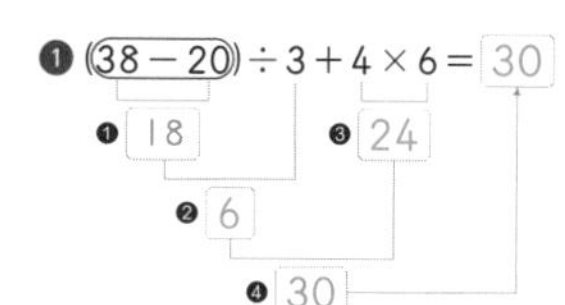

무조건 곱셈, 나눗셈 먼저 계산하면 안 돼요.
덧셈이나 뺄셈일지라도 ( )로 묶여 있으면 가장 먼저 계산해요.

( ) 안을 ⬭로 묶고 계산하세요.

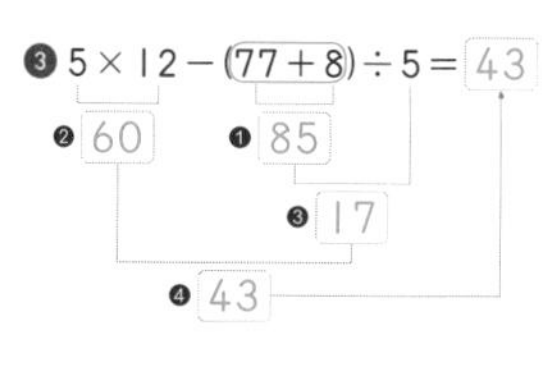

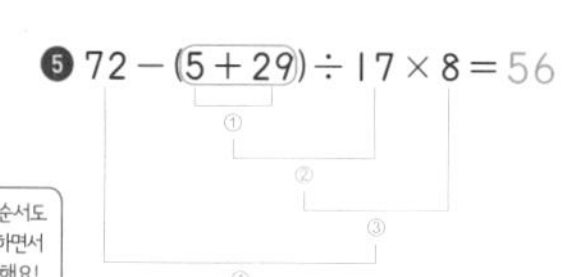

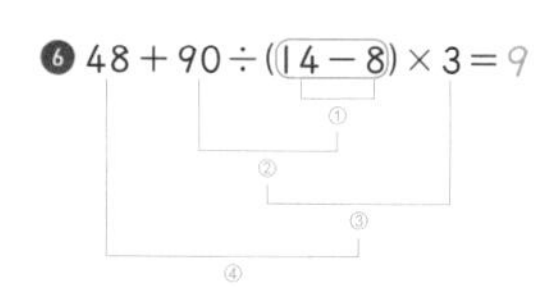

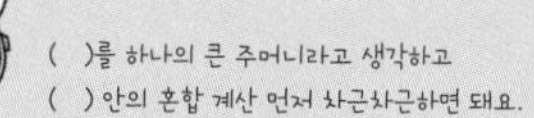

70~71쪽

혼합 계산을 실수하는 이유 중 하나가 계산 순서를 표시하지 않고 암산하기 때문이에요.
자신이 있더라도 계산 순서를 표시하는 습관이 중요해요!

( ) 안을 ⬭로 묶고 계산하세요.

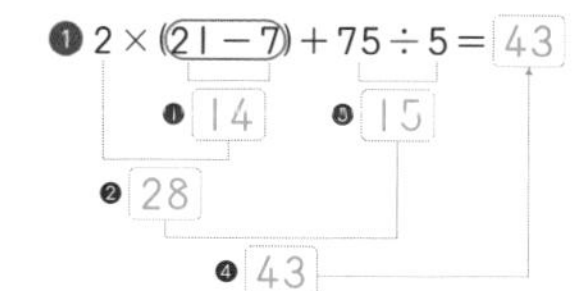

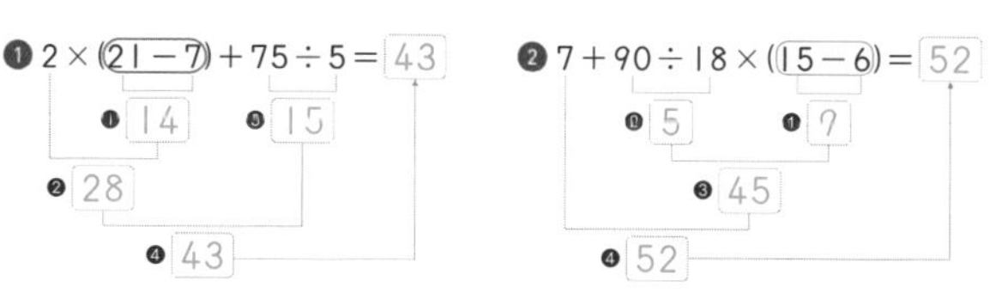

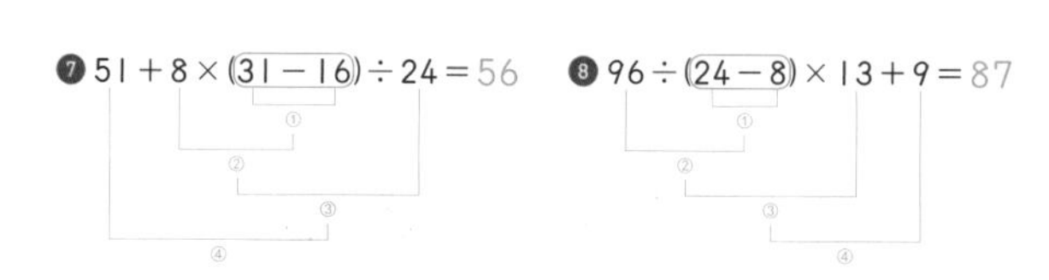

( )를 하나의 큰 주머니라고 생각하고
( ) 안의 혼합 계산 먼저 차근차근하면 돼요.

( ) 안을 ⬭로 묶고 계산하세요.

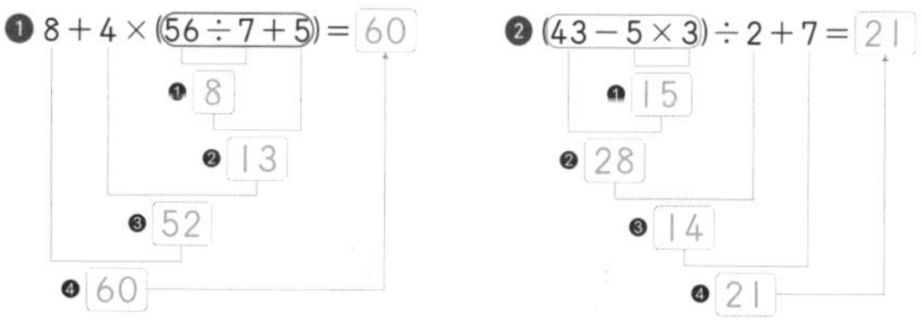

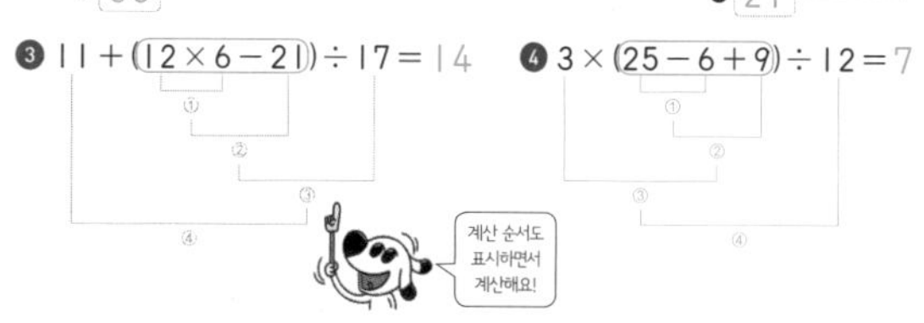

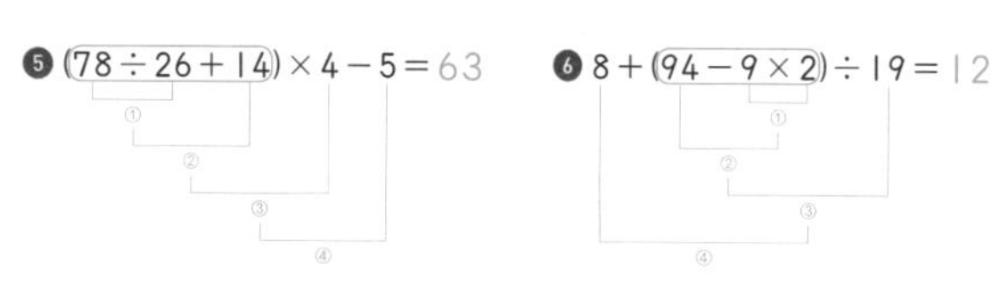

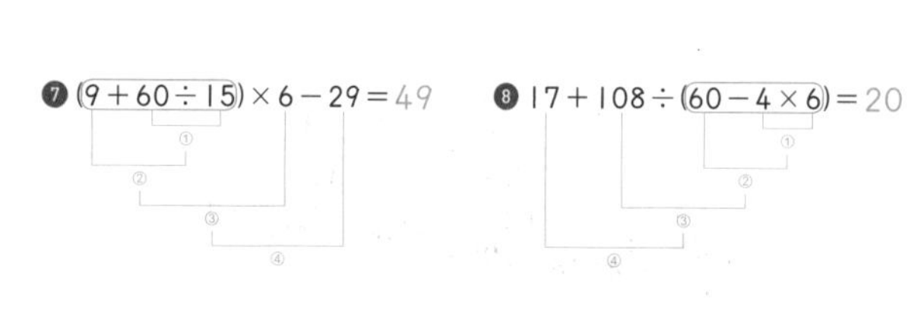

( )가 여러 개 있으면 먼저 ( ) 안을 각각 계산하고, 그 밖의 수식을 계산하면 돼요.

( ) 안을 각각 ◯로 묶고 계산하세요.

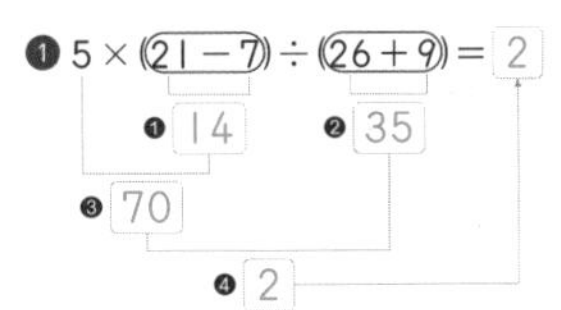

❶ 5 × (21 − 7) ÷ (26 + 9) = 2 (① 14 ② 35 ③ 70 ④ 2)

❷ (37 + 8) ÷ (12 − 9) × 4 = 60 (① 45 ② 3 ③ 15 ④ 60)

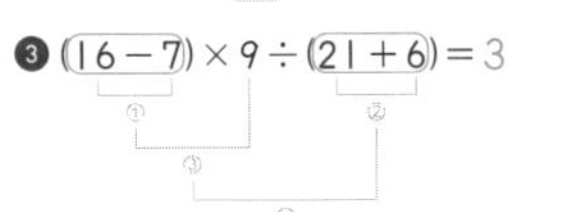

❸ (16 − 7) × 9 ÷ (21 + 6) = 3

❹ 66 ÷ (6 + 5) × (24 − 8) = 96

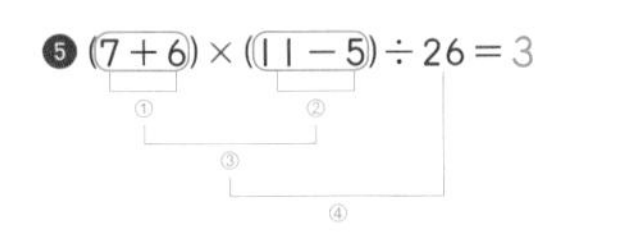
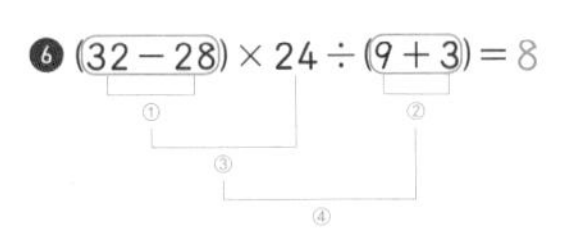

❺ (7 + 6) × (11 − 5) ÷ 26 = 3

❻ (32 − 28) × 24 ÷ (9 + 3) = 8

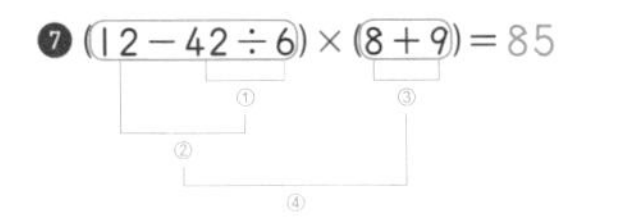
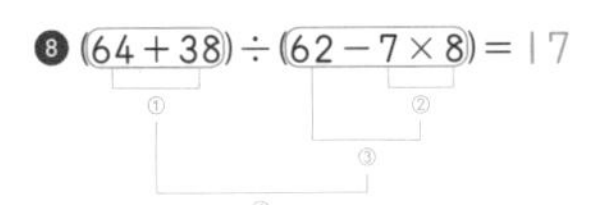

❼ (12 − 42 ÷ 6) × (8 + 9) = 85

❽ (64 + 38) ÷ (62 − 7 × 8) = 17

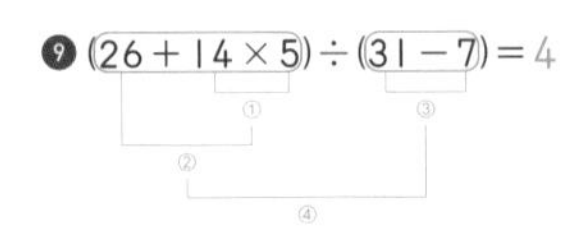

❾ (26 + 14 × 5) ÷ (31 − 7) = 4

잘하고 있어요!
한 쪽만 더
풀어 볼까요?

도전! 땅 짚고 헤엄치는 문장제

기초 문장제로 연산의 기본 개념을 익혀 봐요!

식을 읽은 문장을 완성하세요.

❶ (9 − 3) × 5 + 12 ÷ 6

➡ 9와 3 의 차에 5를 곱하고 12를 6 으로 나눈 몫을 더합니다.

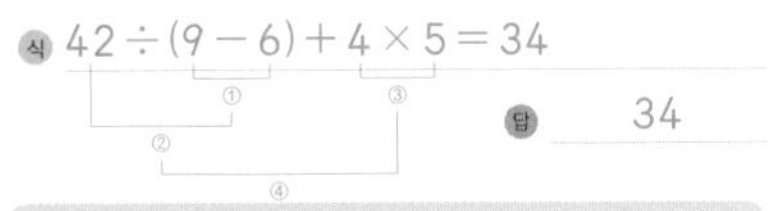

❷ 90 ÷ (4 + 6) − 2 × 3

➡ 90 을 4와 6의 합으로 나눈 몫에서 2의 3 배인 수를 뺍니다.

• + ➡ 합, 더하고, 더한
• − ➡ 차, 빼고, 뺀
• × ➡ 곱한, ●배
• ÷ ➡ 나눈 몫

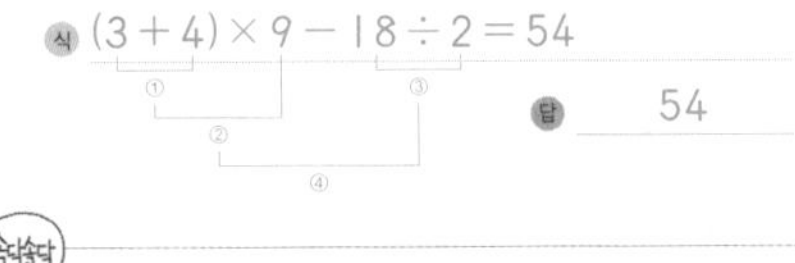

밑줄 친 부분을 ( ) 안에 넣어 하나의 식으로 나타내고 계산하세요.

❸ 42를 9와 6의 차로 나눈 몫에 4와 5의 곱을 더한 수

식 42 ÷ (9 − 6) + 4 × 5 = 34

답 34

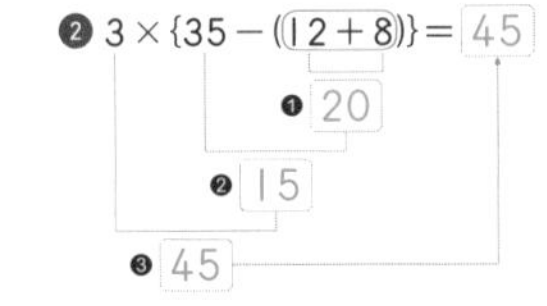
42를 나누어야 할 부분은
'9와 6의 차'예요.
밑줄 친 부분을 한 덩어리로
생각하고 ( )로 묶어요.

❹ 3과 4의 합의 9배에서 18을 2로 나눈 몫을 뺀 수

식 (3 + 4) × 9 − 18 ÷ 2 = 54

답 54

속닥속닥 ❸ 문장을 끊어 읽으면 식을 하나의 식으로 나타내기 쉬워요.
42를 / 9와 6의 차로 / 나눈 몫에 / 4와 5의 곱을 / 더한 수
42 (9 − 6) ÷ 4 × 5 +

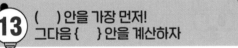

바빠 혼합 계산 13 ( ) 안을 가장 먼저! 그다음 { } 안을 계산하자

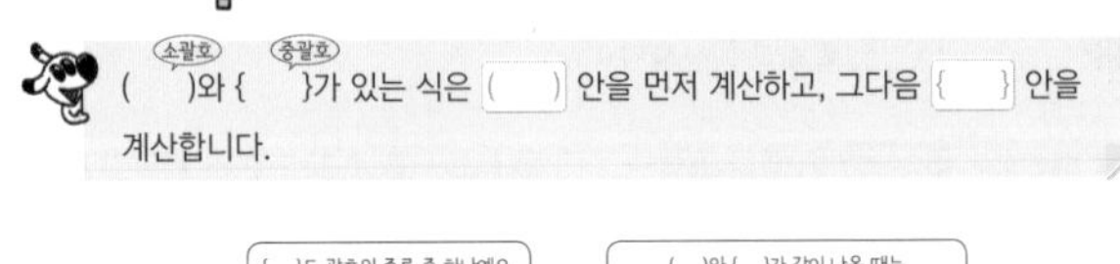

( )(소괄호)와 { }(중괄호)가 있는 식은 ( ) 안을 먼저 계산하고, 그다음 { } 안을 계산합니다.

{ }도 괄호의 종류 중 하나예요.
중학교 1학년 때 배울 건데
미리 만나 봐요!
( )와 { }가 같이 나올 때는
두 괄호를 구분하기 위해서
( )는 소괄호, { }는 중괄호라고 불러요.

✪ 30÷{15−(3+6)}×2의 계산

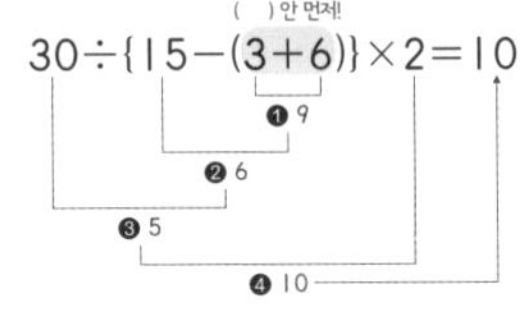
( ) 안 먼저!
30÷{15−(3+6)}×2=10
❶ 9
❷ 6
❸ 5
❹ 10

{ (❶) }
❷
( ) 안 ➡ { } 안 순으로 계산해요.

광호가 여러 개 나오는 혼합 계산도 도전해 봐요!
( ) 안 ➡ { } 안 순으로 계산하고 그 밖의 수식을 계산하면 돼요.

( ) 안을 ◯로 묶고 계산하세요.

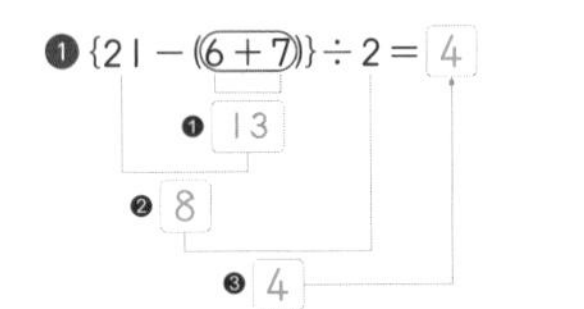

❶ {21 − (6 + 7)} ÷ 2 = 4 (① 13 ② 8 ③ 4)

❷ 3 × {35 − (12 + 8)} = 45 (① 20 ② 15 ③ 45)

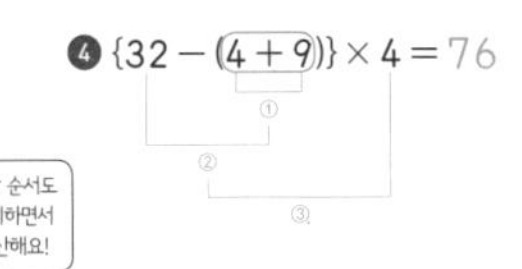

❸ 48 ÷ {3 × (14 − 6)} = 2

❹ {32 − (4 + 9)} × 4 = 76

계산 순서도
표시하면서
계산해요!

❺ 72 ÷ {(24 − 18) × 4} = 3

❻ 5 × {58 − (16 + 25)} = 85

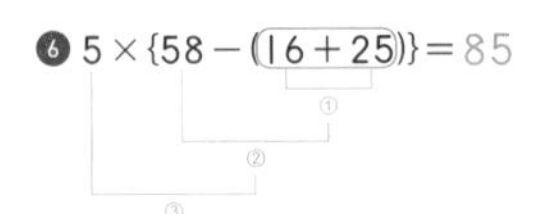

❼ 96 ÷ {80 − (28 + 36)} = 6

❽ 140 ÷ {(43 − 29) × 5} = 2

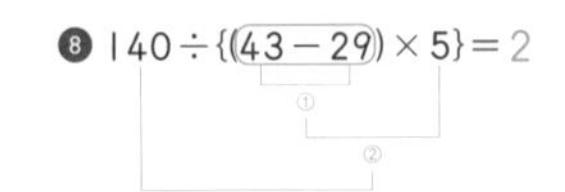

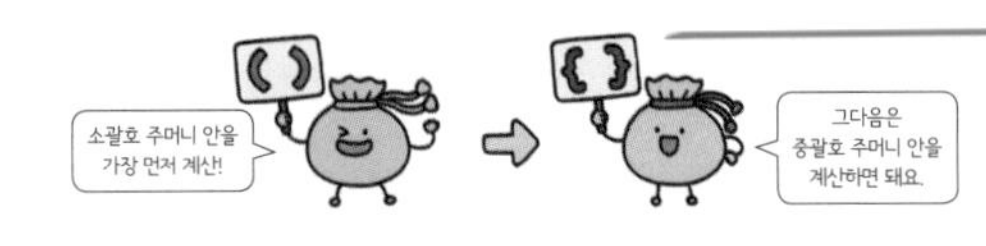
소괄호 주머니 안을
가장 먼저 계산!
그다음은
중괄호 주머니 안을
계산하면 돼요.

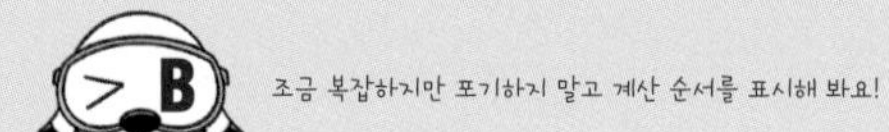

76~77쪽

B 조금 복잡하지만 포기하지 말고 계산 순서를 표시해 봐요!

🐾 ( ) 안을 ◯로 묶고 계산하세요.

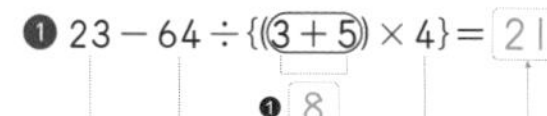

① $23-64\div\{(3+5)\times4\}=21$

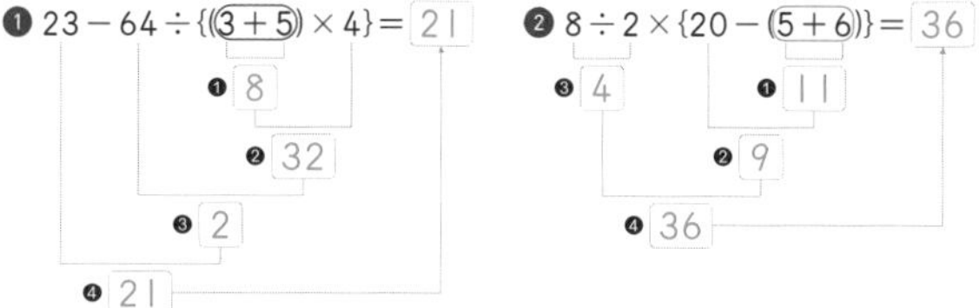

❶ 8
❷ 32
❸ 2
❹ 21

② $8\div2\times\{20-(5+6)\}=36$

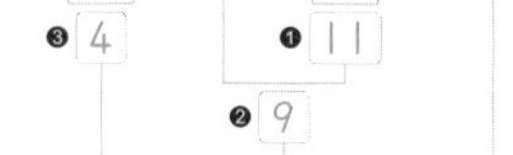

❶ 11
❷ 9
❸ 4
❹ 36

③ $3\times\{42-(17+9)\}\div6=8$

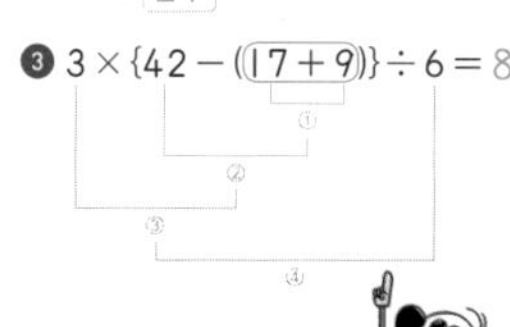

④ $84\div\{(21-7)\times3\}+56=58$

계산 순서도
표시하면서
계산해요!

⑤ $14+90\div\{(22-7)\times3\}=16$

⑥ $96\div\{4\times(11-5)\}+27=31$

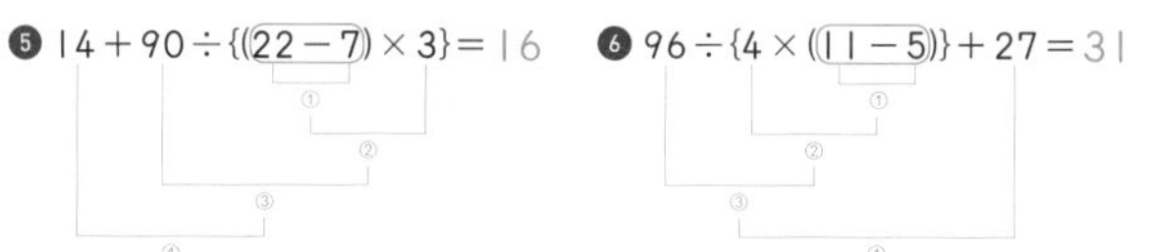

⑦ $76+88\div\{(20-9)\times4\}=78$

⑧ $64\div16\times\{34-(7+8)\}=76$

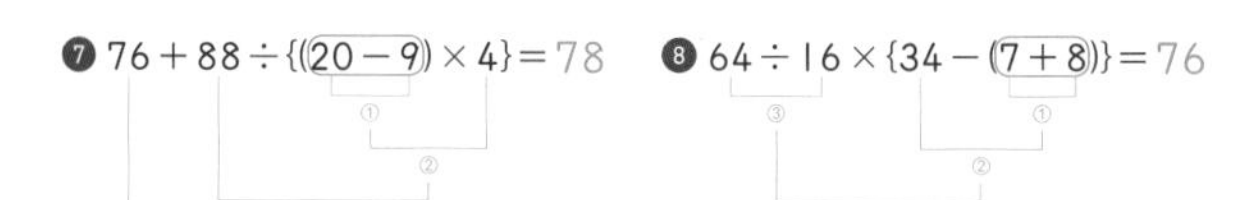

C 괄호를 하나의 큰 주머니라고 생각하고 괄호 안의 혼합 계산 먼저 차근차근하면 돼요.

🐾 ( ) 안을 ◯로 묶고 계산하세요.

① $\{6+(15-8)\times2\}\div5=4$

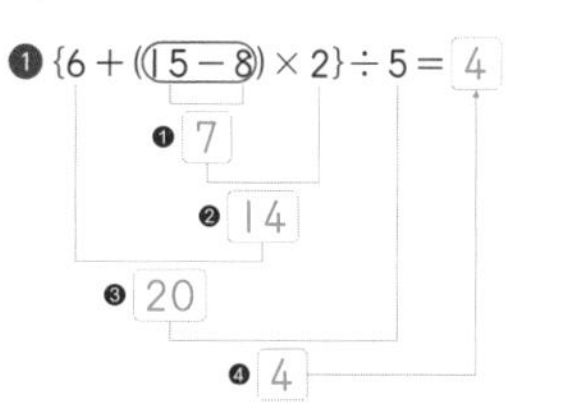

❶ 7
❷ 14
❸ 20
❹ 4

② $30-\{72\div(4\times3)+5\}=19$

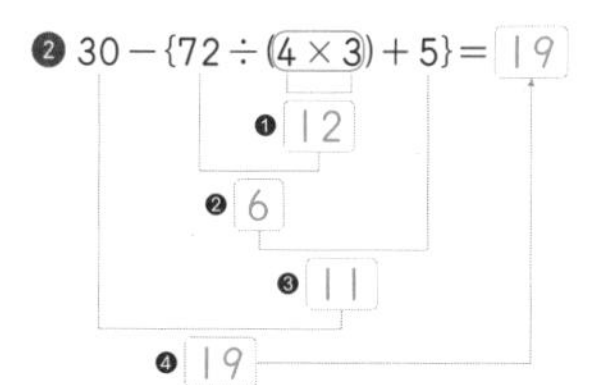

❶ 12
❷ 6
❸ 11
❹ 19

③ $8\times\{13-48\div(5+7)\}=72$

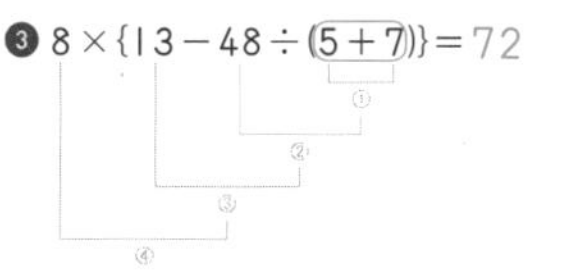

④ $31-\{17+72\div(12\times2)\}=11$

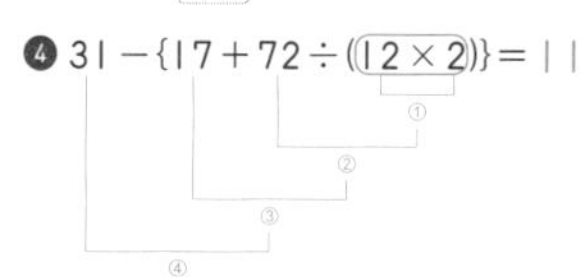

⑤ $\{92-4\times(8+6)\}\div18=2$

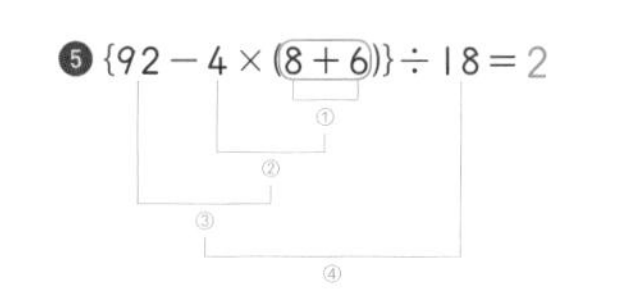

⑥ $108\div\{2\times(25-9)+4\}=3$

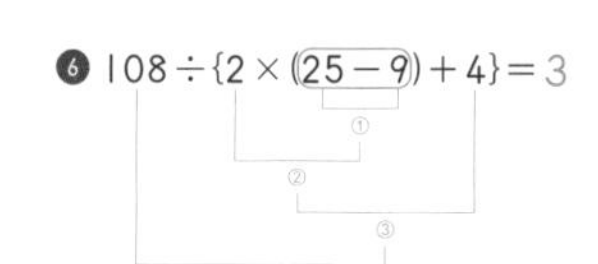

⑦ $\{100-68\div(9+8)\}\times2=192$

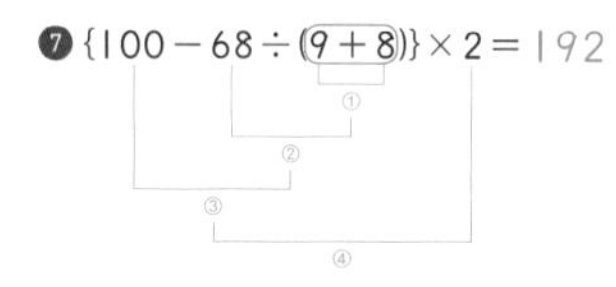

여기까지 오느라
정말 수고했어요!
조금만 더 힘내요!

78~79쪽

도전! 땅 짚고 헤엄치는 문장제

기초 문장제로 연산의 기본 개념을 익혀 봐요!

🐾 식을 읽은 문장을 완성하세요.

① $40\div\{28-(2+6)\}$

➡ 40을 28 에서 2와 6 의 합을 뺀 수로 나눕니다.

② $\{(14+8)\div2-3\}\times5$

➡ 14와 8의 합을 2 로 나눈 몫에서 3 을 빼고 5를 곱합니다.

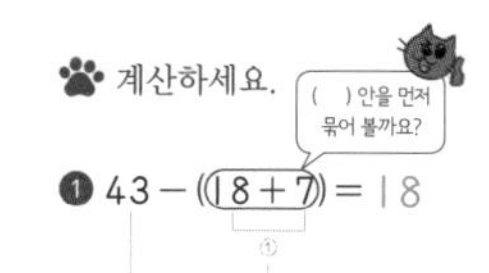

+ ➡ 합, 더하고, 더한
− ➡ 차, 빼고, 뺀
× ➡ 곱, 곱하고, 곱한
÷ ➡ 나눈 몫

🐾 밑줄 친 부분을 ( ) 안에 넣고, 물결 친 부분을 { } 안에 넣어 하나의 식으로 나타내고 계산하세요.

③ 25에서 3과 6의 합을 뺀 수를 2로 나눈 몫

식 $\{25-(3+6)\}\div2=8$　　답 8

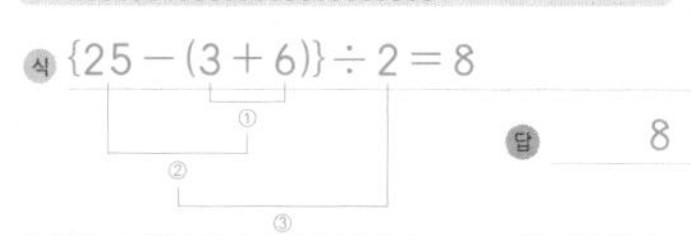

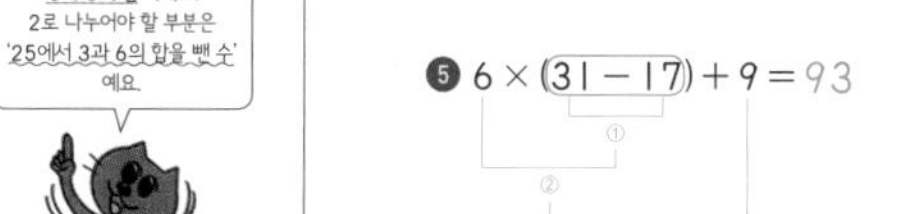

25에서 빼야 할 부분은
'3과 6의 합'이에요.
2로 나누어야 할 부분은
'25에서 3과 6의 합을 뺀 수'
예요.

④ 36을 15와 9의 차에 2를 곱한 수로 나눈 몫

식 $36\div\{(15-9)\times2\}=3$　　답 3

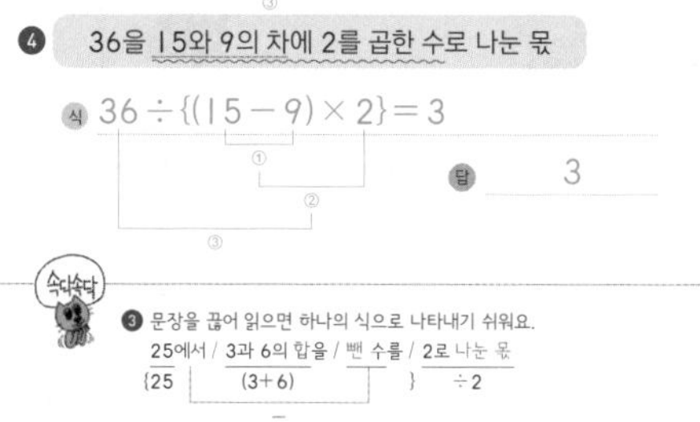

쏙쏙
❸ 문장을 끊어 읽으면 하나의 식으로 나타내기 쉬워요.
25에서 / 3과 6의 합을 / 뺀 수를 / 2로 나눈 몫
{25 (3+6) − } ÷2

섞어 연습하기

14 괄호가 있는 자연수의 혼합 계산 종합 문제

🐾 계산하세요.

① $43-(18+7)=18$

② $27+4-(32-26)=25$

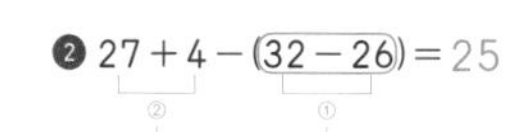

( ) 안을 먼저
묶어 볼까요?

③ $105\div(5\times3)=7$

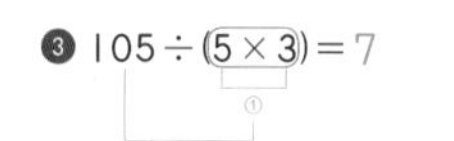

④ $8\times9\div(3\times4)=6$

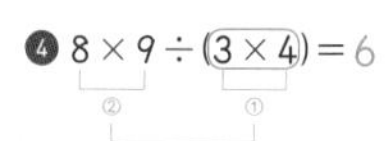

⑤ $6\times(31-17)+9=93$

⑥ $4\times(15+28-26)=68$

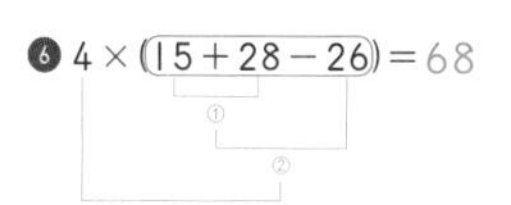

⑦ $38+65\div(42-29)=43$

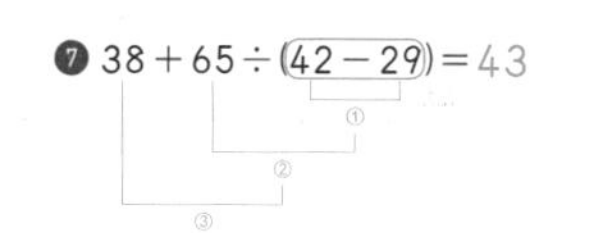

⑧ $64-(37+40\div5)=19$

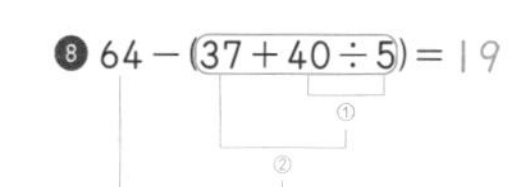

80~81쪽

계산하세요.

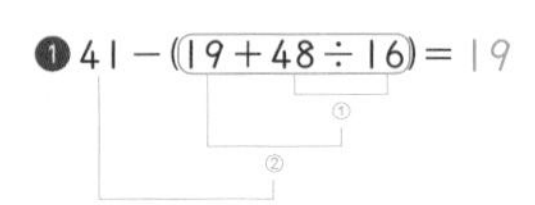

❶ $41-\{19+48\div16\}=19$

❷ $3+85\div17\times(27-9)=93$

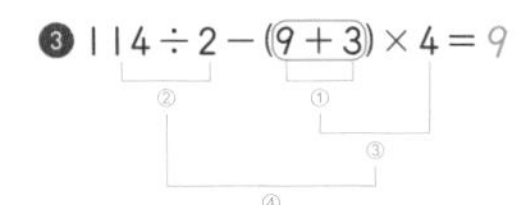

❸ $114\div2-(9+3)\times4=9$

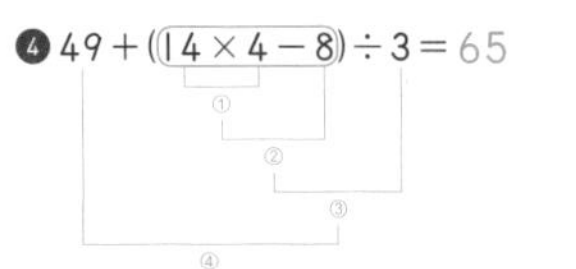

❹ $49+(14\times4-8)\div3=65$

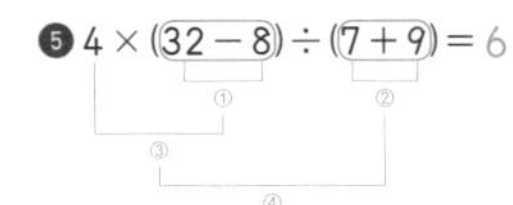

❺ $4\times(32-8)\div(7+9)=6$

❻ $84\div(8+6)\times(24-5)=114$

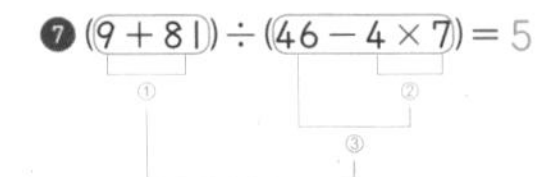

❼ $(9+81)\div(46-4\times7)=5$

❽ $(21-72\div24)\times(3+8)=198$

계산하세요.

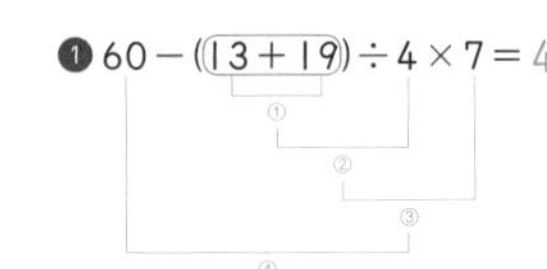
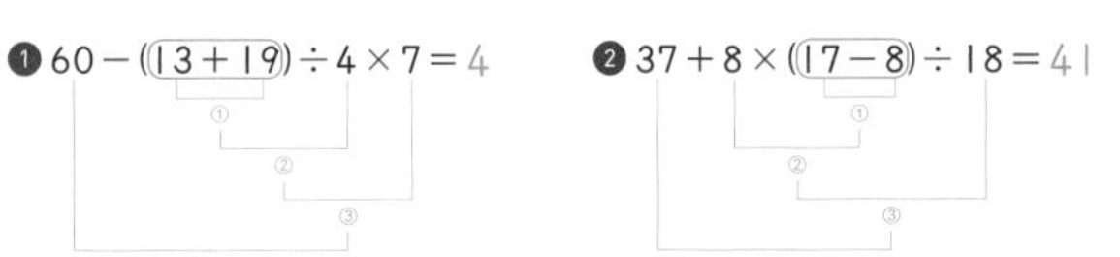

❶ $60-(13+19)\div4\times7=4$

❷ $37+8\times(17-8)\div18=41$

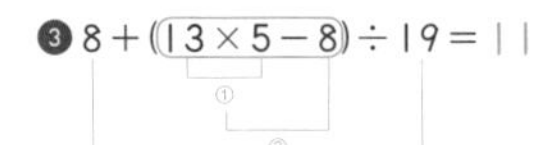

❸ $8+(13\times5-8)\div19=11$

❹ $28+56\div(41-9\times3)=32$

❺ $\{42-(15+8)\}\times5=95$

❻ $80\div\{53-(28+9)\}=5$

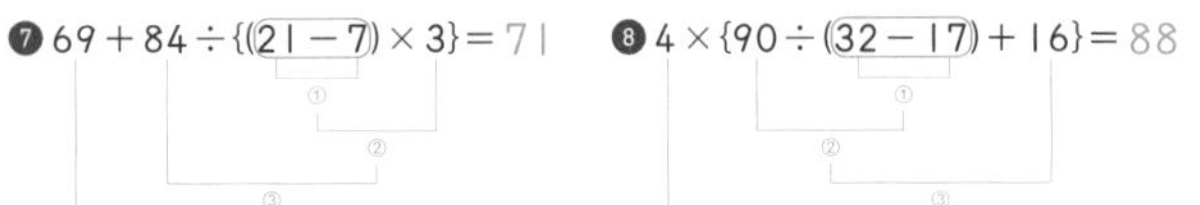

❼ $69+84\div\{(21-7)\times3\}=71$

❽ $4\times\{90\div(32-17)+16\}=88$

82~83쪽

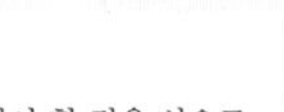

계산을 바르게 한 친구를 찾아 ○표 하세요.

❶

(○)

(　　)

❷

(　　)

(○)

올바른 답이 적힌 길을 따라가면 보물을 찾을 수 있어요. 빠독이가 가야 할 길을 선으로 이어 보세요.

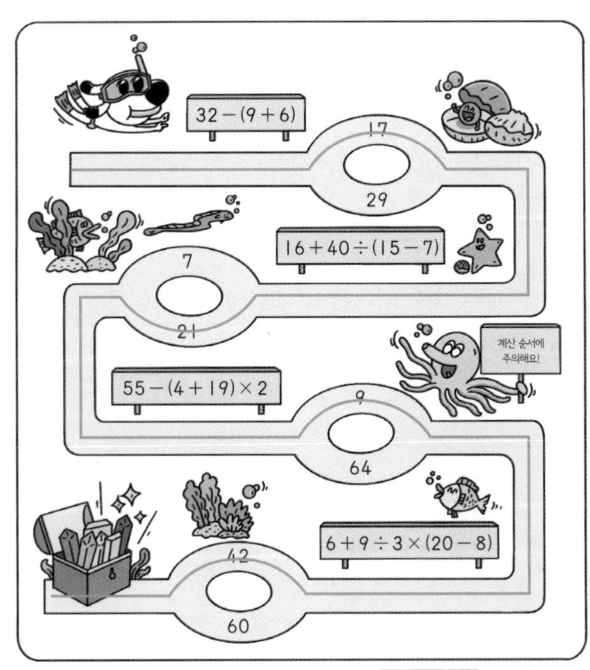

혼합 계산식이 복잡해도 계산 순서만 잘 기억하면 문제없어요!

84~85쪽

15 괄호가 있는 자연수의 혼합 계산 문장제

활용 문장제

괄호가 있는 자연수의 혼합 계산 문장제

초콜릿 35개를 남학생 7명, 여학생 5명에게 각각 2개씩 나누어 주었습니다. 남은 초콜릿은 몇 개일까요?

1단계 문장을 /로 끊어 읽고 조건을 수와 연산 기호로 나타냅니다.

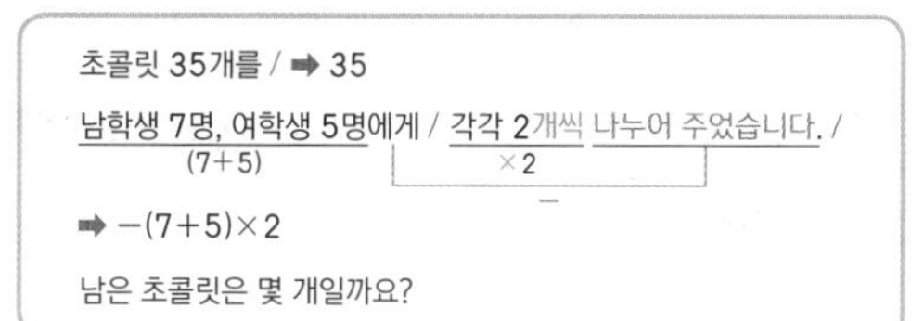

초콜릿 35개를 / ➡ 35
남학생 7명, 여학생 5명에게 / 각각 2개씩 나누어 주었습니다. /
(7+5) ×2 −
➡ −(7+5)×2
남은 초콜릿은 몇 개일까요?

2단계 하나의 식으로 나타냅니다.

35 (−) (7 (+) 5) (×) 2

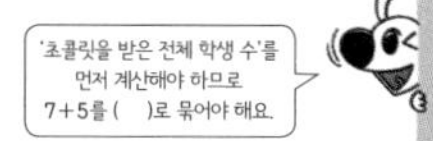

'초콜릿을 받은 전체 학생 수'를 먼저 계산해야 하므로 7+5를 ( )로 묶어야 해요.

3단계 식을 순서에 맞게 계산하고 알맞은 단위를 붙여 답을 씁니다.

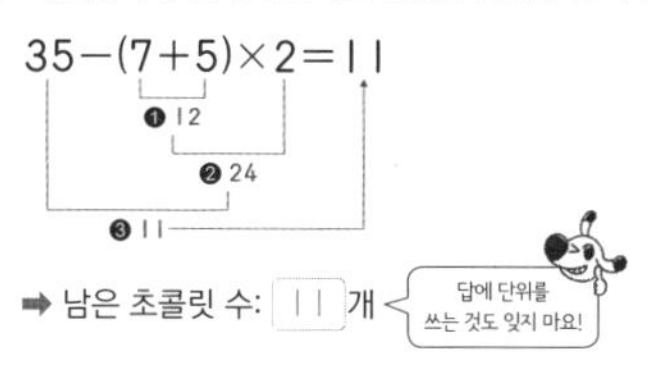

35−(7+5)×2=11
❶ 12
❷ 24
❸ 11

➡ 남은 초콜릿 수: 11 개

답에 단위를 쓰는 것도 잊지 마요!

A ( )가 있으면 ( ) 안을 가장 먼저 계산해요.

다음 문장을 읽고 하나의 식으로 나타내어 답을 구하세요.

❶ 지안이는 24개의 파란색 구슬을 가지고 있습니다. 보미는 7개의 빨간색 구슬과 8개의 초록색 구슬을 가지고 있습니다. 지안이는 보미보다 구슬을 몇 개 더 많이 가지고 있을까요?

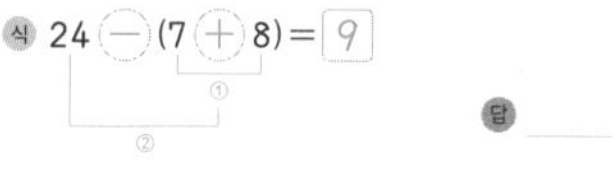

식 24 (−) (7 (+) 8) = 9

답 9 개

단위를 꼭 써요!

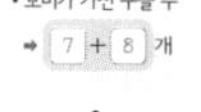

• 보미가 가진 구슬 수
➡ 7 + 8 개

지안이가 가지고 있는 구슬 수에서 빼야 할 부분은 '보미가 가지고 있는 구슬 수'예요. 먼저 계산하는 이 부분을 ( )로 묶어 나타내요.

❷ 도넛 48개를 한 상자에 4개씩 2줄로 담으려고 합니다. 도넛을 모두 담으려면 몇 상자가 필요할까요?

식 48÷(4×2)=6

답 6상자

• 한 상자에 담을 수 있는 도넛 수
➡ 4 × 2 개

도넛 48개를 나누어야 할 부분은 '한 상자에 담을 수 있는 도넛 수'예요. 먼저 계산하는 이 부분을 ( )로 묶어 나타내요.

❸ 한 명이 한 시간에 종이꽃 5개를 만들 수 있다고 합니다. 3명이 종이꽃 75개를 만들려면 몇 시간이 걸릴까요?

식 75÷(5×3)=5

답 5시간

• 3명이 한 시간에 만들 수 있는 종이꽃 수
➡ 5 × 3 개

86~87쪽

B ( )가 있으면 ( ) 안을 가장 먼저!
덧셈, 뺄셈, 곱셈 중에서는 곱셈 먼저!

다음 문장을 읽고 하나의 식으로 나타내어 답을 구하세요.

❶ 시아는 12살이고, 동생은 시아보다 3살 어립니다. 어머니는 동생의 나이의 5배보다 4살 많습니다. 어머니의 나이는 몇 살일까요?

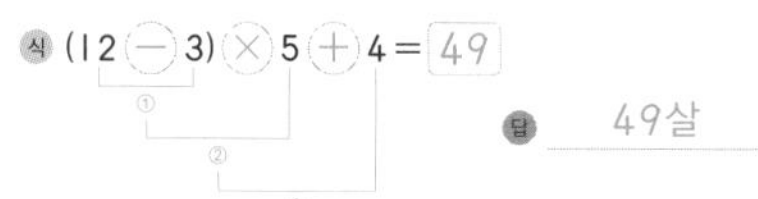

식 (12 (−) 3) (×) 5 (+) 4 = 49

답 49살

• 동생의 나이
➡ 12 − 3 살

먼저 계산하는 '동생의 나이'를 ( )로 묶어 나타내요.

❷ 사탕 50개를 남학생 4명, 여학생 7명에게 각각 3개씩 나누어 주었습니다. 남은 사탕은 몇 개일까요?

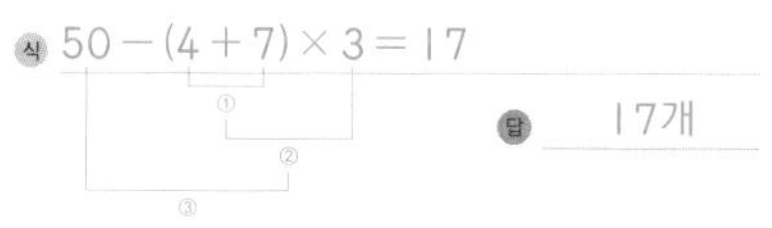

식 50−(4+7)×3=17

답 17개

• 사탕을 받은 전체 학생 수
➡ 4 + 7 명

❸ 600원짜리 찹쌀떡 2개와 1000원짜리 단팥빵 1개를 사고 3000원을 냈습니다. 거스름돈은 얼마일까요?

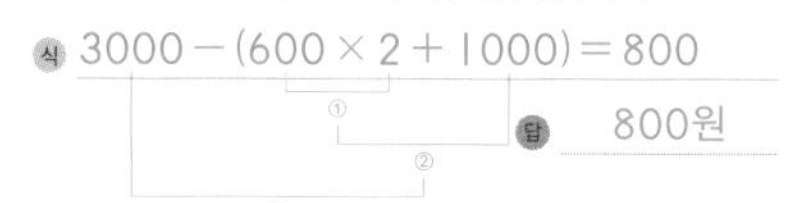

식 3000−(600×2+1000)=800

답 800원

• 찹쌀떡 2개의 값
➡ 600 × 2 원
• 단팥빵 1개의 값
➡ 1000 원

먼저 계산하는 '찹쌀떡 2개와 단팥빵 1개의 값'을 ( )로 묶어 나타내요.

C ( )가 있으면 ( ) 안을 가장 먼저!
덧셈, 뺄셈, 나눗셈 중에서는 나눗셈 먼저!

다음 문장을 읽고 하나의 식으로 나타내어 답을 구하세요.

❶ 귤 54개를 남학생 5명과 여학생 4명에게 똑같이 나누어 주었습니다. 그중 유진이가 귤을 2개 먹었다면, 유진이에게 남은 귤은 몇 개일까요?

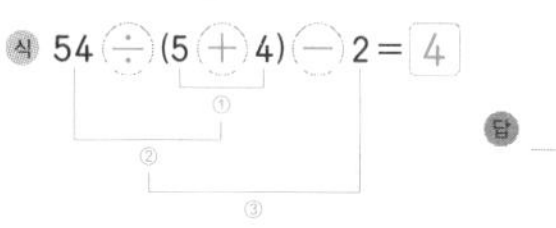

식 54 (÷) (5 (+) 4) (−) 2 = 4

답 4개

• 귤을 받은 전체 학생 수
➡ 5 + 4 명

❷ 가지고 있던 색종이 10장에 더 받아 온 색종이 15장을 합하여 5명이 똑같이 나누어 가졌습니다. 그중 지후가 색종이 3장을 사용하였다면, 지후에게 남은 색종이는 몇 장일까요?

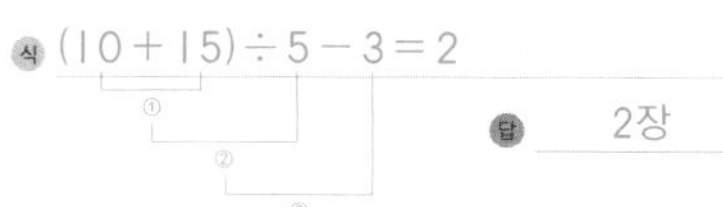

식 (10+15)÷5−3=2

답 2장

• 전체 색종이 수
➡ 10 + 15 장

❸ 시장에서 배는 1개에 2500원, 사과는 3개에 4500원입니다. 연우는 5000원으로 배 1개와 사과 1개를 샀습니다. 연우가 받은 거스름돈은 얼마일까요?

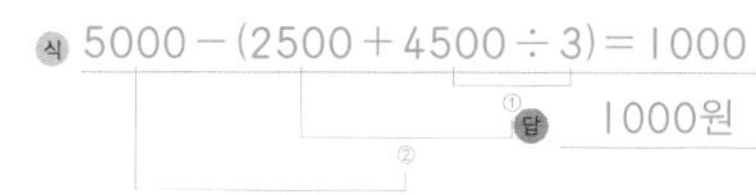

식 5000−(2500+4500÷3)=1000

답 1000원

• 배 1개의 값
➡ 2500 원
• 사과 1개의 값
➡ 4500 ÷ 3 원

88쪽

( )가 있으면 ( )안을 가장 먼저!
곱셈과 나눗셈을 덧셈과 뺄셈보다 먼저!

다음 문장을 읽고 하나의 식으로 나타내어 답을 구하세요.

❶ 떡볶이 2인분을 만들려고 합니다. 5000원으로 필요한 재료를 사고 남은 돈은 얼마일까요?
양배추(4인분)
1800원

식 5000 − (1200 + 1000 × 2 + 1800 ÷ 2)
= 900

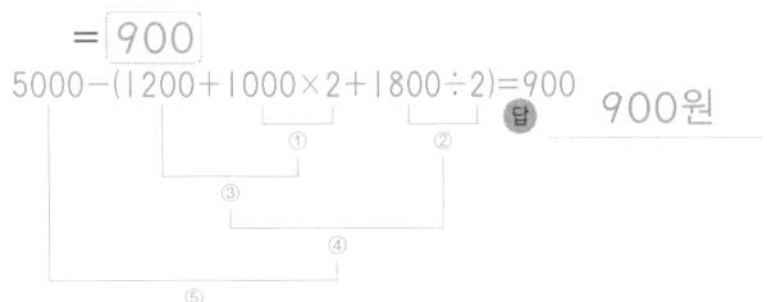

답 900원

• 떡 2인분 값 → 1200 원
• 어묵 2인분 값 → 1000 × 2 원
• 양배추 2인분 값 → 1800 ÷ 2 원

❷ 카레 4인분을 만들려고 합니다. 10000원으로 필요한 재료를 사고 남은 돈은 얼마일까요?
양파(1인분)
500원
당근(8인분)
4600원

식 10000 − (3200 + 500 × 4 + 4600 ÷ 2) = 2500

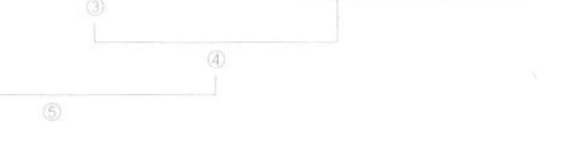

답 2500원

• 감자 4인분 값 → 3200 원
• 양파 4인분 값 → 500 × 4 원
• 당근 4인분 값 → 4600 ÷ 2 원

둘째 마당까지 다 풀다니~ 정말 대단해요!

혼합 계산식이 복잡해도 계산 순서만 잘 기억하면 문제없어요!

90~91쪽

16 하나의 식으로 나타낼 땐, 공통인 수부터 찾자!

두 식을 하나로 나타내기

두 식에서 공통인 수를 찾아 하나의 식으로 만듭니다.

• 7+5=12, 20−12=8을 하나의 식으로 나타내기

$20-⑫=8$

$20-(7+5)=8$

두 식에서
공통인 수는
12에요.

$7+5$는 한 덩어리니까
12 대신 $7+5$를
()로 묶어 넣어요.

• 15÷3+2=7, 25−10=15를 하나의 식으로 나타내기

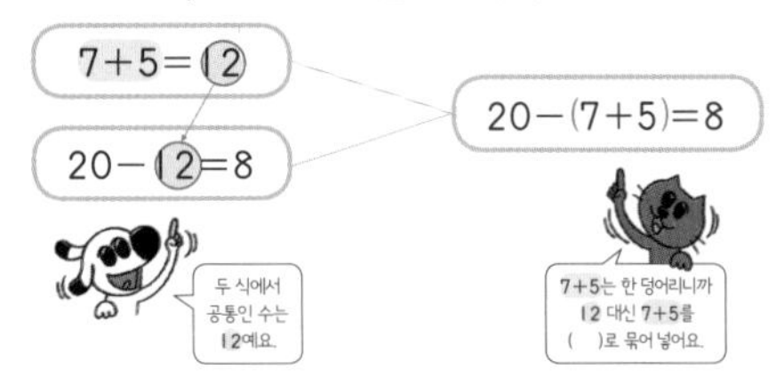

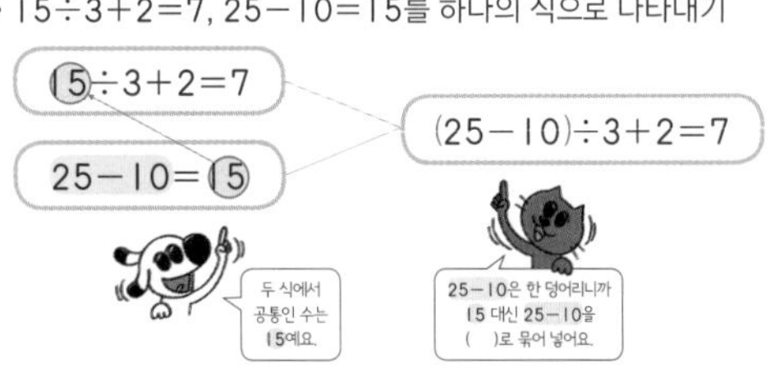

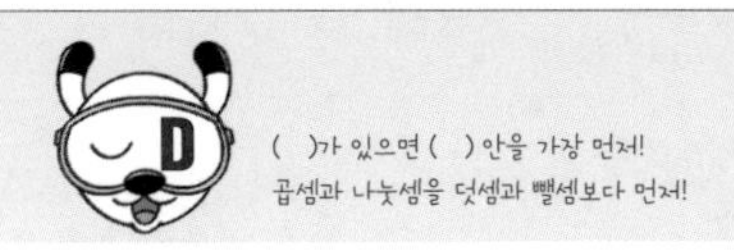

두 식에서 공통인 수를 찾아 화살표로 연결하면 하나의 식으로 나타내기 쉬워져요.

( )를 사용하여 두 식을 하나의 식으로 나타내세요.

❶ 5 − 3 = 2, 16 ÷ 2 = 8
→ 16 ÷ (5 − 3) = 8

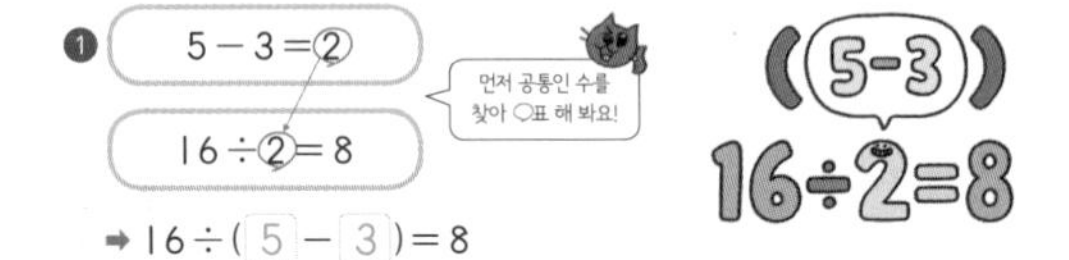

❷ 23 − 16 = 7, 12 + 4 = 16
→ 23 − (12 + 4) = 7

❸ 39 ÷ 13 = 3, 25 + 14 = 39
→ (25 + 14) ÷ 13 = 3

❹ 37 + 14 = 51, 51 ÷ 3 = 17
→ (37 + 14) ÷ 3 = 17

❺ 60 ÷ 15 = 4, 9 + 6 = 15
→ 60 ÷ (9 + 6) = 4

❻ 75 ÷ 25 = 3, 91 − 16 = 75
→ (91 − 16) ÷ 25 = 3

❼ 3 × 6 = 18, 90 ÷ 18 = 5
→ 90 ÷ (3 × 6) = 5

하나의 식으로 나타낸 다음 계산 결과가 맞는지도 확인해 봐요.

( )를 사용하여 두 식을 하나의 식으로 나타내세요.

❶ 12+4=16 / 20+5−16=9
➡ 20+5−(12+4)=9

❷ 17−5=12 / 12×3÷2=18
➡ (17−5)×3÷2=18

❸ 15−8+3=10 / 10÷5=2
➡ (15−8+3)÷5=2

❹ 2+12÷6=4 / 15−9=6
➡ 2+12÷(15−9)=4

❺ 9−2=7 / 3×5−13=2
➡ 9−(3×5−13)=7

❻ 6+24÷3=14 / 22−14=8
➡ 22−(6+24÷3)=8

❼ 64÷32+7=9 / 8×4=32
➡ 64÷(8×4)+7=9

❽ 90÷15=6 / 14×3÷6=7
➡ 14×3÷(90÷15)=7

야호! 게임처럼 즐기는 연산 놀이터
다양한 유형의 문제로 즐겁게 마무리해요.

사다리 타기를 하면서 만나는 두 식을 ( )를 사용하여 하나의 식으로 나타내세요.

17 약속에 따라 식만 잘 세워도 반은 해결돼

약속에 따라 주어진 식 계산하기 1

• 6★2의 값 구하기

1단계 주어진 약속대로 식을 씁니다.

6★2=6−2+6÷2

가 대신 6, 나 대신 2를 넣어 식을 만들면 돼요.

2단계 계산 순서에 맞게 계산합니다.

6−2+6÷2=7 (❶ 3, ❷ 4, ❸ 7) ➡ 6★2=7

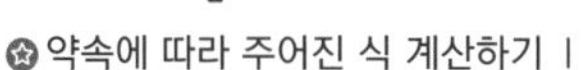

약속에 따라 주어진 식 계산하기 2

• 3▲5의 값 구하기

1단계 주어진 약속대로 식을 씁니다.

3▲5=(3+5)×3−5

가 대신 3, 나 대신 5를 넣어 식을 만들면 돼요.

2단계 계산 순서에 맞게 계산합니다.

(3+5)×3−5=19 (❶ 8, ❷ 24, ❸ 19) ➡ 3▲5=19

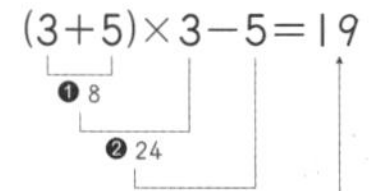

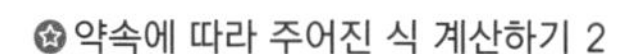

가와 나의 약속을 읽어 볼까요?
'가와 나의 곱에서 가를 빼고 나를 더합니다.'

약속에 따라 주어진 식을 계산하세요.

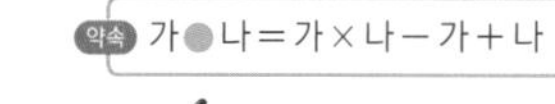

❶ 2●4
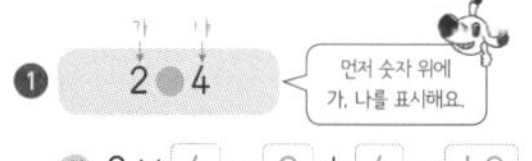

먼저 숫자 위에 가, 나를 표시해요.

식 2×4−2+4=10
답 10

❷ 5●3
식 5×3−5+3=13
답 13

❸ 6●9
식 6×9−6+9=57
답 57

❹ 10●8
식 10×8−10+8=78
답 78

❺ 4●15
식 4×15−4+15=71
답 71

❻ 7●12
식 7×12−7+12=89
답 89

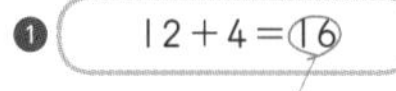

96~97쪽

약속에 따라 주어진 식을 계산하세요.

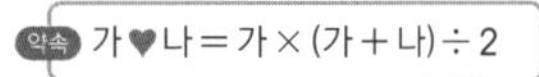

❶ 3♥5
식 3×(3+5)÷2=12
답 12

❷ 2♥7
식 2×(2+7)÷2=9
답 9

❸ 8♥3
식 8×(8+3)÷2=44
답 44

❹ 4♥11
식 4×(4+11)÷2=30
답 30

❺ 5♥13
식 5×(5+13)÷2=45
답 45

❻ 6♥10
식 6×(6+10)÷2=48
답 48

가와 나의 약속을 읽어 볼까요?
'가를 나로 나눈 몫에 가와 나의 합을 곱합니다.'

약속에 따라 주어진 식을 계산하세요.

약속 가■나=가÷나×(가+나)

❶ 6■2
식 6÷2×(6+2)=24
답 24

❷ 9■3
식 9÷3×(9+3)=36
답 36

❸ 10■5
식 10÷5×(10+5)=30
답 30

❹ 16■4
식 16÷4×(16+4)=80
답 80

❺ 18■6
식 18÷6×(18+6)=72
답 72

약속을 읽고 문제의 숫자 위에 각각 가와 나를 찾아 표시하면 실수를 줄일 수 있어요.

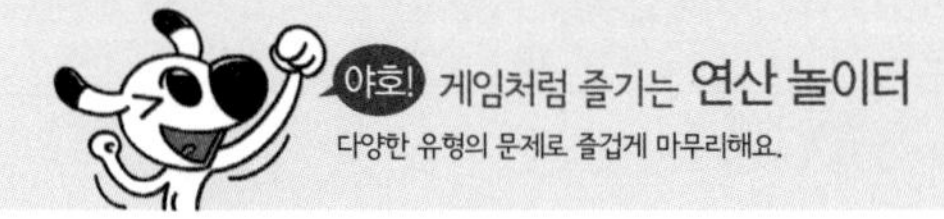

98~99쪽

야호! 게임처럼 즐기는 연산 놀이터

다양한 유형의 문제로 즐겁게 마무리해요.

약속에 맞는 계산식과 계산 결과를 찾아 선으로 이어 보세요.

약속 가◆나=가+나×나

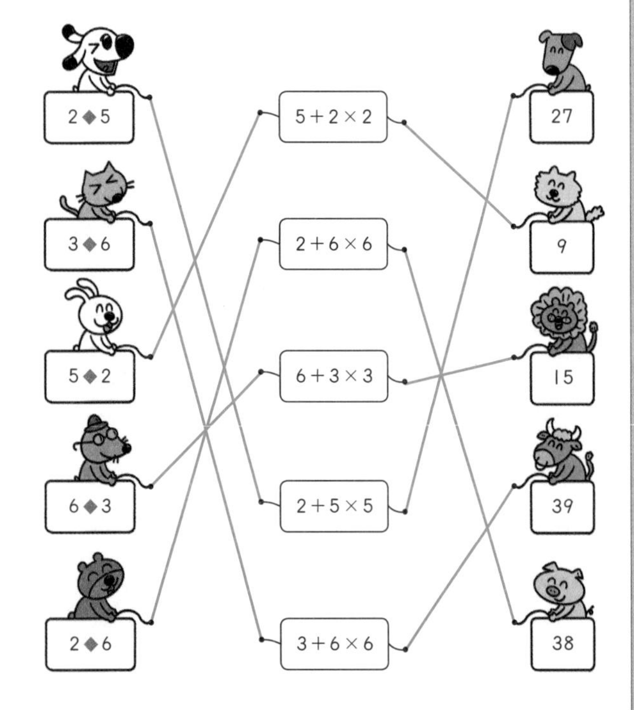

18 계산 순서가 달라지는 위치에 ( )로 묶어

올바른 식이 되도록 ( )로 묶기

$5\times3+9\div3-2=18$

1단계 ( )로 묶는 여러 가지 방법을 생각합니다.

① $(5\times3)+9\div3-2$
맨 앞의 곱셈은 가장 먼저 계산하므로 ( )로 묶을 필요가 없어요.

② $5\times(3+9)\div3-2$
덧셈을 ( )로 묶으면 덧셈을 가장 먼저 계산해야 하므로 계산 순서가 달라져요.

③ $5\times3+(9\div3)-2$
덧셈과 뺄셈 사이에 있는 나눗셈은 ( )로 묶어도 계산 결과가 달라지지 않아요.

④ $5\times3+9\div(3-2)$
뺄셈을 ( )로 묶으면 뺄셈을 가장 먼저 계산해야 하므로 계산 순서가 달라져요.

2단계 위의 ②와 ④의 식을 계산하여 올바른 식을 찾습니다.

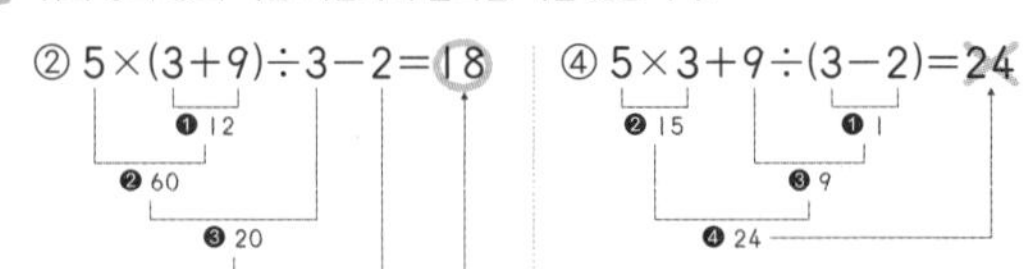

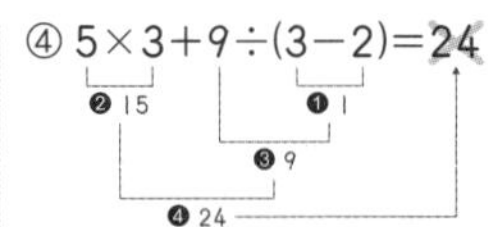

➡ $5\times(3+9)\div3-2=18$

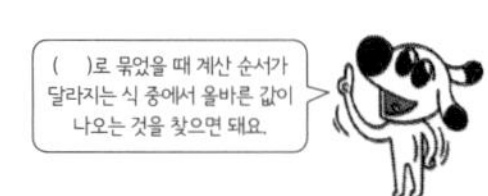

( )로 묶을 때 수가 3개 들어오게도 묶을 수 있어요.

많은 친구들이 어려워하는 문제예요.
연습하다 보면 빠르게 찾는 요령을 깨닫게 될 거예요!

올바른 식이 되도록 ( )로 묶어 보세요.

❶ 9 + 5 −(2 + 4)= 8

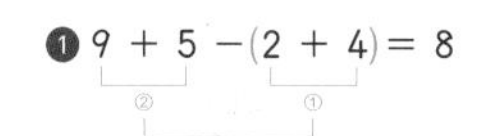

주어진 식에서
가장 먼저 계산하는 부분을
( )로 묶을 필요는 없겠죠?

❷ 28 −(9 + 15)+ 7 = 11

❸ 29 −(6 + 4)− 3 = 16

❹ 80 − 20 −(5 + 25)= 30

❺ 32 −(16 + 7)− 5 = 4

두 수씩 묶었을 때
올바른 식이 되지 않으면
세 수씩 묶어 보세요!

❻ 46 −(23 − 14 + 8)= 29

❼ 63 −(45 − 17 + 9)= 26

올바른 식이 되도록 ( )로 묶어 보세요.

❶ 6 × 4 ÷(2 × 3)= 4

❷ 48 ÷(8 × 2)× 4 = 12

❸ 5 × 12 ÷(6 ÷ 2)= 20

❹ 36 ÷(18 ÷ 9)× 5 = 90

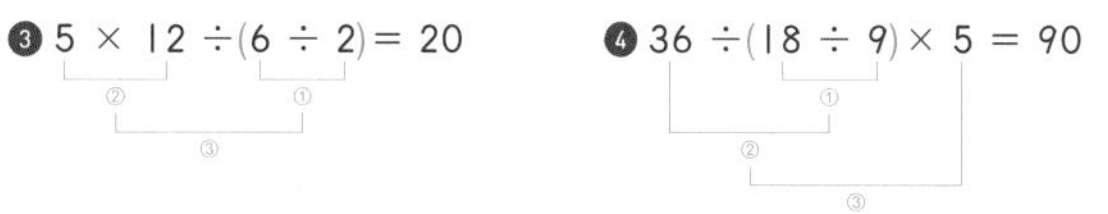

❺ 54 ÷(25 − 7)× 13 = 39

❻ 6 ×(2 + 8)÷ 4 = 15

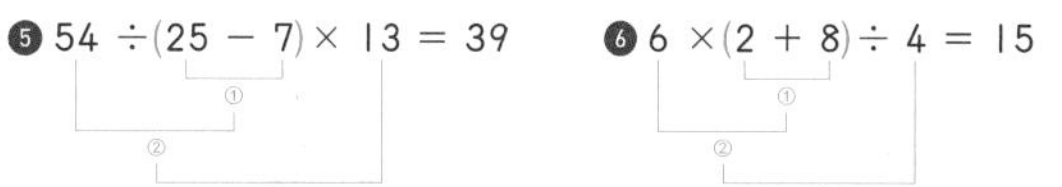

❼ 41 −(24 ÷ 4 + 2)= 33

❽ 85 −(5 × 14 + 9)= 6

이번 연습을 통해 여러분의 사고력이 쑥쑥 커질 거예요!

야호! 게임처럼 즐기는 연산 놀이터
다양한 유형의 문제로 즐겁게 마무리해요.

올바른 식이 되도록 ( )로 묶어 보세요.

❶ (6 + 3)× 5 ÷ 9 + 7 = 12

❷ 45 ÷(9 − 4)+ 2 × 3 = 15

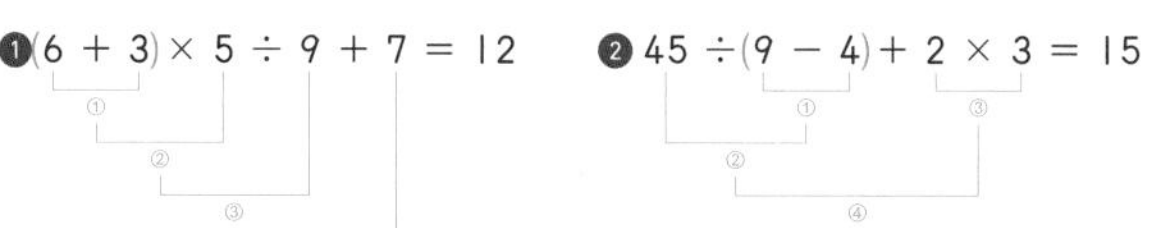

❸ 4 × 15 −(18 + 9)÷ 3 = 51

❹ (2 + 7)× 11 − 9 ÷ 3 = 96

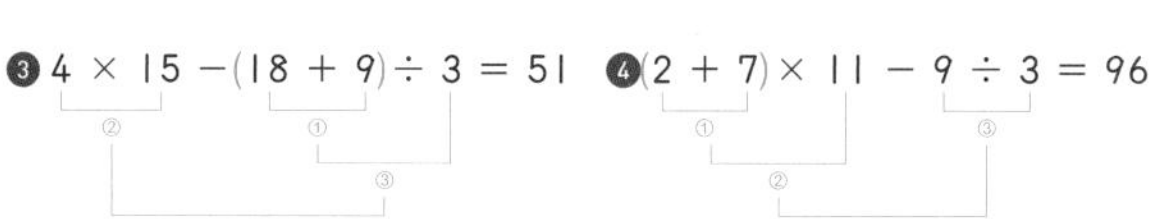

❺ 5 + 2 × 32 ÷(24 − 8)= 9

❻ 2 × 40 ÷(6 + 4)− 3 = 5

❼ 72 ÷ 4 + 8 ×(16 − 7)= 90

❽ 31 − 6 × 14 ÷(3 + 9)= 24

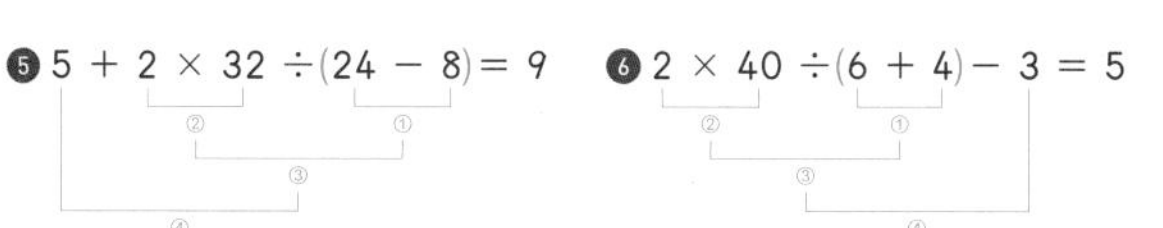

올바른 식이 되도록 ( )로 묶으려고 합니다. 알맞은 위치에 화살표를 표시해 보세요.

40 − 5 ÷ 7 + 9 = 14

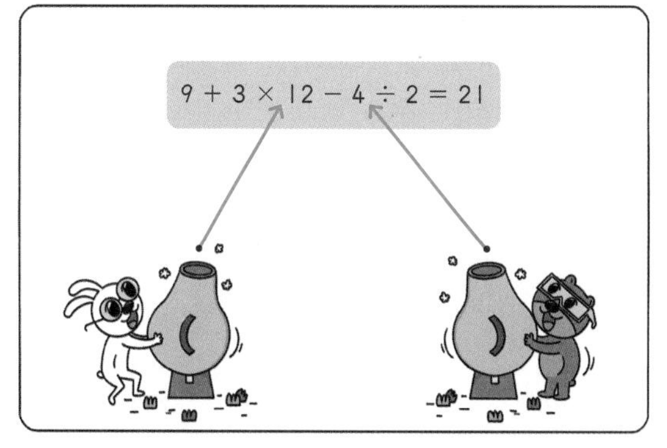
9 + 3 × 12 − 4 ÷ 2 = 21

104~105쪽

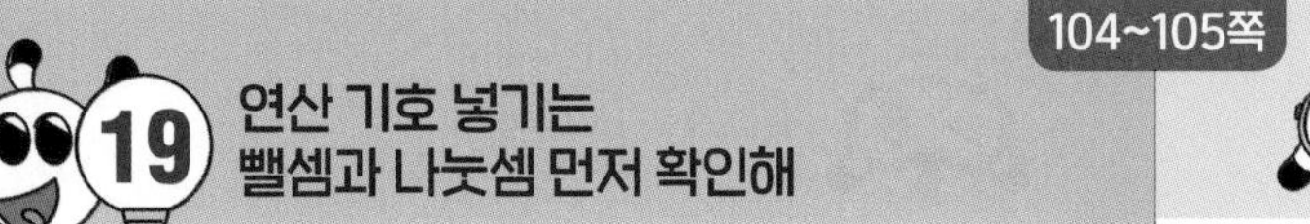

19 연산 기호 넣기는 뺄셈과 나눗셈 먼저 확인해

올바른 식이 되도록 알맞은 연산 기호 써넣기

+, −, ×, ÷를 넣어 올바른 식을 만듭니다.

3×2 ○ 12−8=10

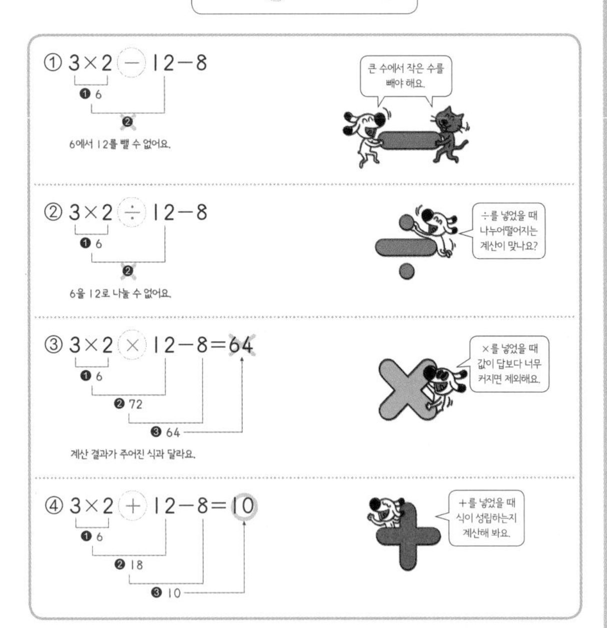

① 3×2 − 12−8
❶ 6
6에서 12를 뺄 수 없어요.
큰 수에서 작은 수를 빼야 해요.
② 3×2 ÷ 12−8
❶ 6
6을 12로 나눌 수 없어요.
÷를 넣었을 때 나누어떨어지는 계산이 맞나요?
③ 3×2 × 12−8=64
❶ 6
❷ 72
❸ 64
계산 결과가 주어진 식과 달라요.
×를 넣었을 때 값이 답보다 너무 커지면 제외해요.
④ 3×2 + 12−8=10
❶ 6
❷ 18
❸ 10
+를 넣었을 때 식이 성립하는지 계산해 봐요.

➡ 3×2+12−8=10

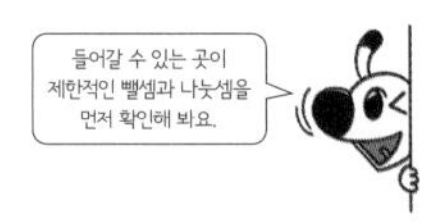

A 등식이 성립하게 하는 연산 기호를 찾을 때 모든 기호를 다 넣어 계산해 볼 수도 있지만 빠르게 찾는 요령을 익혀 보세요.

올바른 식이 되도록 ○ 안에 알맞은 연산 기호를 써넣으세요.

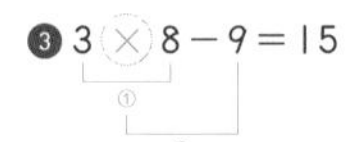

들어갈 수 있는 곳이 제한적인 뺄셈과 나눗셈을 먼저 확인해 봐요.

❶ 16+8 (−) 5=19
❷ 2 (+) 7×4=30
❸ 3 (×) 8−9=15
❹ 54 (÷) 6×5=45
❺ 41 (−) 48÷12=37
❻ 68−4 (×) 13=16
❼ 60−(24 (+) 13)=23

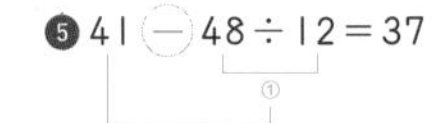

106~107쪽

B 큰 수에서 작은 수를 뺄 수 있을 때 뺄셈 기호를 넣어 보고, 나누어떨어질 수 있을 때 나눗셈 기호를 넣어 확인해요.

올바른 식이 되도록 ○ 안에 알맞은 연산 기호를 써넣으세요.

❶ 9 (+) 16÷2−5=12
❷ 7+5×9 (÷) 3=22
❸ 25−8 (×) 7÷4=11
❹ 15×4 (÷) 5+7=19
❺ 40 (−) 19+12÷6=23
❻ 50÷2−23 (+) 5=7
❼ (8+4) (×) 3−16=20
❽ 32−69 (÷) (15+8)=29

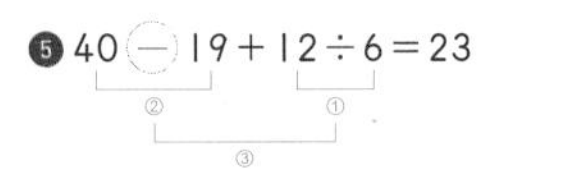

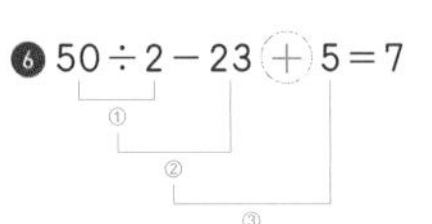

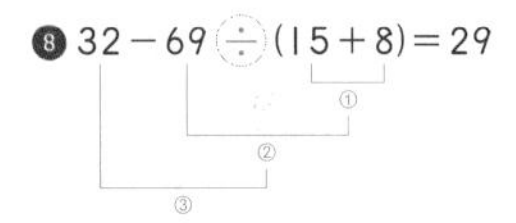

C 곱셈을 넣을 때 수가 너무 커지면 모두 계산해 보지 않고도 곱셈을 제외할 수 있어요.

올바른 식이 되도록 ○ 안에 알맞은 연산 기호를 써넣으세요.

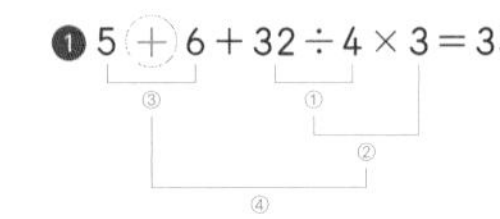

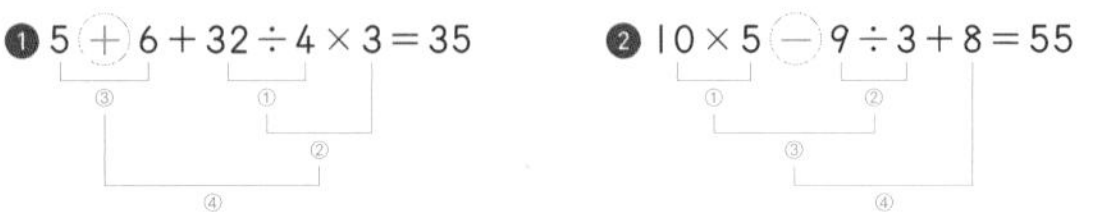

❶ 5 (+) 6+32÷4×3=35
❷ 10×5 (−) 9÷3+8=55
❸ 19+13−12 (÷) 4×2=26
❹ 8 (×) 9÷12+8−3=11
❺ 36÷9 (+) 9×2−8=14
❻ 5×16 (−) 56÷7+9=81
❼ 3 (×) (14−6)+48÷8=30
❽ (7+25) (÷) 8×6−15=9

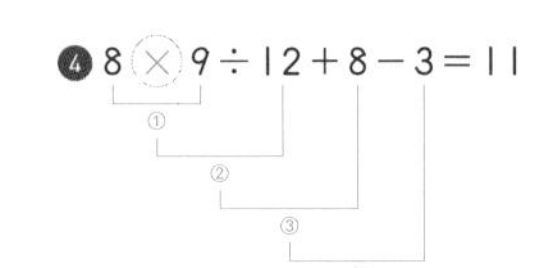

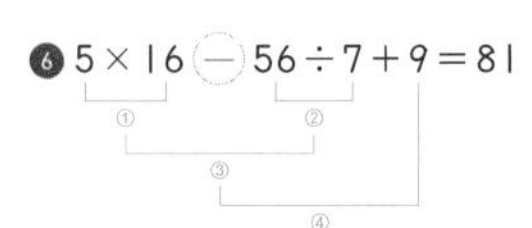

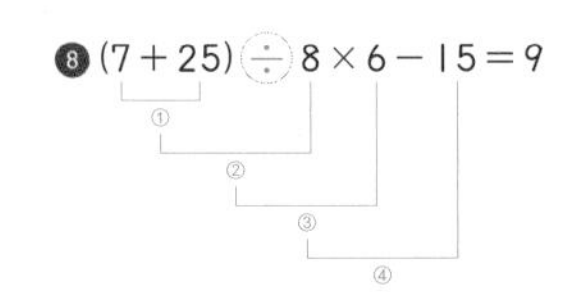

108~109쪽

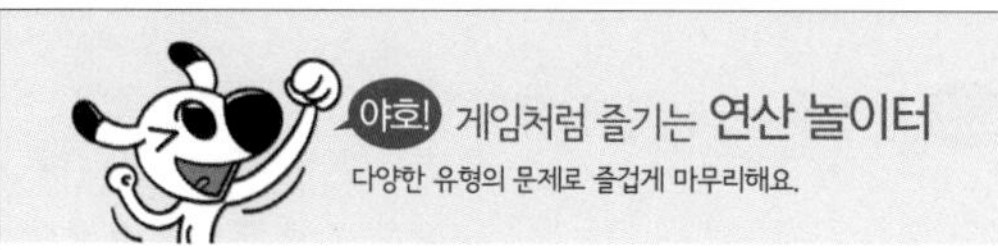

4개의 숫자 4와 연산 기호를 이용하여 수를 만드는 게임을 하고 있습니다. ◯ 안에 알맞은 연산 기호를 써넣어 식을 완성해 보세요.

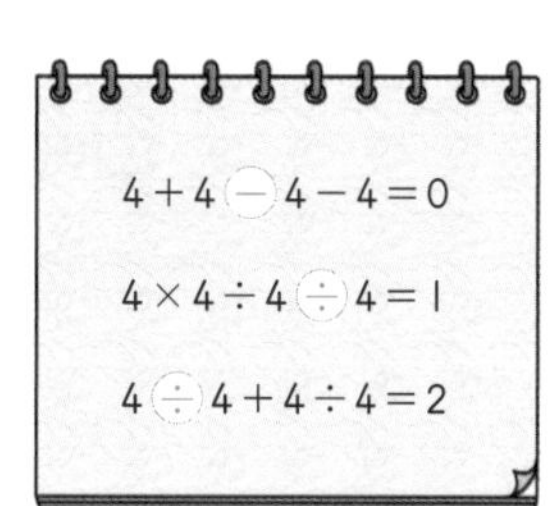

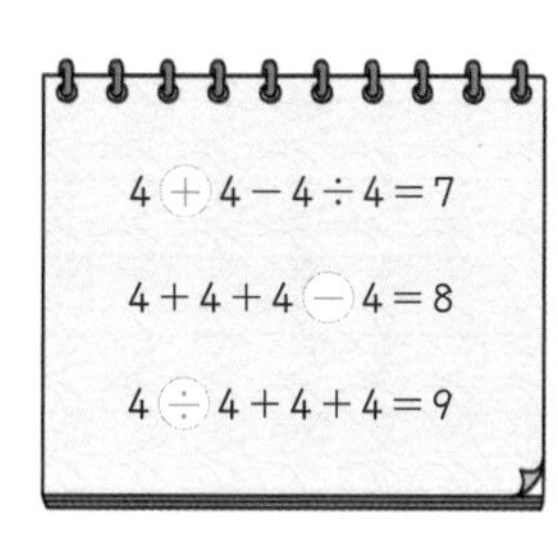

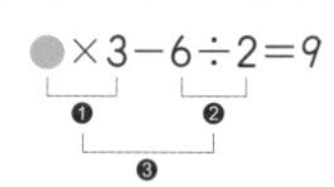

20 어떤 수를 구할 땐, 계산할 수 있는 부분을 먼저 계산해

●에 알맞은 수 구하기

●×3−6÷2=9

1단계 계산 순서를 표시합니다.

●×3−6÷2=9 (①, ②, ③)

2단계 ●×3을 한 덩어리로 생각하고 계산 순서를 거꾸로 하여 구합니다.

●×3−6÷2=9
●×3−3=9
●×3=9+3
●×3=12
➡ ●=4

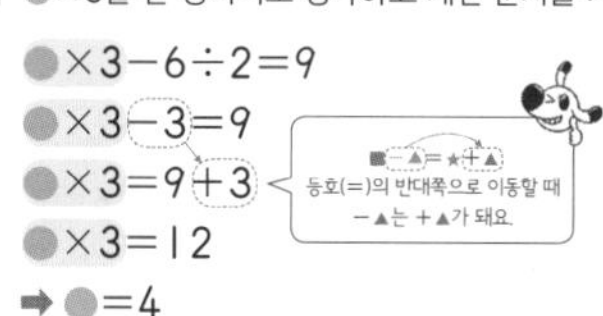

3단계 답이 맞는지 확인합니다.

4×3−6÷2=9 (① 12, ② 3, ③ 9)

잠깐! 퀴즈

- □ 안에 알맞은 수에 ◯표 하세요.

72÷□+3×2=14 　 □ 안에 알맞은 수는 (4, 6, ⑨)입니다.

답 ◯표 10 6 9

110~111쪽

덧셈과 뺄셈의 관계, 곱셈과 나눗셈의 관계를 떠올려 보세요.

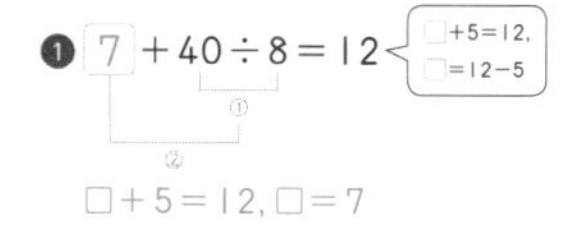

□ 안에 알맞은 수를 써넣으세요.

❶ 7+40÷8=12 (□+5=12, □=12−5)
□+5=12, □=7

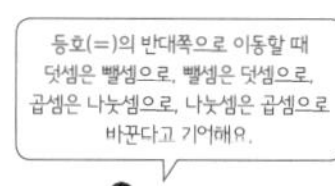

❷ 14−72÷8=5
□−9=5, □=14

❸ 5×9÷15=3
45÷□=3, □=15

❹ 36÷4×3=27
36÷□=9, □=4

❺ 8+48÷16=11
48÷□=3, □=16

❻ 6×(17−8)=54 (17−□=54÷6, 17−□=9, □=17−9)
17−□=9, □=8

❼ 64÷(8×2)=4
□×2=16, □=8

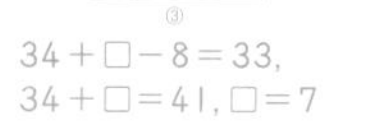

많은 친구들이 어려워하는 문제예요.
□ 안의 값을 구한 다음 답이 맞는지 확인하는 습관을 길러 보세요!

□ 안에 알맞은 수를 써넣으세요.

❶ 3+2×8−7=12
□+16−7=12,
□+16=19, □=3

❷ 9+3×15÷5=18
□+45÷5=18,
□+9=18, □=9

❸ 34+7−72÷9=33
34+□−8=33,
34+□=41, □=7

❹ 4×12+56÷14=52
4×□+4=52,
4×□=48, □=12

❺ 18+28÷7−15=7
18+□÷7=22,
□÷7=4, □=28

❻ 50−2×11+17=45
50−2×□=28,
2×□=22, □=11

❼ 4×5−(7+8)=5
20−(7+□)=5,
7+□=15, □=8

❽ 55÷(20−9)+8=13
55÷(□−9)=5,
□−9=11, □=20

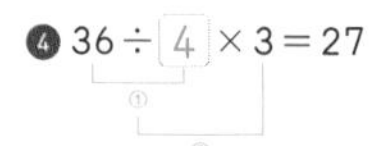

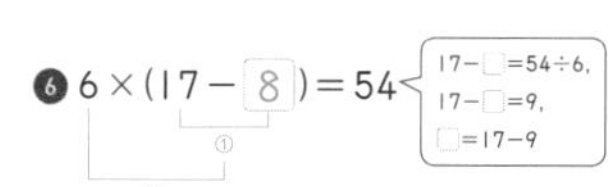

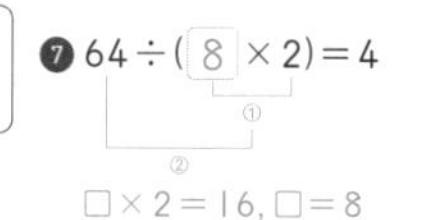

이번 연습을 통해 여러분의 사고력이 쑥쑥 커질 거예요!

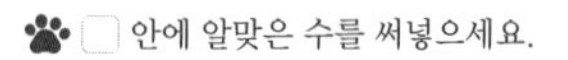

□ 안에 알맞은 수를 써넣으세요.

❶ 7× 5 −12+8÷4=25

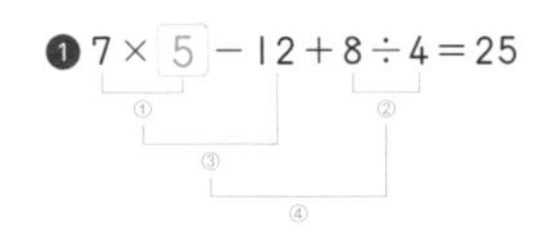

7×□−12+2=25,
7×□−12=23,
7×□=35, □=5

❷ 23 −3×4÷2+9=26

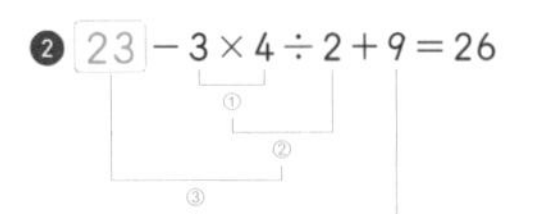

□−12÷2+9=26,
□−6+9=26,
□−6=17, □=23

❸ 36÷6×4+ 9 −15=18

6×4+□−15=18,
24+□−15=18,
24+□=33, □=9

❹ 49÷ 7 +6×3−16=9

49÷□+18−16=9,
49÷□+18=25,
49÷□=7, □=7

❺ 14+5× 8 −18÷3=48

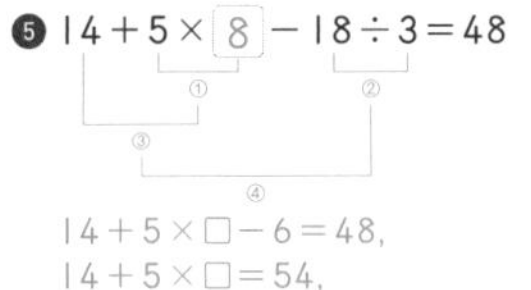

14+5×□−6=48,
14+5×□=54,
5×□=40, □=8

❻ 50−4×8+ 35 ÷5=25

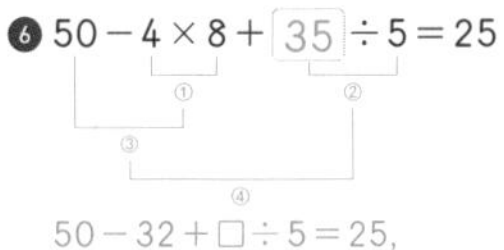

50−32+□÷5=25,
18+□÷5=25,
□÷5=7, □=35

❼ (16 −7)×6+24÷4=60

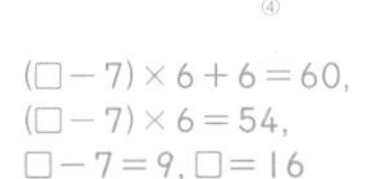

(□−7)×6+6=60,
(□−7)×6=54,
□−7=9, □=16

❽ 84÷(4 ×3)−2+27=32

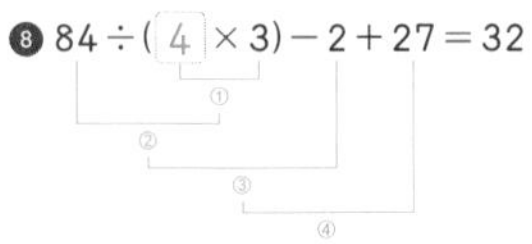

84÷(□×3)−2=5,
84÷(□×3)=7,
□×3=12, □=4

도전! 땅 짚고 헤엄치는 문장제

기초 문장제로 연산의 기본 개념을 익혀 봐요!

어떤 수를 □라 하여 식으로 나타내고 어떤 수를 구하세요.

❶ 어떤 수에서 6과 3의 곱을 뺐더니 5가 되었습니다. 어떤 수는 얼마일까요?

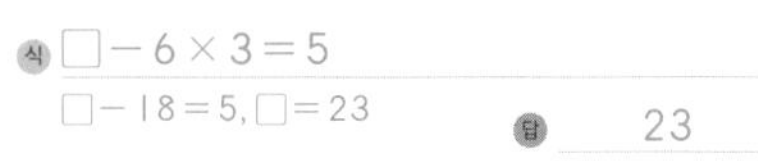

식 □−6×3=5
□−18=5, □=23
답 23

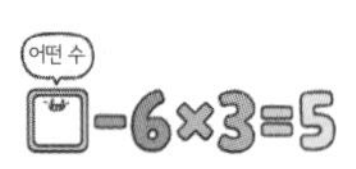
어떤 수
□−6×3=5

❷ 28을 7로 나누고 어떤 수를 곱했더니 60이 되었습니다. 어떤 수는 얼마일까요?

식 28÷7×□=60
4×□=60, □=15
답 15

❸ 5에 어떤 수를 곱하고 32를 8로 나눈 몫을 뺐더니 36이 되었습니다. 어떤 수는 얼마일까요?

식 5×□−32÷8=36
5×□−4=36,
5×□=40, □=8
답 8

❹ 어떤 수에 45를 9로 나눈 몫을 더하고 4와 6의 곱을 뺐더니 8이 되었습니다. 어떤 수는 얼마일까요?

식 □+45÷9−4×6=8
□+5−24=8,
□+5=32, □=27
답 27

숙덕숙덕

❶ 문장을 끊어 읽으면 식으로 나타내기 쉬워요.
어떤 수에서 / 6과 3의 곱을 / 뺐더니 / 5가 되었습니다.
□ 6×3 − =5

21 곱하거나 더하는 수가 클수록 계산 결과가 커져

바빠 혼합 계산

숫자 카드로 계산 결과가 가장 크게 되는 식 만들기

곱하거나 더하는 수가 클수록, 나누거나 빼는 수가 작을수록 계산 결과가 커집니다.

2 < 5 < 7   7 × 5 − 2

계산 결과가
가장 크려면?

곱셈 부분에 가장 큰 수와
둘째로 큰 수를 넣어야 해요.

➡ 5×7−2=33 또는 7×5−2=33

숫자 카드로 계산 결과가 가장 작게 되는 식 만들기

곱하거나 더하는 수가 작을수록, 나누거나 빼는 수가 클수록 계산 결과가 작아집니다.

3 < 6 < 9   3 × 6 ÷ 9

계산 결과가
가장 작으려면?
몫이 작아지도록 나누는 수에
큰 수를 넣어 계산해요.

➡ 3×6÷9=2 또는 6×3÷9=2

곱셈은 곱하는 두 수가 클수록 곱이 커져요.
나눗셈은 나누어지는 수가 클수록, 나누는 수가 작을수록 몫이 커져요.

숫자 카드를 한 번씩 사용하여 계산 결과가 가장 큰 자연수가 되도록 식을 만들고, 계산하세요.

❶ 2 3 9

계산 결과가 가장 크려면
곱이 최대가 되어야 해요.

2 + 3 × 9 = 29
(또는 2+9×3=29)

❷ 4 7 8

7 × 8 − 4 = 52
(또는 8×7−4=52)

❸ 2 8 10

8 × 10 ÷ 2 = 40
(또는 10×8÷2=40)

❹ 3 4 12

여기부터 생각해요!

12 ÷ 3 + 4 = 8

❺ 2 8 16

16 ÷ 2 × 8 = 64
(또는 8÷2×16=64)

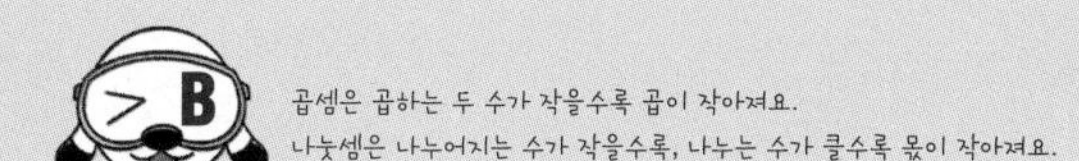

곱셈은 곱하는 두 수가 작을수록 곱이 작아져요.
나눗셈은 나누어지는 수가 작을수록, 나누는 수가 클수록 몫이 작아져요.

숫자 카드를 한 번씩 사용하여 계산 결과가 가장 작은 자연수가 되도록 식을 만들고, 계산하세요.

❶ 2 4 8 　 $8-4+2=6$

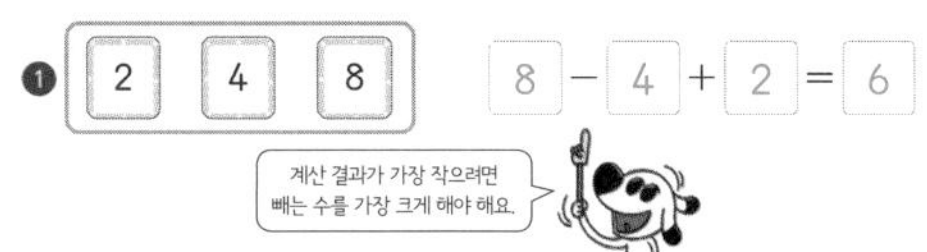
계산 결과가 가장 작으려면
빼는 수를 가장 크게 해야 해요.

여기부터 생각해요!

❷ 3 9 18 　 $3+18\div9=5$

❸ 2 7 10 　 $10+2\times7=24$
(또는 $10+7\times2=24$)

❹ 4 6 24 　 $24\div6+4=8$

❺ 5 8 20 　 $5\times8\div20=2$
(또는 $8\times5\div20=2$)

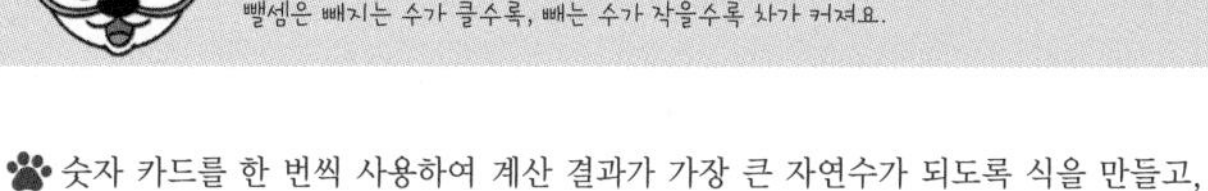

덧셈은 더하는 두 수가 클수록 합이 커져요.
뺄셈은 빼지는 수가 클수록, 빼는 수가 작을수록 차가 커져요.

숫자 카드를 한 번씩 사용하여 계산 결과가 가장 큰 자연수가 되도록 식을 만들고, 계산하세요.

❶ 2 4 5 7 　 $4-2+5\times7=37$
(또는 $4-2+7\times5=37$)

❷ 4 5 6 8 　 $6+8\div4-5=3$

❸ 3 4 7 9 　 $9\div3\times7-4=17$

❹ 2 3 7 8 　 $7-2\times3+8=9$
(또는 $8-2\times3+7=9$)

참깐! 곱을 빼는 식이니까 계산 결과가 가장 크려면 곱이 최소가 되어야 해요.

❺ 3 6 9 10 　 $9-6\div3+10=17$
(또는 $10-6\div3+9=17$)

덧셈은 더하는 두 수가 작을수록 합이 작아져요.
뺄셈은 빼지는 수가 작을수록, 빼는 수가 클수록 차가 작아져요.

숫자 카드를 한 번씩 사용하여 계산 결과가 가장 작은 자연수가 되도록 식을 만들고, 계산하세요.

여기부터 생각해요!

❶ 2 6 7 8 　 $7+2\times6-8=11$
(또는 $7+6\times2-8=11$)

❷ 3 4 5 6 　 $6\div3+4-5=1$

❸ 2 3 7 11 　 $11-7+2\times3=10$
(또는 $11-7+3\times2=10$)

❹ 2 5 6 8 　 $5-8\div2+6=7$
(또는 $6-8\div2+5=7$)

참깐! 몫을 빼는 식이니까 계산 결과가 가장 작으려면 몫이 최대가 되어야 해요.

❺ 3 4 9 10 　 $9\div3\times4-10=2$

야호! 게임처럼 즐기는 연산 놀이터
다양한 유형의 문제로 즐겁게 마무리해요.

노트북을 켜려면 비밀번호를 알아야 합니다. 숫자 카드를 한 번씩 사용하여 식을 만들 때 숫자 카드의 숫자를 차례로 이어 쓰면 비밀번호입니다. 빈칸에 알맞은 수를 써넣으세요. (단, 계산 결과는 자연수입니다.)

2 3 5 8

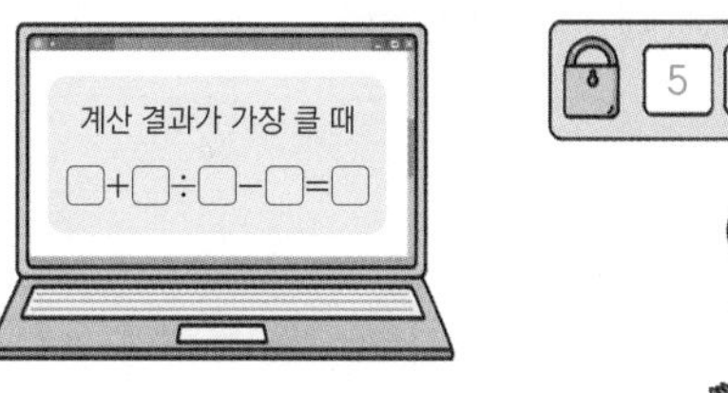
계산 결과가 가장 클 때
□+□÷□−□=□

5 8 2 3 6

계산 결과가 가장 작을 때
□+□÷□−□=□

3 8 2 5 2

읽는 재미를 높인 초등 문해력 향상 프로그램

바빠 독해 (전 6권)

1-2 단계

1~2 학년

3-4 단계

3~4 학년

5-6 단계

5~6 학년

비문학 지문도 재미있게 읽을 수 있어요!

바빠 독해 1~6단계

각 권 9,800원

• **초등학생이 직접 고른 재미있는 이야기들!**

- 연구소의 어린이가 읽고 싶어 한 흥미로운 이야기만 골라 담았어요.
- 1단계 | 이솝우화, 과학 상식, 전래동화, 사회 상식
- 2단계 | 이솝우화, 과학 상식, 전래동화, 사회 상식
- 3단계 | 탈무드, 교과 과학, 생활문, 교과 사회
- 4단계 | 속담 동화, 교과 과학, 생활문, 교과 사회
- 5단계 | 고사성어, 교과 과학, 생활문, 교과 사회
- 6단계 | 고사성어, 교과 과학, 생활문, 교과 사회

• **읽다 보면 나도 모르게 교과 지식이 쑥쑥!**

- 다채로운 주제를 읽다 보면 초등 교과 지식이 쌓이도록 설계!
- 초등 교과서(국어, 사회, 과학)와 100% 밀착 연계돼 학교 공부에 도 직접 도움이 돼요.

• **분당 영재사랑 연구소 지도 비법 대공개!**

- 종합력, 이해력, 추론 능력, 분석력, 사고력, 문법까지 한 번에 OK!
- 초등학생 눈높이에 맞춘 수능형 문항을 담았어요!

• **초등학교 방과 후 교재로 인기!**

- 아이들의 눈을 번쩍 뜨게 할 만한 호기심 넘치는 재미있고 유익한 교재!

(남상 초등학교 방과 후 교사, 동화작가 강민숙 선생님 추천)

16년간 어린이들을 밀착 지도한 호사라 박사의 독해력 처방전!

영재 교육 선생님들의 선생님!
호사라 박사

"초등학생 취향 저격! 집에서도 모든 어린이가 쉽게 문해력을 키울 수 있는 즐거운 활동을 선별했어요!"

★ 서울대학교 교육학 학사 및 석사

★ 버지니아 대학교(University of Virginia) 영재 교육학 박사

분당에 영재사랑 교육연구소를 설립하여 유년기(6세~13세) 영재들을 위한 논술, 수리, 탐구 프로그램을 16년째 직접 개발하며 수업을 진행하고 있어요.

바빠쌤이 알려 주는 '바빠 영어' 학습 로드맵

'바빠 영어'로 초등 영어 끝내기!

바빠 영단어 Starter ①, ②

바빠 3·4 영단어

바빠 5·6 영단어

바빠 5·6 영어 시제

+

바빠 3·4 영문법 ①, ②

바빠 5·6 영문법 ①, ②

바빠 5·6 영작문

초등 수학

바빠 교과서 연산 (전 12권)

1~6학년 학기별 전 12권 | 각 권 9,000원

★ ★ ★ ★

가장 쉬운 교과 연계용 수학책

이번 학기 필요한
연산만 모아
**계산 속도가
빨라진다!**

학교 진도 맞춤 연산

이번 학기 필요한
연산만 모아
계산 속도가 빨라져요!

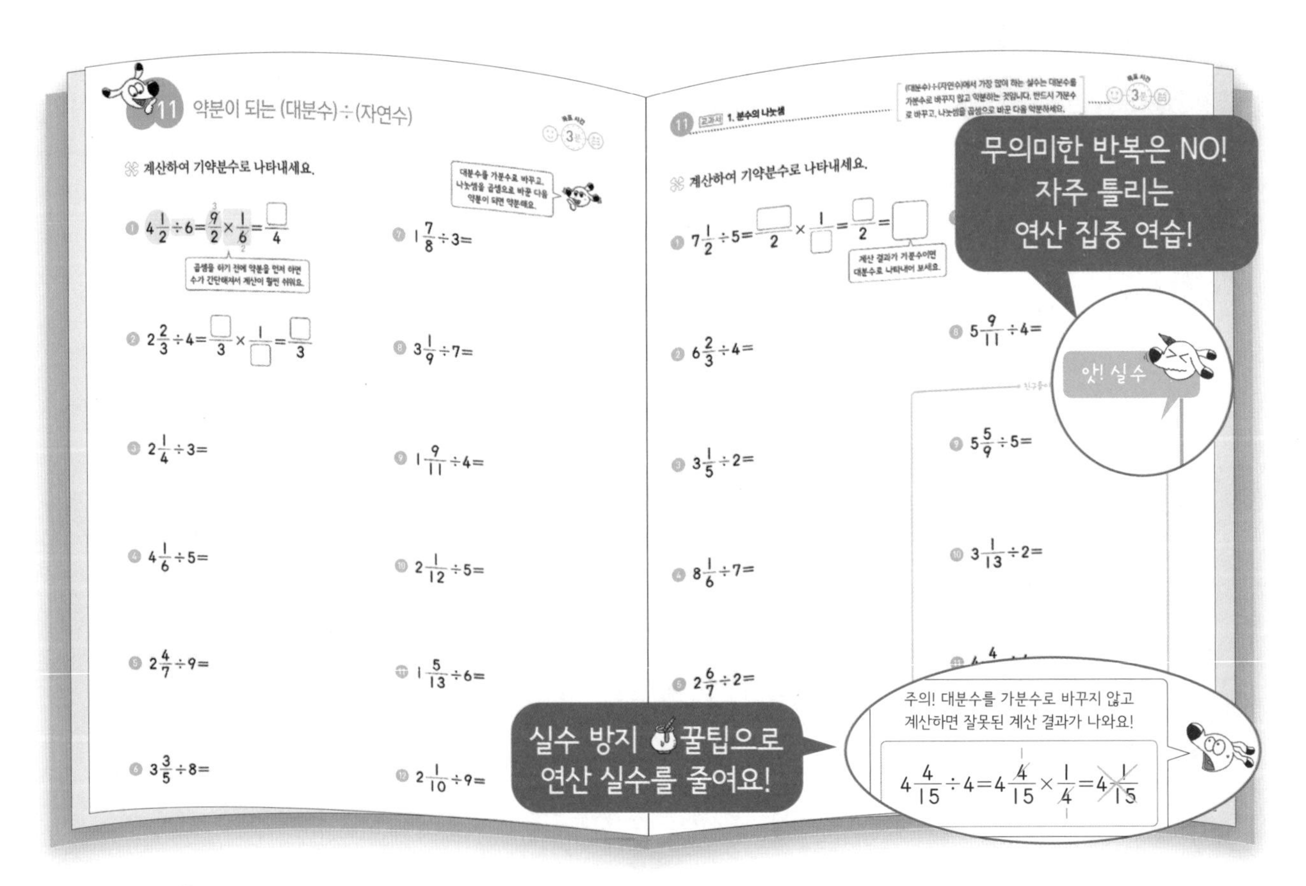

강남, 목동, 일산의 **수학학원 원장님들의 연산 꿀팁이 담겨 있어 계산 요령이 생겨요~**

초등 수학

나 혼자 푼다! 수학 문장제 (전 12권)

1~6학년용 학기별 전 12권 | 각 권 9,000원~9,800원

★ ★ ★

학교 시험 서술형 완벽 대비

빈칸 을 채우면 풀이와 답이 완성된다!

새 교육과정 완벽 반영!

교과서 순서와 똑같아 공부하기 좋아요!

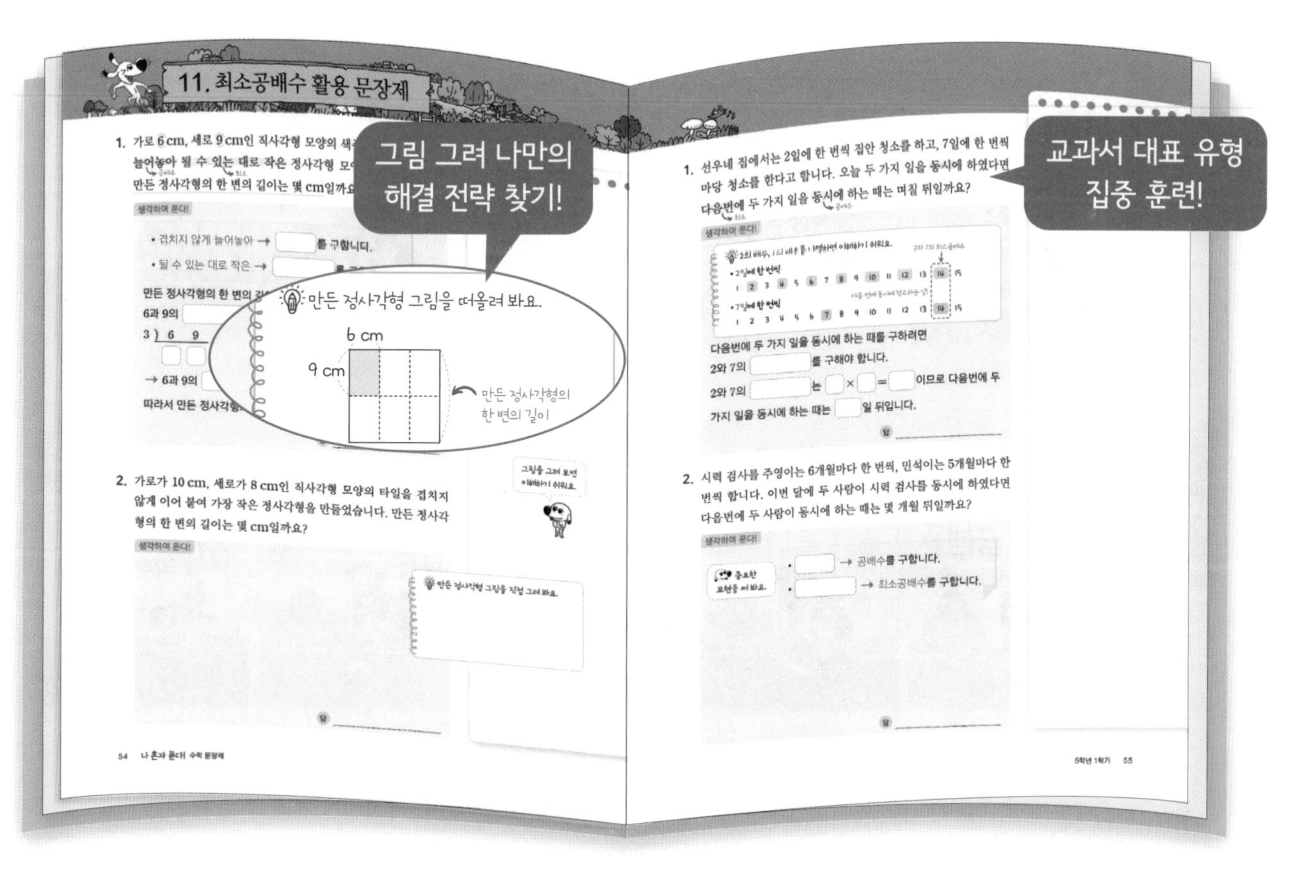

60점 맞던 아이가 이 책으로 공부하고 단원평가 100점을 맞았어요! –공부방 선생님 K

10일에 완성하는 영역별 연산 총정리!

바빠 연산법

취약한 연산만 빠르게 보강!
바빠 연산법 시리즈

각 권 9,000~12,000원

- 시간이 절약되는 **똑똑한 훈련법!**
- **계산이 빨라지는** 명강사들의 **꿀팁**이 가득!

예비 1학년

덧셈

뺄셈

1·2 학년

덧셈

뺄셈

구구단

시계와 시간

길이와 시간 계산

3·4 학년

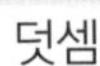
덧셈

뺄셈

곱셈

나눗셈

분수

5·6 학년

곱셈

나눗셈

분수

소수

약수와 배수

※ 자연수의 혼합 계산, 분수와 소수의 혼합 계산, 평면도형 계산, 입체도형 계산, 비와 비례 편도 출간!

같은 영역끼리 모아 연습하면 개념을 스스로 이해하고 정리할 수 있습니다!

-초등 교과서 집필진, 김진호 교수

중학 수학 기초 완성 프로젝트!

허세 없는 기본 문제집, 《바빠 중학 수학》

· 전국의 명강사들이 무릎 치며 추천한 책!
· 쉬운 문제부터 풀면 수포자가 되지 않습니다.

1학년 1학기 과정 | 바빠 중학연산

1권 〈소인수분해, 정수와 유리수 영역〉
2권 〈일차방정식, 그래프와 비례 영역〉

1학년 2학기 과정 | 바빠 중학도형

〈기본 도형과 작도, 평면도형, 입체도형, 통계〉

2학년 1학기 과정 | 바빠 중학연산

1권 〈수와 식의 계산, 부등식 영역〉
2권 〈연립방정식, 함수 영역〉

2학년 2학기 과정 | 바빠 중학도형

〈도형의 성질, 도형의 닮음, 피타고라스 정리, 확률〉

※ '중3을 위한 중학연산'. '중3을 위한 중학도형' 도 있습니다.

초등 혼합 계산을 한 권으로 끝낸다!
10일 완성! 연산력 강화 프로그램

바쁜 초등학생을 위한 빠른 자연수의 혼합 계산

알찬 교육 정보도 만나고 출판사 이벤트에도 참여하세요!

1. 바빠 공부단 카페

cafe.naver.com/easyispub

네이버 '바빠 공부단' 카페에서 함께 공부하세요! 정해진 기간 동안 책을 꾸준히 풀어 인증하면 다른 책 1권을 드리는 '바빠 공부단' 제도도 있어요!

2. 인스타그램 + 카카오 플러스 친구

@easys_edu 이지스에듀 검색!

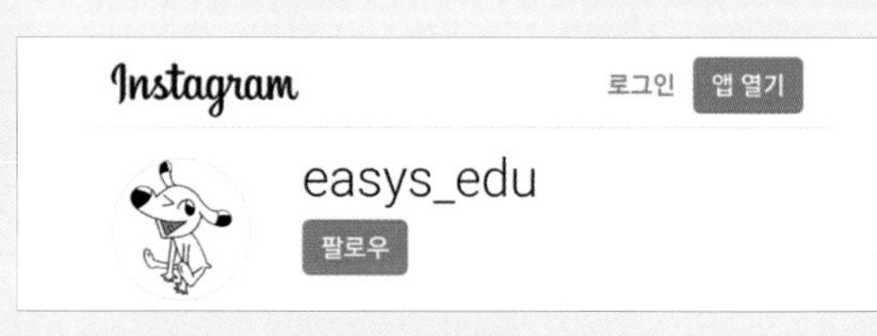

'이지스에듀' 인스타그램을 팔로우하세요! 바빠 시리즈 출간 소식과 출판사 이벤트, 구매 혜택을 가장 먼저 알려 드려요!